NUANTONG KONGTIAO
SHEJI ZHINAN YU GONGCHENG SHILI

暖通空调
设计指南与工程实例

江克林　编著

中国电力出版社
CHINA ELECTRIC POWER PRESS

内 容 提 要

本书从暖通空调专业技术分类的角度，详细阐明了供暖技术、通风技术、空气调节技术、制冷技术、民用建筑房屋卫生设备和燃气供应技术、绿色建筑技术六大类的15种类型设计。

各种技术类型设计都总结揭示了每种技术类型设计的【目的任务】、【方法和要领】、【主要环节与内容】，并选配工程设计实例，起到穿针引线的作用。各种技术类型设计脉络清晰，内容丰富，资料翔实，希望达到抛砖引玉的目的。

本书适用于暖通空调专业设计人员，还有高等院校师生的用书，对从事暖通空调专业的施工安装运行人员，咨询、管理、工程监理工作人员等都有很大的参考价值。

图书在版编目（CIP）数据

暖通空调设计指南与工程实例/江克林编著．—北京：中国电力出版社，2015.10（2021.12重印）
ISBN 978-7-5123-8171-1

Ⅰ.①暖… Ⅱ.①江… Ⅲ.①房屋建筑设备－采暖设备－建筑设计②房屋建筑设备－通风设备－建筑设计③房屋建筑设备－空气调节设备－建筑设计 Ⅳ.①TU83

中国版本图书馆CIP数据核字（2015）第197541号

中国电力出版社出版发行
北京市东城区北京站西街19号　100005　http：//www.cepp.sgcc.com.cn
责任编辑：梁瑶　　联系电话：010－63412605
责任印制：杨晓东　责任校对：常燕昆
北京天宇星印刷厂印刷·各地新华书店经售
2015年10月第1版·2021年12月第7次印刷
787mm×1092mm　1/16·16.5印张·398千字
定价：48.00元

序

《暖通空调设计指南与工程实例》一书是沈阳建筑大学江克林教授及其团队历经长时间的工程实践和多年的教学经验积累编写而成，在新书出版之际，谨此表示祝贺。

目前，我国社会和经济的持续发展面临能源和环境的两个瓶颈，怎样在满足经济发展和人民生活水平提高的前提下，降低能源和资源的消耗，减少各类污染物排放，是我们必须应对的挑战。建筑节能是节能减排的三大领域之一，既是潜在的节能潜力最大的领域，也是有可能随着建设规模的增长而造成总能耗大幅度增加的领域。

国家把建筑节能和绿色建筑作为我国战略性新兴产业，作为城镇化与城市发展领域的优先主题和发展重点。在建筑使用中，暖通空调能耗约占建筑总能耗的40%～50%以上；建筑室内环境的质量，大多依靠供暖、通风、空调的技术及其设备的使用来维持其适宜人居和生活工作的舒适环境。没有暖通空调技术的应用，就谈不上绿色建筑的室内环境质量。因此，暖通空调技术在建筑节能和绿色建筑发展方面，起着重大和不可替代的作用。

暖通空调工程中，设计起着先行者作用。为了进一步提高暖通空调设计人员的素质和设计水平，适应我国建筑业的发展，该书的出版将会起到重要的推动和引领作用。本书全面介绍了供暖技术、通风技术、空气调节技术、制冷技术、民用建筑房屋卫生设备和燃气供应技术、绿色建筑技术六大类型，设计内容各章均按目的任务、方法要领、主要环节与内容进行编排，并附有工程实例。全书达到了资料翔实、内容丰富、删繁就简、精确提炼、观点明确、设计方法具体、条件清楚、技术先进、措施可靠，并突出了简明实用及紧密结合工程实际的特点。相信对广大暖通空调专业同行从事设计技术工作会有很大的帮助和指导作用。

江克林教授在几十年的教学、科研和工程设计实践工作中，积累了丰富的经验，为我国暖通空调行业的发展做出了重大贡献。退休之后，仍然关注我国暖通空调行业的发展，特别是对设计人员的培养和提高。在此，对江克林教授的敬业奉献精神深表敬佩，值得我好好学习。

最后衷心希望暖通空调行业的同行们，用好这本设计指南，使我们专业工作更向前发展。

刘宪英

重庆大学　教授

中国制冷学会第一、二届理事

享受国务院政府特殊津贴专家

前　言

为了满足国家建设不断发展的需要，赶超世界先进水平，只有持续提高专业人员的技术与技能知识才能与国际接轨。

在学习掌握暖通空调专业一定的技术与技能知识的条件下，为了进一步提高专业技术人员的整体素质和水平，一些设计人员面临一个如何尽快全面了解掌握暖通空调各类技术的应用设计，进而做好暖通空调工程的各类设计，不断地去总结研究各类技术设计的方法要领与创新，在各类技术应用设计的平台上写出新篇章，设计建造更多的先进优质工程，创建更多的世界一流产品。

从校园到职场的新手没有接触过实际工程，即使从事多年设计工作的专业技术人员，由于工作经历与环境的差异，也有相当多的专业技术设计人员会不同程度地遇到不同类型建筑的新题型、新问题。对没做过的新设计，特别是遇到那些有一定深度与难度的工程设计，有时就不知如何动手，对题型设计感到陌生，对难点感到困惑不解，这时渴望寻求参照物，特别需要得到帮助。

为了顺应建筑业的发展和工程设计人员的需要，我们组织编写了此书，从专业技术分类的角度，全面介绍了供暖技术、通风技术、空气调节技术、制冷技术、民用建筑房屋卫生设备和燃气供应技术、绿色建筑技术六大类型的设计。从分析设计条件、使用功能、工艺特点、室内外设计参数差异等基本点出发，认识各类技术题型设计的任务、特点和要求，阐述不同类型建筑的特性量计算及设备选型过程，指明设计的重点和难点，并结合各类型设计实例进行论述及分析与展示，帮助读者理解新题型的设计思路，选配一把入门设计的钥匙，帮助专业相关人员尽快提高暖通空调工程各类型设计的综合能力。

本书详细阐明了暖通空调专业设计六大类15种技术类型设计：(1) 室内供暖技术类型设计；(2) 城镇供热管网技术类型设计；(3) 小区锅炉房技术类型设计；(4) 室内防排烟技术类型设计；(5) 车间有害物控制与净化技术类型设计；(6) 舒适性中央空调技术类型设计；(7) 工艺性车间净化空调技术类型设计；(8) 医院手术部净化空调技术类型设计；(9) 空调冷源技术类型设计；(10) 冷库技术类型设计；(11) 给水技术类型设计；(12) 排水技术类型设计；(13) 热水技术类型设计；(14) 燃气供应技术类型设计；(15) 绿色建筑技术类型设计等。总结揭示了各种技术类型设计的目的、任务、方法和要领，主要环节与内容，并选配工程设计实例，起到穿针引线的作用，各种技术类型设计脉络清晰，希望达到抛砖引玉的目的。

作者从事暖通空调专业设计、教学科研、施工安装建造一线工作至今50年，晚年有机会与现职的同行一起来进行总结梳理编著此书，把我们经历的设计、安装工程及有关环节的学习体会融入其中，希望我们的工作能给暖通空调专业的人员带来一些启发、借鉴与帮助，这就是我们的心愿。

本书由江克林编著，参加编写的人还有尚少文、江南、于瑾、扈国春、王传荣、张树全、张晓莉、王冉、陈萍、王湘宁、王海玉、郭海丰、刘大勇、王万春、赵久旭、李旭林、袁宇、陈佳等。

由于作者水平有限，书中难免有错误和不妥之处，恳请读者批评指正。

编著者

目　录

第 1 章　供暖技术类型应用设计

1.1　室内供暖技术类型应用设计

【目的任务】

室内供暖技术类型应用设计目的任务：冬季在寒冷地区若室内温度过低，人体会过多地向周围散热，破坏人体的热平衡，从而使人感到不适应，影响正常的工作和生活，甚至引起各种疾病。因此，需要设计供暖系统在单位时间内向建筑物提供热量，把低温的供暖室外计算温度 t_{wn} 提升达到要求的供暖室内计算温度 t_n，确保人们正常的工作和生活。

【方法要领】

室内供暖技术类型应用设计方法要领：根据我国划分的建筑热工设计气候分区，结合设计项目要求，进行围护结构建筑热工设计；建筑物围护结构的耗热量包括基本耗热量及附加耗热量，结合建筑物实际情况进行计算；常用的供暖方式有“散热器供暖”“辐射供暖”“热风供暖”等类型，结合建筑物实际情况采用；供暖系统形式的选择应根据建筑物的规模、用途、建筑物的高度、采用的热媒等因素综合确定；供暖系统管道流量由供暖负荷计算确定，管道中流体流经管段的压力损失包括两个部分，水力计算采用当量局部阻力法或当量长度法进行计算，与此同时确定管径；常用的供暖设备及附件有散热器、减压阀、疏水器、膨胀水箱、换热器、平衡阀、分水器、集水器、分汽缸等，要了解它们的作用、使用场所、进行选择确定；绘制施工图。

【主要环节与内容】

1.1.1　建筑围护结构热工设计

1. 我国建筑热工设计分区与要求

根据我国划分的建筑热工气候分区与设计要求：严寒地区必须充分满足冬季保温要求，一般可不考虑夏季防热；寒冷地区应满足冬季保温要求，部分地区兼顾夏季防热；夏热冬冷地区必须满足夏季防热要求，适当兼顾冬季保温；夏热冬暖地区必须充分满足夏季防热要求，一般可不考虑冬季保温；温和地区部分地区应考虑冬季保温，一般可不考虑夏季防热。

2. 合理围护结构的最小传热阻

(1) 确定围护结构最小传热阻的条件

一是围护结构内表面温度 τ_n，要满足不结露；二是要满足卫生要求，即围护结构内表面温度 τ_n 与室内空气温度 t_n 之差不能过大（即内表面温度不能过低），按式（1.1-1）计算确定：

$$R_{0.\min}=\frac{\alpha(t_n-t_{e.c})}{\Delta t_y\cdot\alpha_n}\quad 或\quad R_{0.\min}=\frac{\alpha(t_n-t_{e.c})}{\Delta t_y}\tag{1.1-1}$$

式中　$R_{0.\min}$——围护结构的最小热阻，$m^2\cdot ℃/W$；

t_n——冬季室内计算温度；（根据建筑物的用途按《民用建筑供暖通风与空气调节设计规范》中的有关条文选取）；

$t_{e.c}$——冬季围护结构室外计算温度,℃;(按《民用建筑热工设计规范》中围护结构热惰性指标 D 值的四种类型有关表格中的数式查取计算围护结构冬季室外计算温度 $t_{e.c}$ 值)

α——围护结构温差修正系数(按围护结构特征查取);

Δt_y——冬季室内计算温度与围护结构内表面温度的允许温差,℃;

α_n——围护结构内表面换热系数,W/(m²·℃);

R_n——围护结构内表面换热阻,m²·℃/W。

(2) 检验围护结构内表面是否结露:应校核内表面温度不能低于室内空气的露点温度,如果低于室内空气的露点温度,围护结构内表面就会发生结露。确定室内空气露点温度时,空气的干球温度按相关设计要求选取。室内空气相对湿度按如下取值:①对于居住建筑和卫生要求较高的公共建筑,在严寒地区取 $\phi=60\%$,在寒冷地区 $\phi=65\%$;②对于一般公共建筑,均取 $\phi=60\%$。

(3) 判别围护结构内部是否产生凝结水:当围护结构内部某处的水蒸气分压力 P_m 大于该处的饱和水蒸气分压力 P_s 时就会结露产生凝结水。判别方法如下:

1) 求各界面的温度 θ_m 并做分布线。

2) 求与这些界面温度相对应的饱和水蒸气分压力 P_s,并做分布线。

3) 求各界面上实际的水蒸气分压力 P_m,并做分布线。

$$P_m = P_i - \frac{P_i - P_e}{H_0}(H_1 + H_2 + \cdots + H_{m-1}) \tag{1.1-2}$$

式中 P_i、P_e——内表面与外表面的水蒸气分压力,分别取室内和室外空气的水蒸气分压力,Pa;

H_1、$H_2 \cdots H_{m-1}$——各层的水蒸气渗透阻,m²·h·Pa/g;

H_0——结构的总水蒸气渗透阻,m²·h·Pa/g。

材料层的水蒸气渗透阻:

$$H = \delta/\mu \tag{1.1-3}$$

多层结构的总水蒸气渗透阻:

$$H_0 = \delta_1/\mu_1 + \delta_2/\mu_2 + \cdots + \delta_n/\mu_n \tag{1.1-4}$$

式中 δ——材料层厚度,m;

μ——材料的蒸汽渗透系数,g/(m·h·Pa)。

4) 若 P_m 线与 P_s 线不相交,则内部不会出现冷凝;若两线相交,则内部可能会出现冷凝结水。

(4) 围护结构热桥与危害:

1) 围护结构热桥:是指嵌入墙体和屋面板的传热性能强于平壁围护结构的保温最薄弱部位。如混凝土梁、柱、墙和屋面板内的混凝土肋,装配式建筑中的板材接缝以及外墙转角、屋顶檐口和墙体勒脚等。

2) 危害:这些部位保温性能差,热流较密集,内表面温度较低,必须对其内表面温度进行验算,使其不低于室内空气露点温度,否则内表面就会结露。

1.1.2 建筑物热负荷计算

冬季供暖通风系统的热负荷应根据建筑物散失热量与获得热量综合来确定。

1. 围护结构的耗失热量（包括基本耗热量和附加耗热量）

（1）基本耗热量按下式计算：

$$Q_j = aFK(t_n - t_{wn}) \tag{1.1-5}$$

式中　Q_j——围护结构的基本耗热量，W；

F——围护结构的面积，m^2；

K——围护结构的传热系数，$W/(m^2 \cdot ℃)$；

t_{wn}——供暖室外计算温度，℃（根据围护结构热惰性指标D值四种类型，按《民用建筑热工设计规范》有关表格中的数式查取计算）；

t_n——室内计算温度，℃，（应根据建筑物用途按《民用建筑供暖通风与空气调节设计规范》有关条文选取）；

a——计算温差修正系数（按围护结构特征查取）。

（2）附加耗热量（按基本耗热量的百分数计算）：

1）朝向修正率：北、东北、西北为0～10%；东、西为－5%；东南、西南为－10%～－15%；南为－15%～－30%。

2）风力附加率：建筑在不避风的高地、河边、海岸、旷野上的建筑物以及城镇、厂区内特别高出的建筑物，垂直的外围护结构附加5%～10%。

3）外门附加率：当建筑物的楼层为n时，一道门附加$65n$%；两道门（有门斗）附加$80n$%；三道门（有两个门斗）附加$60n$%；公共建筑和生产厂房的主要出入口500%。

注：外门附加率只适用于短时间开启的，无热风幕的外门；阳台门不考虑外门附加。

4）民用建筑和工业企业辅助建筑（楼梯间除外）的高度附加率：房间高度大于4m时，每高出1m应附加2%，但总的附加率不应大于15%。高度附加率应附加于围护结构的基本耗热量和其他附加耗热量上。

5）对公用建筑，当房间有两面及两面以上外墙时，将外墙、窗、门的基本耗热量增加5%。

6）间歇附加：当建筑不要求全天维持设计室温，而允许定时降低室内温度时，供暖系统可按间歇供暖设计，此时除上述各项附加外，将基本耗热量附加以下百分数：仅白天供暖者（如办公楼、教学楼）附加20%；不经常使用者（如礼堂等）附加30%。

7）窗墙面积比超过1∶1时，对窗的基本耗热附加10%。

（3）考虑各项附加后围护结构的耗失热量按下式计算：

$$Q_1 = Q_j(1 + \beta_{ch} + \beta_f + \beta_{lang} + \beta_m)(1 + \beta_{fg})(1 + \beta_{jan}) \tag{1.1-6}$$

式中　Q_1——围护结构的传热耗热量，W；

Q_j——围护结构的基本耗热量，W；

β_{ch}——朝向修正率，%，（北、东北、西北0～10%；东、西5%；东南、西南－10%～15%；南－15%～30%）；

β_f——风力附加率，%，（5%～10%）；

β_{lang}——两面外墙修正率，%，（5%）；

β_m——窗墙面积比过大修正率，%，（10%）；

β_{fg}——房高修正率，%，[2(H－4)≤15%，H为房间净高，不适用楼梯间]；

β_{jan}——间歇附加率，%，（仅白天－20%，不经常使用－30%）。

2. 通过门窗缝隙渗入室内的冷空气的耗热量

(1) 多层和高层民用建筑，加热由门窗缝隙渗入室内冷空气的耗热量，按式（1.1-7）计算：

$$Q_2 = 0.28 c_p \rho_{wn} L (t_n - t_{wn}) \quad (1.1-7)$$

式中 Q_2——由门窗缝隙渗入室内的冷空气的耗热量，W；

c_p——空气的定压比热容，[c_p=1kJ/(kg·℃)]；

ρ_{wn}——供暖室外计算温度下的空气密度，kg/m³；

L——渗透冷空气量，m³/h；

t_n——供暖室内计算温度，℃；

t_{wn}——供暖室外计算温度，℃。

(2) 渗透冷空气量根据不同朝向，按式（1.1-8）确定：

$$L = L_0 l_1 m^b \quad (1.1-8)$$

式中 L_0——在基准高度单纯风压作用下，不考虑朝向修正和内部隔断情况时，通过每米门窗缝隙进入室内的理论渗透冷空气量，m³/(m·h)；

l_1——外门窗缝隙的长度，m，应分别按各朝向可开启的门窗全部缝隙长度计算；

m——风压与热压共同作用下，考虑建筑体型、内部隔断和空气流通等因素后，不同朝向、不同高度的门窗冷风渗透压差综合修正系数；

b——门窗缝隙渗风指数，b=0.56～0.78，当无实测数据时，可取0.67。

1) 每米门窗缝隙的理论渗透冷空气量，按式（1.1-9）确定：

$$L_0 = a_1 \left(\frac{\rho_{wn}}{2} v_0^2 \right)^b \quad (1.1-9)$$

式中 a_1——外门窗缝隙渗风系数，m³/(m·h·Pa^b)，当无实测数据时，可按外窗空气渗透性能分级的相关标准采用；

v_0——基准高度冬季室外最多风向的平均风速，m/s。

表 1.1-1 外门窗缝隙渗风系数

等级	Ⅰ	Ⅱ	Ⅲ	Ⅳ	Ⅴ
a_1/[m³ (m·h·Pa$^{0.67}$)]	0.1	0.3	0.5	0.8	1.2

2) 冷风渗透压差综合修正系数，按式（1.1-10）确定：

$$m = c_r \Delta c_f (n^{1/b} + C) c_h \quad (1.1-10)$$

式中 c_r——热压系数，按内部隔断情况，根据有关表格采用；

Δc_f——风压差系数，当无实测数据时，可取 Δc_f=0.7；

n——单纯风压作用下，渗透冷空气量的朝向修正系数；

C——作用于门窗上的有效热压差与有效风压差之比，按式（1.1-11）确定；

c_h——高度修正系数，按下式计算：$c_h = 0.3h^{0.4}$。

3) 有效热压差与有效风压差之比，按式（1.1-11）计算：

$$C = 70 \frac{(h_z - h)}{\Delta c_f v_0^2 h^{0.4}} \cdot \frac{t'_n - t_{wn}}{273 + t'_n} \quad (1.1-11)$$

式中 h_z——单独热压作用下，建筑物中和面的标高，m，可取建筑物总高度的1/2；

t'_n——建筑物内形成热压作用的竖井计算温度，℃；

h——计算门窗的中心线标高，m。

4）多层建筑在无相关数据时，渗透空气量可按下式计算：

$$L = kV \tag{1.1-12}$$

式中　V——房间体积，m^3；

k——换气次数，次/h，按房间类型。

（3）计算冷风渗透量，应按下列因素计入：

1）当房间仅有一面或相邻两面外围护物时，全部计入其外门、窗缝隙；

2）当房间有相对两面外围护物时，仅计入风量较大的一面缝隙；

3）当房间有三面外围护物时，仅计入风量较大的两面缝隙；

4）当房间有四面外围护物时，则计入较多风向的1/2外围护物范围内的外门、窗缝隙。

3. 外门开启侵入冷风耗热量 Q_3（W）的计算按外门类型特征计算确定（见表1.1-2）

表1.1-2　Q_3 计算方法

序号	外门类型及特征		Q_3 的计算方法	备注
1	多层建筑外门（短时间开启）	单层门	外门的基本耗热量的65N%	N：外门所在层以上的楼层数
		双层门（有门斗）	80N%	
		三层门（有两个门斗）	60N%	
2	多层建筑外门（开启时间较长）	同1项	将1项中各对应值乘以1.5～2.0	
3	高层建筑外门（开启不频繁）	大门直接对着室外，且对着主导风向	按门厅的换气次数 n=3～4计算冲入冷风量，再计算其耗热量	1. 也可以按1、2项的方法； 2. 考虑热压作用时，当建筑物的总高在30m左右，则将值增大50%
		不迎主导风向	n=1～2计算冲入冷风量	
4	高层建筑外门（开启频繁）	一层门（手动）	冲入冷风量取：4100～4600m^3/h	1. 建筑物高50m； 2. 室内外温差为15～20℃ 3. 一个门每小时出入人数约为250人
		二层门（手动）	冲入冷风量取：1700～2200m^3/h	

1.1.3　常用的供暖方式与供暖系统形式选择

1. 常用的供暖方式的类型特点及适用场合

（1）常用的供暖方式：有散热器供暖、住宅分户热计量供暖、辐射供暖、热风供暖等类型。

（2）类型特点及适用场合

1）散热器供暖：以对流散热为主，这种以对流为主的供暖方式多数用于民用住宅、公共建筑以及工业建筑的一部分场所，散热器供暖系统一般集中设置计量管理。

2）住宅分户热计量供暖：有安装散热器以对流散热为主的供暖方式，也有安装地热盘管以低温辐射供暖为主的供暖方式，供暖系统通常分户设置计量管理。

3）辐射供暖：是通过热射线散出热量来进行供暖的方式，它不依靠任何中间介质，辐射供暖可分为低温（<80℃）、中温（80～700℃）及高温（500～900℃）三种，前两种可以用热水或蒸汽作为热媒，后一种则用电热或可燃气体加热辐射散热设备，这种供暖方式多用于一些高大空间建筑和对卫生要求较高的场所。

4）热风供暖：是以几乎100%的对流散热来进行供暖的方式，暖风机靠强迫对流来加热周围空气，比靠自然对流的散热器作用范围大，散热量多，这种供暖方式多用于供暖负荷大或供暖的空间比较大而又允许使用再循环空气的地方。

2. 供暖系统形式选择

应根据建筑物的规模、用途、建筑物的特点、采用的热媒等因素综合考虑确定。

（1）集中供暖系统热媒参数：应根据建筑物用途、供热情况和当地的气候特点等条件，经技术经济比较确定，并按下列规定选择。

1）民用建筑：应采用热水作热媒。

2）工业建筑：当厂区只有供暖用热或以供暖用热为主时，宜采用高温水作热媒；当厂区供热以工艺用蒸汽为主时，在不违反卫生、技术和节能要求的条件下，可采用蒸汽作热媒。

（2）供暖系统按热媒分为两类系统。具体分为：

1）热水供暖系统：

A. 按循环动力不同，可分为重力（自然）循环系统和机械循环系统。

B. 按供、回水方式不同，可分为单管系统和双管系统。

C. 按系统管道敷设方式不同，可分为垂直式和水平式系统。

D. 按热媒温度的不同，可分为低温水供暖系统和高温水供暖系统。

2）蒸汽供暖系统：

A. 按供汽压力大小，可分为高压蒸汽供暖系统、低压蒸汽供暖系统和真空蒸汽供暖系统。

B. 按蒸汽干管布置不同，蒸汽供暖系统可分为上供式、中供式和下供式三种。

C. 按立管布置特点，蒸汽供暖系统可分为单管式和双管式。

D. 按回水动力不同，可分为重力回水和机械回水两类。

（3）热水机械循环系统常用形式范围特点与注意事项：

1）热水机械循环系统常用形式、适用范围及特点列于表1.1-3。

表1.1-3　　热水机械循环系统常用形式、适用范围及特点

系统形式	适用范围	优缺点
双管上供下回	室温有调节要求的四层以下建筑	便于集中排气，易产生垂直失调
双管下供下回	室温有调节要求，顶层不能敷设干管的四层以下建筑	有利于解决垂直失调，可使重力水头与立管阻力相抵消；室内无供水干管，顶层房间美观。缺点是不便于集中排气；需要设置地沟
双管中供式	顶层无法敷设供水干管或边施工边使用的建筑	可解决一般供水干管挡窗问题；解决垂直失调比上供下回有利；对楼层扩建有利。缺点是不便于集中排气

续表

系统形式	适用范围	优缺点
双管下供上回	热媒为高温水，室温有调节要求的四层以下建筑	便于集中排气；需要采用高温热媒时，可降低散热器表面温度
单管上供下回	一般多层建筑	水力稳定性好，便于集中排气；安装构造简单。缺点是当散热器配置过多或不考虑立支管散热量等因素时，有可能发生上游热、下游冷的垂直失调
单管水平式	单层建筑或不能敷设立管的多层建筑	经济美观，安装简便。缺点是不便于集中排气；不利于管道热伸长的补偿；散热器接口处易漏水
下供上回和上供下回混合式	热媒为高温水的多层建筑	高温水热媒直连系统的较佳方法之一
单、双管式	8层以上建筑	避免垂直失调，可解决散热器立管管径过大，克服单管系统不能调节的问题

2）热水机械循环系统设计注意事项：

A. 无论系统大小，条件允许时尽量采用同程式，以便阻力平衡；

B. 水平供水干管敷设坡度不应小于0.003，坡向应与水流方向相反，以利排气；

C. 回水干管的坡度不应小于0.003，坡向应与水流方向相同；

D. 垂直单管和水平单管系统，如不需要室温控制或调节，可不加跨越管；需要室温控制或调节，可安装跨越管、两通阀或三通阀。

1.1.4 室内供暖系统水力计算

1. 进行管道水力计算时的主要技术要求

（1）供暖管道中的热媒流速应根据热水或蒸汽的资用压力、系统形式、对噪声要求等因素确定，应不超过推荐的最大允许流速值。

（2）供暖系统最不利环路的比摩阻，宜保持下列范围：

高压蒸汽系统（顺流式） 100～350Pa

高压蒸汽系统（逆流式） 50～150Pa

低压蒸汽系统 50～150Pa

余压回水 150Pa

热水系统 80～120Pa

（3）供暖系统水平干管的末端管径，宜符合下列规定：

高压蒸汽系统 DN≥20mm

低压蒸汽系统 DN≥25mm

高压蒸汽凝结水管始端管径 DN≥20mm

低压蒸汽凝结水管始端管径 DN≥20mm

热水系统 DN≥20mm

（4）供暖系统的总压力损失按下列原则确定：

热水供暖系统的循环压力一般宜保持在10～40kPa；高压蒸汽供暖系统最不利环路供汽管的压力损失不应大于起始压力的25%；低压蒸汽系统的单位长度压力损失宜保持在20～

30Pa，室内系统作用半径不宜超过 50～60m。

(5) 机械循环热水供暖系统的压力损失按下列原则确定：

应考虑散热器中水冷却的自然循环作用压力；各并联环路之间（不包括共同段）的计算压力损失相对差额不应大于 15%；单管异程式系统中立管的压力损失不宜小于计算环路总压力的 70%。

2. 管道水力计算基本式与当量阻力法和当量长度法

(1) 基本计算公式：

$$\Delta P = \Delta P_{m} + \Delta P_{j} = \frac{\lambda}{d} l \frac{\rho v^2}{2} + \xi \frac{\rho v^2}{2} = Rl + \xi \frac{\rho v^2}{2} \tag{1.1-13}$$

式中 ΔP——管段压力损失，Pa；

ΔP_{m}——摩擦压力损失，Pa；

ΔP_{j}——局部压力损失，Pa；

R——比摩阻，即单位长度摩擦压力损失，Pa/m；

v——热媒在管道内流速，m/s；

ρ——热媒的密度，kg/m³；

ξ——局部阻力系数；

λ——摩擦系数；

d——管道直径，mm；

l——管道长度，m。

上式可表示为 $\Delta P = f(G,d)$ 的函数式，由此可见，只要已知 ΔP、G 和 d 中的任意两数，就可以确定第三个数值。热水系统管道流量 G 也可由供暖负荷 Q 与供回水温差 ΔT 的函数式来确定。

(2) 当量阻力法和当量长度法：

1) 当量阻力法的计算式：

$$\Delta P = A\left(\xi_{d} + \sum \xi\right) G^2 \tag{1.1-14}$$

式中 A——常数（因管径不同而异）；

G——流量，m³/h；

ξ_{d}——当量局部阻力系数，$\xi_{d} = \frac{\lambda}{d} l$，不同管径的 $\frac{\lambda}{d}$ 值不同，见有关表。

从计算式中可以看出，将沿管道长度的摩擦损失折合成与之相当的局部阻力系数（称为当量局部阻力系数），这是当量阻力法的原理，是简化的管道水力计算方法。

2) 当量长度法的计算式：

$$\Delta P = Rl + Rl_{d} = R(l + l_{d}) = Rl_{zh} \tag{1.1-15}$$

式中 l_{d}——局部损失的当量长度，m；

l_{zh}——管段的折算长度，m。

从计算式中可以看出，将管段的局部阻力损失折算成一定长度的摩擦损失，这是当量长度法的原理，是简化的管道水力计算方法。

3. 机械循环室内热水供暖系统阻力确定原则

(1) 机械循环室内热水供暖系统阻力按以下原则确定：

1）热源为新建集中锅炉房或新建间接连接城市热力网的热力站的室内供暖系统，其系统阻力应根据经济比摩阻和室内外管网平衡要求确定

2）热源为已有锅炉房、热力站（包括直接连接至城市热力网）的室内供暖系统，其系统阻力应根据资用压头和室内外管网平衡要求确定。当资用压头过大时，可适当加大室内供暖系统水流速，必要时应设置调压孔板或调节阀。

(2) 室内供暖系统管道内热水流速应根据系统阻力、水力平衡要求及防噪声要求等因素确定，不应超过表 1.1-4 的规定。

表 1.1-4　室内管道内热媒的最大允许流速 (m/s)

管径/mm	15	20	25	32	40	50	>50
有特殊安静要求的室内管道	0.5	0.65	0.8	1.0	1.0	1.0	1.0
一般室内管道	0.8	1.0	1.2	1.4	1.8	2.0	2.0

(3) 室内供暖系统阻力应经过计算确定，系统较大时宜用计算机程序进行系统水力平衡计算热水供暖系统水力计算宜按下列要求进行：

1）最不利环路平均比摩阻一般取 60～120Pa/m。当资用压头较大时，可适当提高最不利环路平均比摩阻，但应保证系统内所有管道流速符合表 1.1-4 要求；

2）由机械循环热水供暖系统管道内水冷却产生的自然循环压力可不予考虑；由散热器水冷却产生的自然循环压力应予计算。

A. 机械循环双管系统应计算自然循环压力；

B. 机械循环垂直单管系统，当建筑各部分层数不同时，应计算自然循环压力；

C. 机械循环水平单管系统，应计算自然循环压力。

1.1.5 供暖设备及附件选用

供暖主要设备及附件包括散热器、减压阀、疏水器、膨胀水箱、换热器、平衡阀、分水器、集水器、分汽缸等。

主要供暖设备及附件设置与选用要求：

1. 各类阀门的设置与选用

(1) 供暖系统宜按下列规定设置阀门：

1）多层建筑的供暖立管上应设调节阀或关闭阀门，但楼梯间立管上不宜装设置阀门；

2）垂直单管串联 5 层以上时，宜在散热器供水支管上设置三通调节阀；

3）双管系统对室温有要求时，宜在散热器供水支管上设置恒温调节阀；

4）水平单管跨越式，对室温有要求时，可在散热器供水支管上设置阀门；

5）各环路干管的始端及系统总进、出口管上，应装设阀门；

6）当系统需要部分运行或关断进行修理时，应在各分支干管上装设关断阀门。

(2) 供暖系统中的阀门，宜按下列规定选用：

1）关闭用：高压蒸汽系统用截止阀，低压蒸汽和热水系统用闸阀；

2）调节用：截止阀、对夹式蝶阀；

3）放水用：旋塞或闸阀；

4）放气用：恒温自动排气阀、自动排气阀、钥匙汽阀、旋塞或手动放风阀等。

2. 疏水器的选型与排水量确定

(1) 疏水器选型应根据系统的压力、温度、流量等情况确定。常用的疏水器有：

1) 脉冲式疏水器宜用于压力较高的工艺设备上；

2) 钟形浮子式、可调热膨胀式等疏水器宜用于流量较大的地方；

3) 热动力式、可调双金属片式疏水器宜用于流量较小的地方；

4) 恒温式疏水器仅用于低压蒸汽系统上。

(2) 疏水器的理论排出凝结水量通常由厂家样本提供，缺乏必要技术数据时，也可按下式计算：

$$G = 0.1 A_p d^2 \sqrt{\Delta P} \tag{1.1-16}$$

式中 G——疏水器排水量，kg/h，按阀孔直径和压差而定；

A_p——排水系数，按阀孔直径和压差而定；

d——疏水器的排水阀孔直径，mm；

ΔP——疏水器前后压力差，kPa，$\Delta P = P_2 - P_1$。

考虑到实际运行时负荷和压力的变化，疏水器的排水设计能力应大于理论排水量，疏水器设计排水量按下式计算：

$$G_{sh} = KG \tag{1.1-17}$$

式中 G_{sh}——疏水器设计排水量，kg/h；

G——理论排水量，kg/h；

K——选择疏水器的倍率，按表 1.1-5 选用。

表 1.1-5 疏水器选择倍率 *K* 值

系统	使用情况	K	系统	使用情况	K
供暖	$P \geqslant 100$kPa	2～3	淋浴	单独换热器	2
	$P < 100$kPa	4		多喷头	4
热风	$P \geqslant 200$kPa	2	生产	一般换热器	3
	$P < 200$kPa	3		大容量，常间歇，速加热	4

3. 膨胀水箱容积确定与水箱上各管道连接

(1) 膨胀水箱水容积计算：

95～70℃供暖系统 $V = 0.034 V_c$

110～70℃供暖系统 $V = 0.038 V_c$

130～70℃供暖系统 $V = 0.043 V_c$

空调冷水系统 $V = 0.014 V_c$

式中 V——为膨胀水箱的有效容积，L；

V_c——为系统内的水容积，L。

(2) 膨胀水箱配管应按下面要求安装：

1) 膨胀管：重力循环宜接供水主立管的顶端兼做排气用；机械循环系统接至系统定压点，一般接在水泵吸入口前。膨胀管上严禁装阀门，但当建筑物内同时设有空调用膨胀水箱时，可安装阀门，夏季空调系统运行时可将此阀门关闭。

2）循环管：接至系统定压点前的水平回水管上，该点与定压点之间应保持1.5～3m的距离，严禁安装阀门。

3）信号管：一般应接至工人容易观察的地方，信号管应安装阀门。

4）溢流管、排水管：接至附近下水管。溢流管不应装阀门，排水管应装阀门。

4. 换热器类型及适用场合与面积确定

（1）换热器常用类型及适用场合如：

1）固定管板的壳管式汽—水换热器：适用于温差小、压力不高及壳程结垢不严重的场合；

2）U形管壳管式汽—水换热器：适用于温差大、管内流体比较干净的场合；

3）喷管式换热器：适用于加热温差大、噪声小的场合；

4）螺旋板式换热器：适用于供暖系统；

5）不锈钢板式换热器：适用于空调水系统换热；

6）波纹管系列换热器：适用于区域供暖换热；

7）浮动盘管系列汽—水换热器：适用于水质较差的供暖换热。

（2）换热面积一般由厂家样本提供，当设计参数与样本不符时，可用式（1.1-18）校核计算：

$$F = \frac{Q}{KB\Delta t_{pj}} \tag{1.1-18}$$

式中　F——换热器换热面积，m^2；

Q——换热量，W；

K——换热器的传热系数，$W/(m^2 \cdot ℃)$；

B——水垢系数，汽—水换热器，$B=0.9\sim0.85$；水—水换热器，$B=0.8\sim0.7$；

Δt_{pj}——对数平均温差，℃。

5. 分水器、集水器、分汽缸的设置与直径确定

（1）分水器、集水器、分汽缸的设置：

当需从总管接出两个以上分支环路时，考虑各环路之间的压力平衡和使用功能要求，宜用分汽缸、分水器和集水器。分汽缸用于供汽管路上，分水器用于热水或空调冷水管路上，集水器用于回水管路上。

（2）分水器、集水器、分汽缸的筒身直径确定：

1）分汽缸的筒身直径宜按下式计算：

$$D = 0.595\sqrt{\frac{G}{v\rho}} \tag{1.1-19}$$

式中　G——通过分汽缸的蒸汽总流量，t/h；

v——筒身蒸汽流速，m/s，一般取10～15m/s；

ρ——蒸汽密度，kg/m^3。

2）分水器、集水器的筒身直径可按断面流速$v=0.1$m/s确定，或按经验值估算：$D=(1.5\sim3)d_{max}$（此式也近似适合分汽缸），d_{max}为支管中的最大管径。

1.1.6　多层建筑供暖设计实例

1. 建筑概况及室内外参数

本项目为沈阳××大学技术研究中心，地上共5层，总建筑面积为5800.6m^2，建筑高

度 22.7m。建筑概况及围护结构的传热系数见表 1.1-6。

表 1.1-6 建筑概况及围护结构参数

建筑概况					建筑围护结构传热系数/[W/(m²·℃)]						
地点	建筑类别	层数	高度/m	建筑面积/m²	外墙	门、窗	屋顶	地面Ⅰ	地面Ⅱ	地面Ⅲ	地面Ⅳ
沈阳	试验、办公	5	22.7	5800.6	0.41	2.20	0.37	0.47	0.23	0.12	0.07

2. 系统设计

(1) 暖通空调系统：该建筑位于沈阳市内，根据《民用建筑热工设计规范》(GB 50176—1993) 和《民用建筑供暖通风与空气调节设计规范》(GB 50736—2012) 的规定，建筑热工设计分区处于严寒地区，必须充分满足冬季保温要求，一般可不考虑夏季防热。本建筑设置集中供暖系统用于冬季保证一定室内温度。

(2) 室内供暖系统形式：本建筑为实验办公用途，对室内温湿度环境无特殊严格要求，附近有热媒参数为 110℃/70℃的热水集中供热管网。故本设计采用散热器热水供暖系统，不要求分层和分室温度控制，建筑层高满足干管布置要求，系统形式采用上供下回垂直单管跨越式系统。

热源位于该建筑西侧，考虑系统南北分环有利于不同朝向房间室温控制，供暖入口设置于建筑物西侧中部，分为南北两环路，尽量平均分配环路热负荷，两环路作用半径相近，各环路采用同程式布置，有利于水力平衡。供水干管设置于顶层楼板下，明装敷设，坡度为 0.003，经验算安装高度符合要求。回水干管设置于底层地面下，采用不通行地沟敷设，管道坡度为 0.003，设有检查井方便检修。立管靠墙设置并尽量靠近墙角，不影响美观和少占用使用空间，立管上下设置球阀。

(3) 热源及热媒参数：为满足建筑使用功能和运行管理方便，考虑经济及节能要求，应采用低温热水做热媒。本系统在校园内设换热站，供暖系统供回水温度为 70℃/50℃。

(4) 气象及设计参数：应注意《民用建筑供暖通风与空气调节设计规范》(GB 50736—2012) 对室外设计参数重新进行了修订。室内外设计参数见表 1.1-7。

表 1.1-7 室内外设计参数

室外设计参数		冬季供暖室内计算温度			
冬季供暖室外计算温度	冬季室外平均风速	试验室	会议、办公	走廊	卫生间
−16.9℃	2.6m/s	18℃	18℃	16℃	16℃

(5) 热负荷计算：热负荷按稳定传热连续供暖计算，热负荷计算示例见表 1.1-8。系统总热负荷 205kW，室内供暖设计热负荷指标为 $q=35.9\text{W/m}^2$。

(6) 散热器选用：在充分考虑热工、经济、美观、安装等方面因素，散热器采用柱翼 750 型铸铁散热器（内腔无砂型），工作压力为 0.8MPa。考虑建筑空间和管路布置，散热器明装，安装于外窗窗台下或靠近外墙设置。散热器有足安装，底距地 200mm。散热器支管连接方式为同侧上进下出式，散热器表面应刷非金属涂料，标准散热量为 125W/片 ($\Delta t=64.5$℃)，散热器供回水支管应有 1%的坡度，散热器供水支管设置恒温控制阀。

表 1.1-8　　房间供暖设计热负荷计算表（节选）

房间编号	类别	围护结构			传热系数	温差修正	基本耗热量	修正后耗热量			修正后耗热量	围护结构耗热量	冷风渗透耗热	冷风侵入耗热	供暖热负荷	总的供暖热负荷
		尺寸		面积				朝向	风向							
					K	α	Q'	X_{ch}	X_f	$1+X_{ch}+X_F$	Q''	Q_1	Q_2	Q_3	$Q_{cn}=Q_1+Q_2+Q_3$	$Q=Q_{cn}+Q_{fj}$
		长	宽（高）	m²	W/(m²·℃)		W				W	W	W	W	W	W
1001［消煮室］	室外温度：−16.9℃			房间面积：17.2m²			室内温度：18℃									
	南外墙	4.65	3.9	12.86	0.41	1	184	−0.25	0	0.75	138	138	0	0	138	138
	南外窗	2.2	2.4	5.28	2.2	1	405	−0.25	0	0.75	304	304	216	0	520	520
	东外墙	3.9	3.9	15.21	0.41	1	218	−0.05	0	0.95	207	207	0	0	207	207
	地面	5.73	3	17.2	0.51	1	306		0	1	306	306	0	0	306	306
	*小计［1］			17.2	面积指标：68		1113				955	955	216	0	1171	1170
1011［楼梯间1］	室外温度：−16.9℃			房间面积：23.0m²			室内温度：16℃									
	东外墙	3.2	19.5	53.58	0.41	1	723	−0.05	0	0.95	687	687	0	0	687	687
	东外窗（8）	1.4	0.7	0.98	2.2	1	639	−0.05	0	0.95	603	603	1161	0	1764	1764
	地面	7.67	3	23	0.51	1	386		0	1	386	386	0	0	386	386
	屋面	7.67	3	23	0.37	1	280		0	1	280	280	0	0	280	280
	*小计［1］			23	面积指标：136		2027				1959	1959	1159	0	3118	3118
5020［实验室］	室外温度：−16.9℃			房间面积：23.0m²			室内温度：18℃									
	北外墙	7.2	3.9	19.44	0.41	1	278	0.1	0	1.1	306	306	0	0	306	306
	北外窗（2）	1.8	2.4	4.32	2.2	1	664	0.1	0	1.1	730	730	0	0	730	730
	屋面			50.9	0.37	1	657		0	1	657	657	0	0	657	657
	*小计［1］			50.9	面积指标：33		1599				1693	1693	0	0	1693	1693

注：1. 其余房间热负荷计算方法同此表，计算表格略。一层房间总负荷 69 126W（包括楼梯间），二层房间总负荷 31270W，三层房间总负荷 28 633W，四层房间总负荷 27 344W，五层房间总负荷 48 622W。建筑物总供暖设计热负荷 204.995kW。

2. 门窗缝隙冷风渗透耗热量采用缝隙法计算。

3. 外门冷风侵入耗热量采用外门附加率计算，附加率 $65n\%$。

（7）水力计算：该试验楼不要求室温的严格控制与调节，采用等温降的水力计算方法。选定南侧环路为最不利环路，外网在热力入口处资用压力 $8mH_2O$，资用压力足够大，控制最不利环路比摩阻在 60～120Pa/m，最不利环路总阻力损失 30 018Pa。控制最近环路与最远环路不平衡率不超过±5%，其余立管不平衡率不超过±10%。最不利环路水力计算见表 1.1-9。

表 1.1-9　系统最不利环路水力计算表

管段编号	负荷 Q/W	流量 G/(kg/h)	长度 L/m	管径 D/mm	流速 v/(m/s)	比摩阻 R/(Pa/m)	局阻系 $\Sigma\xi$	沿程阻力 ΔP_y/Pa	局部阻力 ΔP_j/Pa	总阻力 ΔP/Pa
SG	204 995	8814.78	24	80	0.65	81.27	10.6	1950	2207	4157
SH	204 995	8814.78	60	80	0.65	81.27	12.4	4876	2582	7458
BG1	111 655	4801.17	10	70	0.51	63.81	13.9	638	1776	2414
BH21	111 655	4801.17	1.3	70	0.51	63.81	13.9	83	1776	1859
BH20	107 655	4629.17	0.8	70	0.49	59.44	2.1	48	249	297
BH19	101 775	4376.32	2.35	70	0.46	53.31	1.5	125	159	285
BH18	96 975	4169.93	3.2	70	0.44	48.55	1.5	155	145	300
BH17	91 880	3950.84	7	70	0.42	43.74	1.5	306	130	436
BH16	86 785	3731.76	7.2	70	0.4	39.18	1.5	282	116	398
BH15	81 690	3512.67	0.8	70	0.37	34.87	1.5	28	103	131
BH14	75 810	3259.83	7	70	0.49	74.86	1.5	524	179	703
BH13	67 600	2906.8	4.75	70	0.44	59.96	1.6	285	152	436
BH12	63 070	2712.01	3.6	70	0.41	52.44	1.5	189	124	313
BH11	58 540	2517.22	6.2	50	0.38	45.42	1.5	282	107	388
BH10	54 010	2322.43	0.88	50	0.35	38.9	1.5	34	91	125
BH9	48 380	2080.34	12.6	50	0.31	31.49	1.5	397	73	470
BH8	42 290	1818.47	17.7	50	0.27	24.35	2.2	431	82	513
BH7	38 490	1655.07	0.5	50	0.4	66.01	1.5	33	115	148
BH6	33 370	1434.91	3.6	50	0.34	50.16	1.5	181	87	267
BH5	28 250	1214.75	5.6	40	0.29	36.46	1.5	204	62	266
BH4	22 740	977.82	7.2	40	0.37	76.33	1.5	550	99	648
BH3	17 430	749.49	0.8	40	0.28	45.87	1.5	37	58	95
BH2	11 920	512.56	7.2	32	0.19	22.33	1.5	161	27	188
BH1	6410	275.63	11.1	25	0.16	21.66	12.2	240	156	396
VG1	6410	275.63	2.1	25	0.26	75.89	11.5	159	392	552
VG2	6410	275.63	3.9	25	0.26	75.89	1.6	296	55	351
VG3	6410	275.63	3.9	25	0.26	75.89	1.6	296	55	351
VG4	6410	275.63	3.9	25	0.26	75.89	1.6	296	55	351
VG5	6410	275.63	3.9	25	0.26	75.89	1.6	296	55	351
VH1	6410	275.63	1.2	25	0.26	75.89	11.5	91	392	483

续表

管段编号	负荷 Q/W	流量 G/(kg/h)	长度 L/m	管径 D/mm	流速 v/(m/s)	比摩阻 R/(Pa/m)	局阻系 $\Sigma\xi$	沿程阻力 ΔP_y/Pa	局部阻力 ΔP_j/Pa	总阻力 ΔP/Pa
R1	1430	275.63	1.5	20	0.42	250.96	7	376	601	978
R1	830	275.63	1.5	20	0.42	250.96	7	376	601	978
R1	850	275.63	1.5	20	0.42	250.96	7	376	601	978
R1	1000	275.63	1.5	20	0.42	250.96	7	376	601	978
R1	2300	275.63	1.5	20	0.42	250.96	7	376	601	978
最不利环路计算总阻力：30 018Pa										30 018

(8) 供暖入口参数：系统工作压力 0.4MPa，设计热负荷 205kW，阻力损失 30kPa。供暖入口设置热计量装置，参见标准图集《居住建筑供暖热计量系统设计安装》(辽标 2009T907—15)，并于回水管上安装静态水力平衡阀。

3. 主要设计图

供暖系统平面图见图 1.1-1 和图 1.1-2，供暖系统图见图 1.1-3 和图 1.1-4。

1.1.7　高层建筑供暖设计实例

1. 建筑概况及室内外参数

本项目为沈阳某花园小区住宅楼，地上共 18 层，总建筑面积为 10 028.6m^2，建筑高度 59.4m。建筑概况及围护结构的传热系数见表 1.1-10。

表 1.1-10　　建筑概况及围护结构参数

建筑概况					建筑围护结构传热系数/[W/(m^2·℃)]					
地点	建筑类别	层数	高度/m	建筑面积/m^2	外墙	外窗	屋顶	外门	户门	楼梯间隔墙
沈阳	住宅	18	59.4	10 028.6	0.42	1.90	0.32	1.90	1.50	0.96

2. 供暖系统设计及参数

(1) 供暖热源：供暖的供回水由地下换热站供给，供暖系统供回水温度为 50℃/40℃。

(2) 供暖系统分区：本住宅建筑 18 层，高度 59.4m，为保证系统压力状况符合要求，供暖系统分两个区，低区为 1～9 层，工作压力为 0.45MPa；高区为 10～18 层，工作压力为 0.7MPa。高、低区供暖热媒分别由地下换热站供应。

(3) 供暖系统形式：本建筑为住宅，换热站供应 50℃/40℃的热水，从分户热计量和热舒适角度考虑，采用在楼梯间管井设单元立管的下供下回式分户供暖系统，户内系统采用分集水器式的低温热水地板辐射系统。

(4) 气象及设计参数：室内外设计参数见表 1.1-11。

表 1.1-11　　室内外设计参数

室外设计参数		冬季供暖室内计算温度			
冬季供暖室外计算温度	冬季室外平均风速	卧室	带浴盆卫生间	客厅	厨房
−16.9℃	2.6m/s	18℃	25℃	18℃	14℃

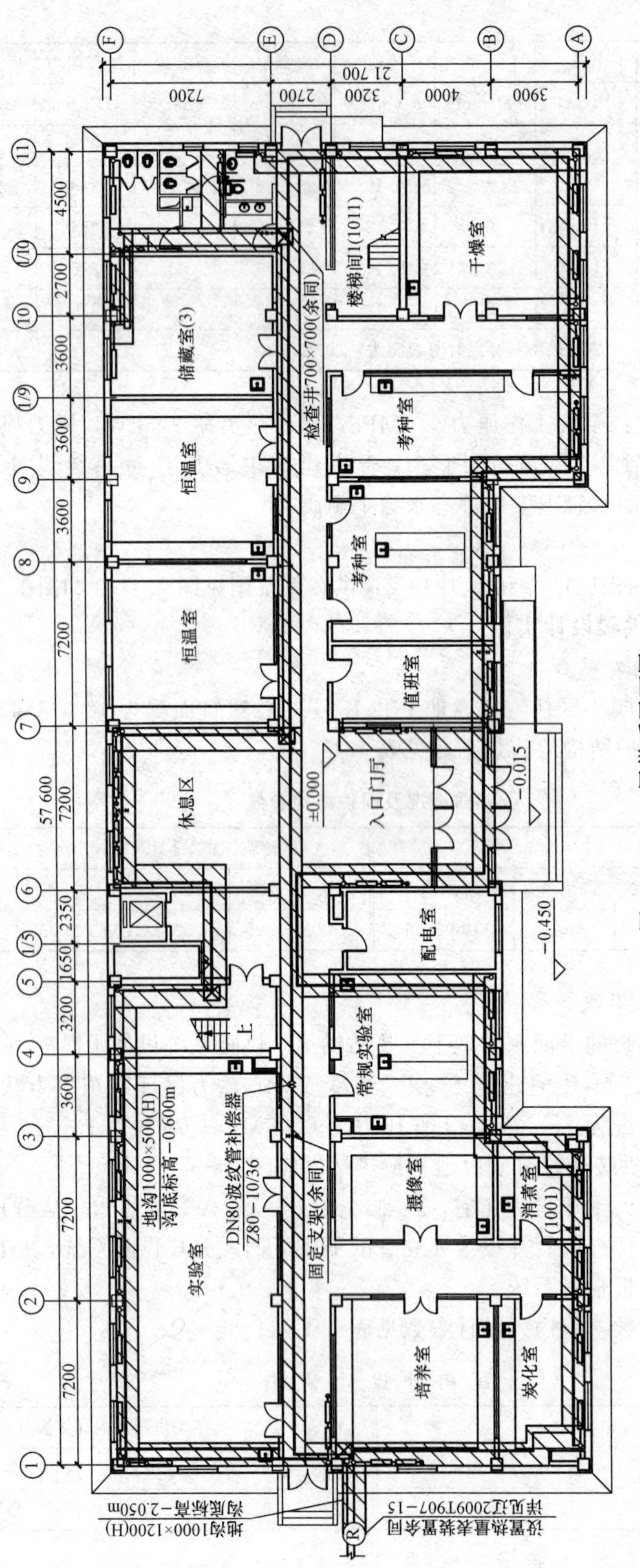

图 1.1-1 一层供暖平面图

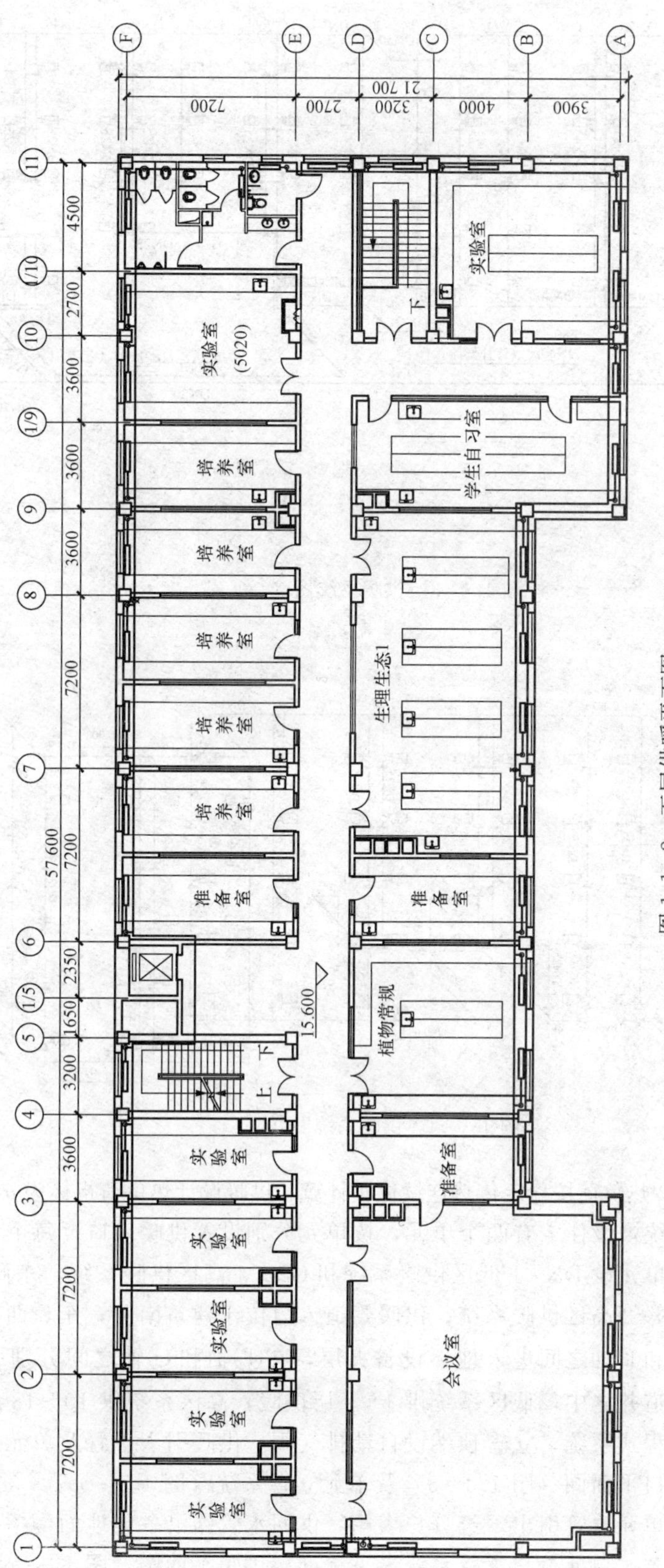

图 1.1-2　五层供暖平面图

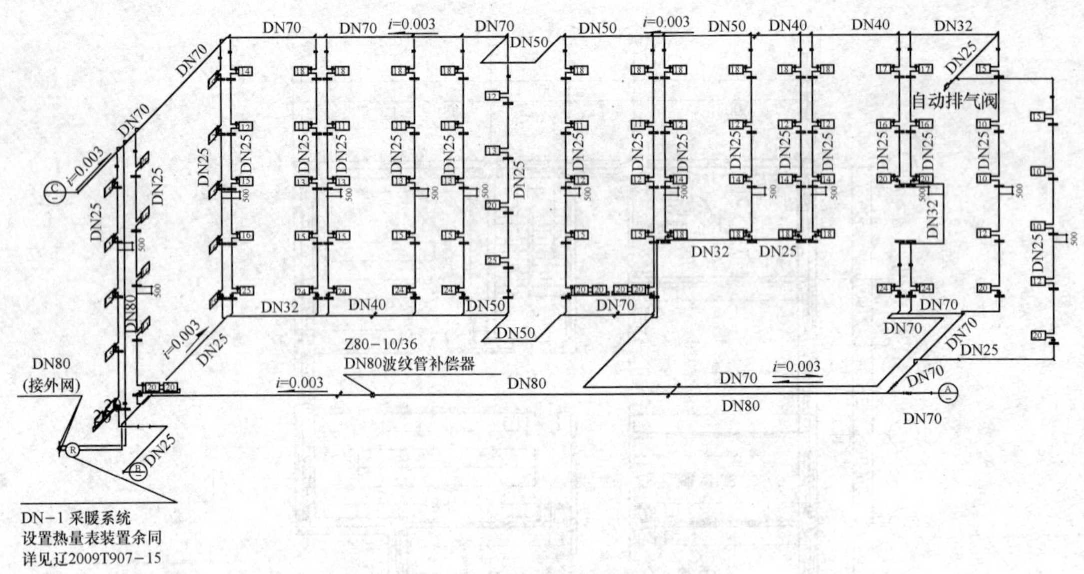

图 1.1-3 供暖系统图（一）

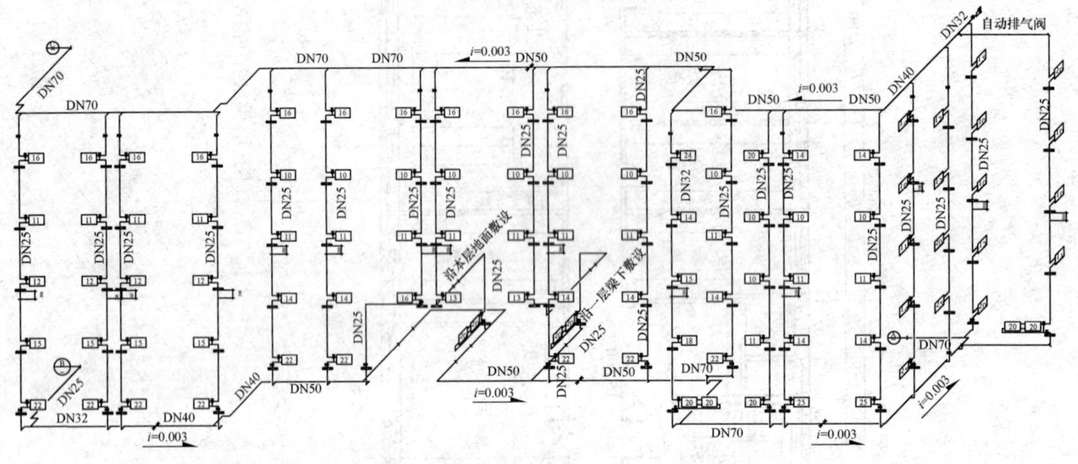

图 1.1-4 供暖系统图（二）

（5）热负荷计算：热负荷按稳定传热连续供暖计算，供暖设计热负荷指标为 $q=25.0\text{W/m}^2$。

（6）供暖管道系统：该住宅有两个单元，按单元分别设置供暖入口，每个入口分低区和高区两个系统。西侧单元设 DN-1 低区供暖系统和 GN-1 高区供暖系统，东侧单元设 DN-2 低区供暖系统和 GN-2 高区供暖系统。供暖管道入口位于建筑南侧，东、西入口分别由⑨轴和⑩轴之间、⑭轴和⑮轴之间进入地下设备夹层，在Ⓕ轴和Ⓖ轴之间分别引入东西两侧楼梯间前室的供暖管道井之中，低区系统供 1～9 层供暖，高区系统供 10～18 层供暖，高低区单元立管均采用异程式系统，立管顶端设自动排气阀。供暖引入干管及单元立管系统参见地下设备夹层供暖入口平面图（图 1.1-5）及单元立管系统（图 1.1-9）。

各层分户支管由单元立管引出，经分户表箱，供回水管路沿各层地面沟槽引致各户设置于厨房内的分、集水器。单元分户支管系统参见标准层供暖平面图（图 1.1-6）及供暖系统

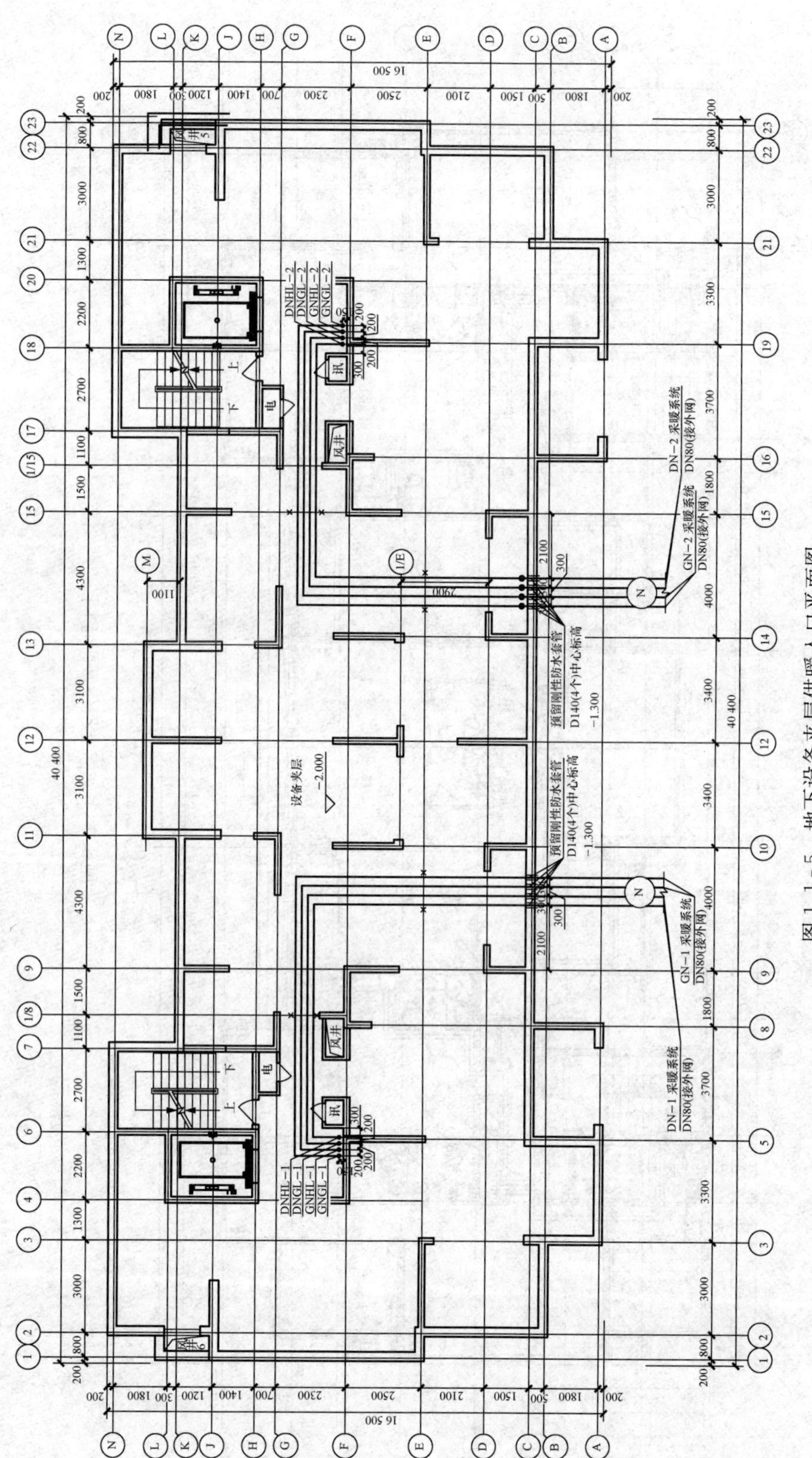

图 1.1-5　地下设备夹层供暖入口平面图

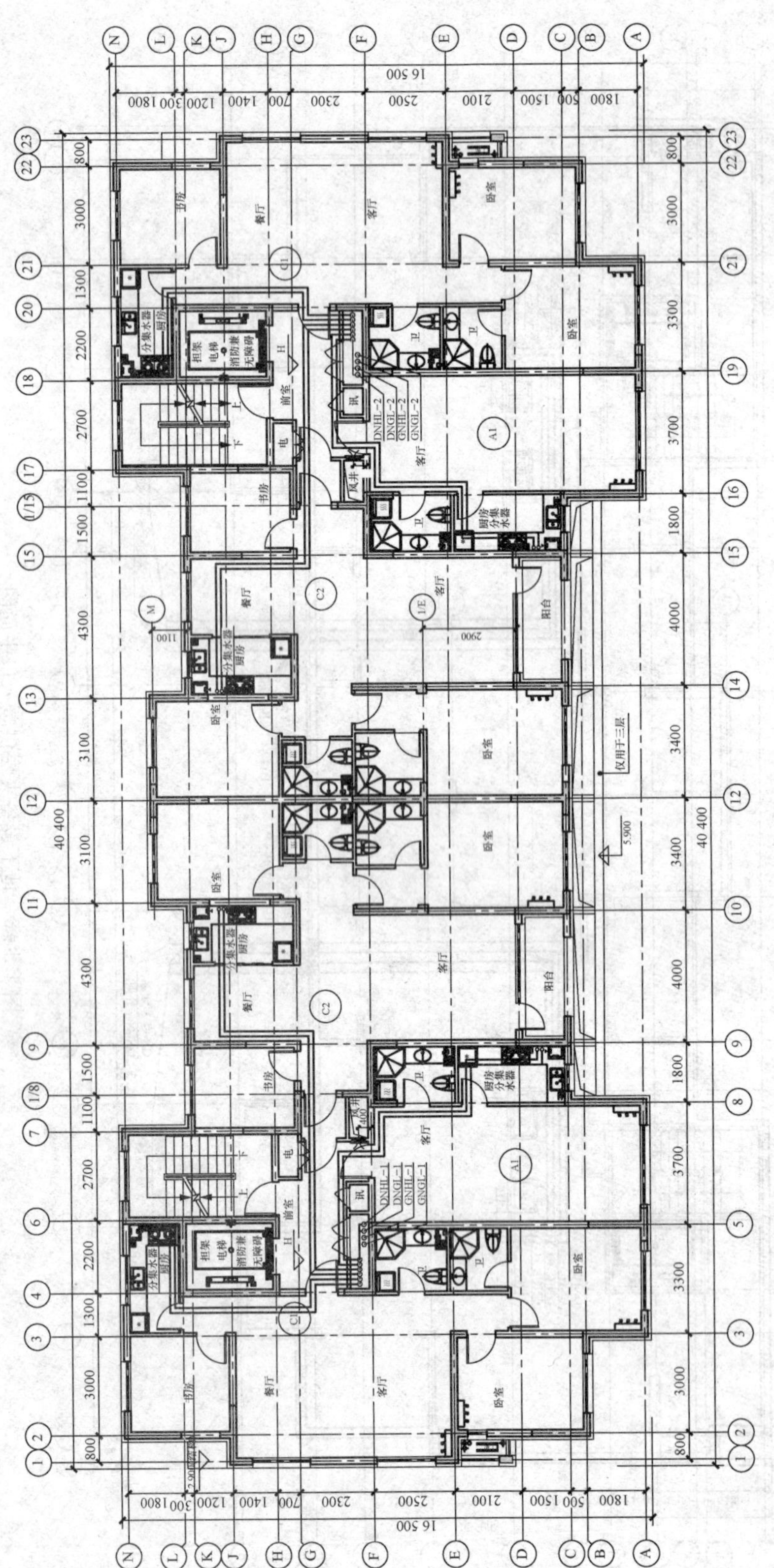

图 1.1-6 标准层供暖平面图

图（三）（图 1.1-10）。在分户箱内设户用热表，分户热量表为 SONOMETER 型超声波热量表，规格为 DN15，常用流量 Q_p 为 $1.5m^3/h$，工作压力 1.0MPa。

户内系统分、集水器设置于厨房，供水管由分水器引出，地热盘管环路按室划分，每环路采用恒温控制阀自动调节室温，恒温控制阀型号 V240T06，回水管接至集水器。各户型户内系统见标准层地热盘管平面布置图（图 1.1-7）。

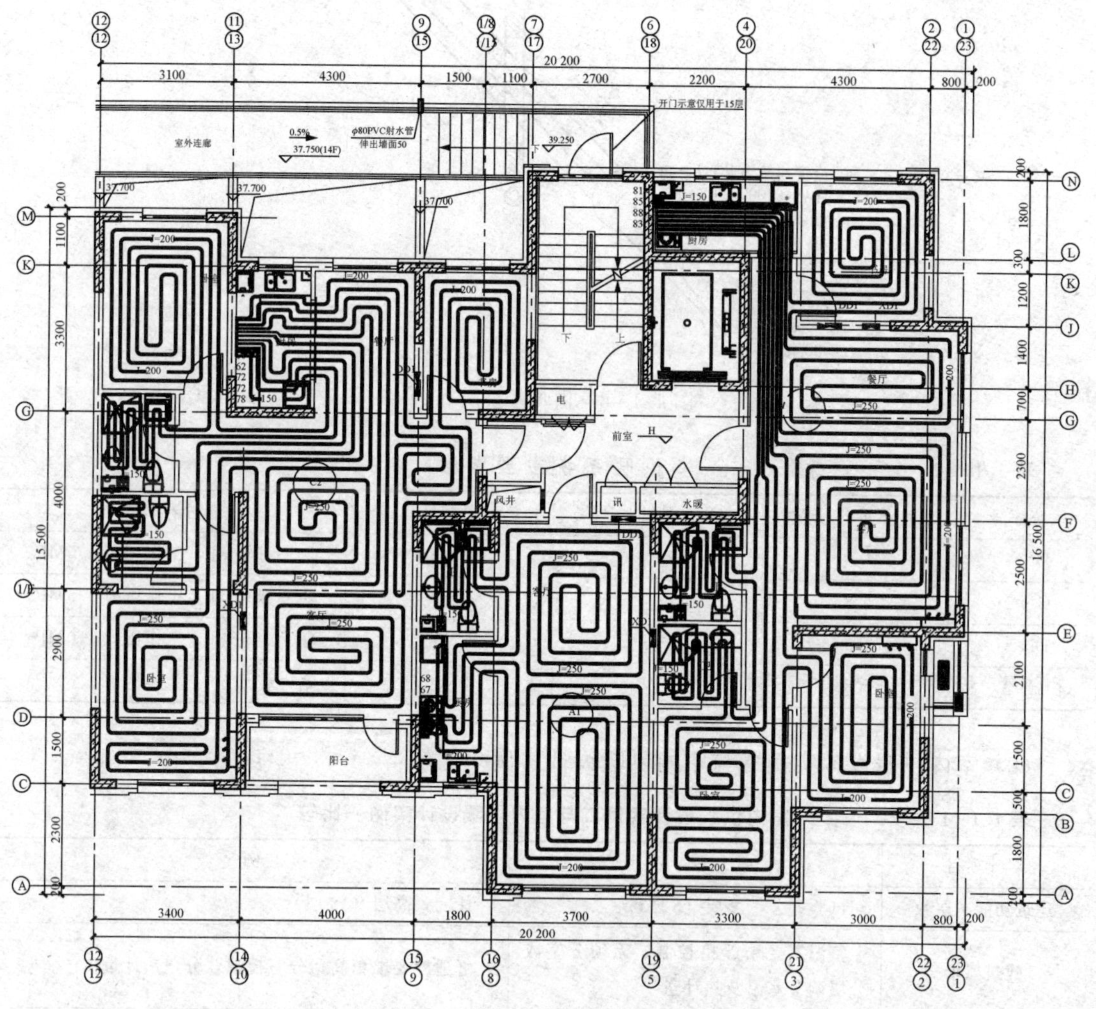

图 1.1-7　标准层地热盘管平面布置图

供暖系统平面图见图 1.1-5～图 1.1-7，供暖系统图见图 1.1-8～图 1.1-10。四个供暖系统中，DN-2 与 DN-1 系统对称，GN-2 与 GN-1 系统对称，系统图中只画出 DN-1 和 GN-1 系统。

（7）供暖入口装置及主要参数：本建筑两个单元分设供暖入口，每个入口分高低两个供暖分区，共分四个供暖系统，供暖入口设热量表，入口装置详见 2009T907—15。各系统参数见表 1.1-12。

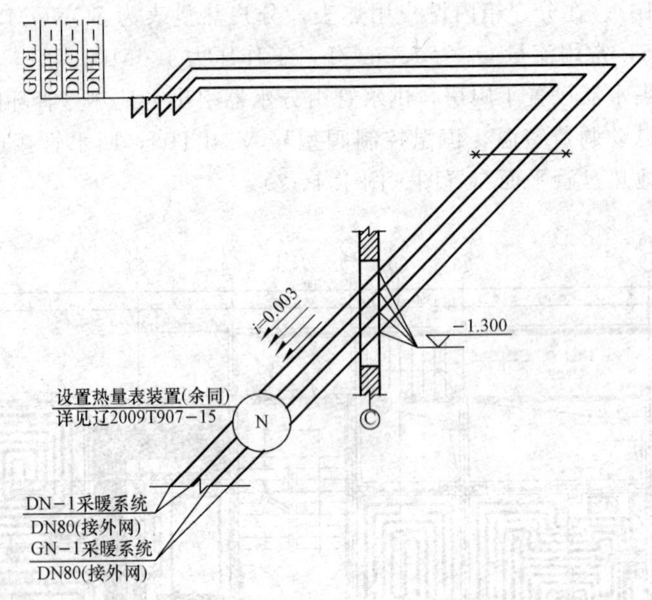

图 1.1-8 供暖系统图（一）

表 1.1-12 供暖系统主要参数

系统序号	设计热负荷/kW	阻力损失/kPa	热量表型号规格	热量表参数
DN-1	73.8	43.1	DN50	Q_p＝15m³/h，工作压力 1.0MPa
GN-1	51.8	48.5	DN50	Q_p＝15m³/h，工作压力 1.6MPa
DN-2	73.8	43.1	DN50	Q_p＝15m³/h，工作压力 1.0MPa
GN-2	51.8	48.5	DN50	Q_p＝15m³/h，工作压力 1.6MPa

（8）室内供暖设计实例二与室内供暖设计实例一比较：

表 1.1-13 室内供暖设计实例二与室内供暖设计实例一比较

对比项目	实　例　一	实　例　二
建筑功能、层数	试验办公，多层（5 层）	住宅，高层（18 层）
建筑要求	室温不要求严格控制，无须分室或分层调节室温及热计量	舒适度要求稍高，分室控温，分户热计量
是否需要上下分区	层数少，不需要分区	高层建筑易产生垂直失调和超压问题，需要分区
所选择系统形式	上供下回垂直单管跨越式，系统南北分环，散热器供暖	设置单元立管的低温热水地板辐射供暖，分高低两个供暖分区
系统形式特点	可有限地调节室温，克服单管顺流系统不能调节问题，系统简单，造价低，施工方便，可南北分环调节，入口设置热计量装置，便于维修	上下分区解决垂直失调及系统超压问题，地板辐射供暖舒适度高、提高脚感温度、节能、占建筑面积少、洁净，可分室调节室温，分户设置热计量装置，便于供暖管理
供暖热媒	低温热水，70℃/50℃	低温热水，50℃/40℃
系统设计适宜程度	适宜	适宜

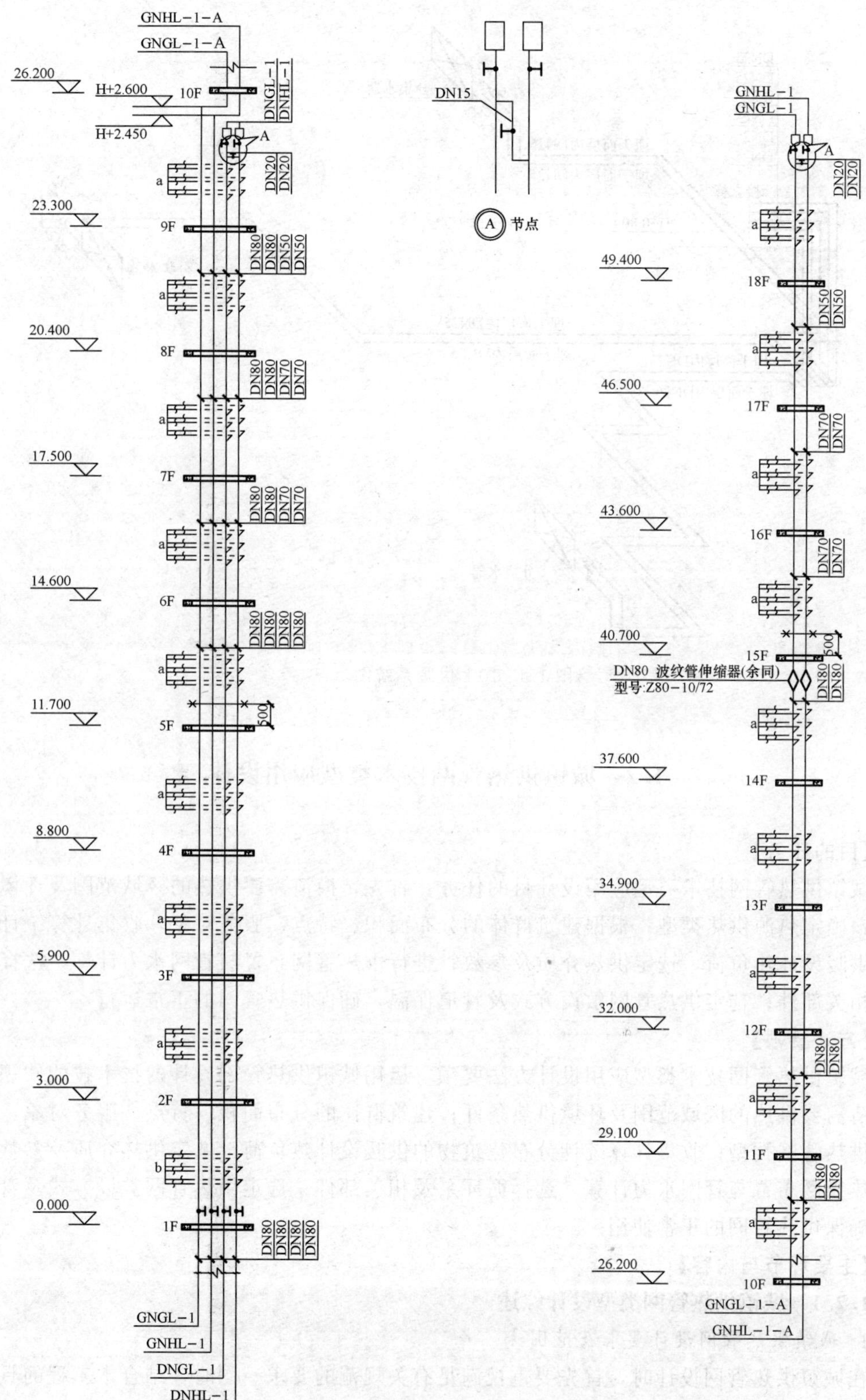
GNHL－1－A
GNGL－1－A
DNGL－1
DNHL－1
26.200
H+2.600
H+2.450
10F
A
DN20
DN20
23.300
9F
DN80
DN80
DN50
DN50
20.400
8F
DN80
DN80
DN70
DN70
17.500
7F
14.600
6F
11.700
5F
500
8.800
4F
5.900
3F
3.000
2F
0.000
1F
GNGL－1
GNHL－1
DNGL－1
DNHL－1
DN15
节点
GNHL－1
GNGL－1
49.400
18F
46.500
17F
43.600
16F
40.700
15F
DN80 波纹管伸缩器(余同)
型号:Z80－10/72
37.600
14F
34.900
13F
32.000
12F
29.100
11F
26.200
10F
GNGL－1－A
GNHL－1－A

图 1.1－9　供暖系统图（二）

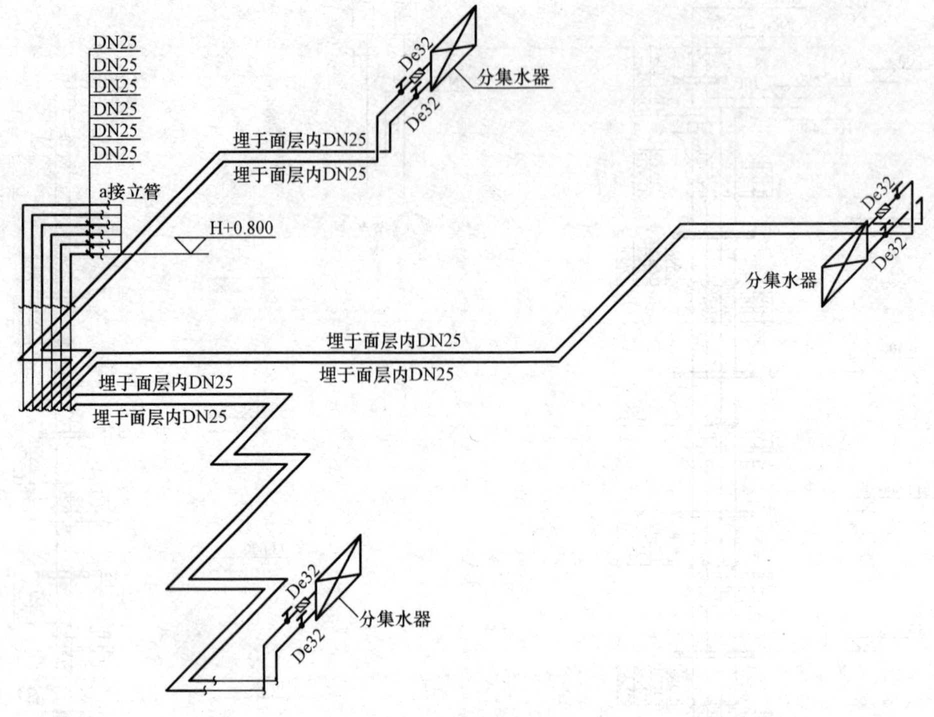

图 1.1-10 供暖系统图（三）

1.2 城镇供热管网技术类型应用设计

【目的任务】

城镇供热管网技术类型应用设计目的任务：首先，摸清需要供热的区域范围及环境供热条件，确定热源供热类型；根据建筑群体的分布面积、特点、服务对象，收集计算统计建筑物的供暖设计热负荷，选定供热介质及参数；进行供热管网布置与管网水力计算，选择循环泵及相关部件；选定供热管网敷设方式及管道保温，确保供热管网的正常运行。

【方法要领】

城镇供热管网技术类型应用设计方法要领：运用城镇供热管网设计的技术技能知识，首先弄清需要供热的区域范围及环境供热条件；建筑群体的分布面积、特点、服务对象，确定热源供热管网类型；收集计算统计分布建筑物的供暖设计热负荷，选定供热介质及参数；进行供热管网布置与管网水力计算，选择循环泵及相关部件；选定供热管网敷设方式及管道保温，确保供热管网的正常使用。

【主要环节与内容】

1.2.1 城镇供热管网类型设计综述

1. 城镇供热管网设计要求及范围

在城镇供热管网设计时，首先要重视满足有关规范的要求。同时，结合本工程的具体情况，做到节约能源、保护环境、技术先进、经济适用、安全可靠。本书只介绍热水供暖的供热管网供热系统，包括由热电厂或区域锅炉房为热源到热力站的热力网；自热力站到热用户建筑物入口的街区热水供热管网；以及自小型锅炉房到热用户建筑物入口的街区热水供热管网。在文内叙述中，有时可简称供热管网或管网。

2. 供暖热负荷与年耗热量

(1) 供暖热负荷

街区热水供热管网设计时，供暖热负荷宜采用经核实后的建筑物设计热负荷。当设计较大热力网时，得不到所有建筑物供暖设计热负荷，可根据不同建筑物的供暖热指标及该指标建筑物所占的比例来计算供暖热负荷，可按下式计算：

供暖热负荷：

$$Q_h = q_h \cdot A_c \times 10^{-3} \tag{1.2-1}$$

式中　Q_h——供暖设计热负荷，kW；

q_h——供暖综合热指标，W/m²，可按表 1.2-1 中取用，按取用热指标及该热指标建筑物面积在总建筑物面积中所占的比例分别计算，然后相加即为综合热指标；

A_c——供暖建筑物的总面积，m²。

表 1.2-1　供暖热指标推荐值

建筑类别	供暖热指标 q_h	
	未采取节能措施/(W/m²)	采取节能措施/(W/m²)
住宅	58～64	40～45
居住区综合	60～67	45～55
学校、办公	60～80	50～70
医院、托幼	65～80	55～70
商店	65～80	55～70

注：1. 表中数值适用于我国东北、华北、西北地区。
2. 指标中已包括约 5%的热损失。

(2) 年耗热量

供暖年耗热量 Q_a，可用下式计算

$$Q_a = 0.086 Q_h \cdot N \cdot \phi \tag{1.2-2}$$

式中　Q_a——年供暖耗热量，GJ；

Q_h——供暖设计热负荷，kW；

N——供暖期天数；

ϕ——平均负荷系数。

$$\phi = \frac{t_i - t_a}{t_i - t_0} \tag{1.2-3}$$

式中　t_i——供暖室内计算温度，℃；

t_0——供暖期室外平均温度，℃；

t_a——供暖室外计算温度，℃。

3. 供热介质及参数

(1) 供热介质选择

本供热管网设计服务对象主要为居民住宅供暖，另有少部分公共建筑供暖，所以选用热水作为供热介质。

(2) 供热参数

热水供热管网的最佳供、回水温度应根据工程的具体情况进行技术经济比较后确定。当不具备条件进行比较时，可按下列情况确定：

1) 热力网供热参数：以热电厂或大型区域锅炉房热力网的供水温度可为120～130℃，回水温度为70℃；以小型区域锅炉房间接连接供热时，供水温度可为110～115℃，回水温度为70℃。

2) 街区热水管网供热参数：以小型区域锅炉房直接连接供热或小型分散锅炉房直接连接供热时，设计供水、回水温度可与室内供暖系统设计温度一致。

4. 供热管网布置

(1) 热力管网布置的基本要求：

1) 管网布置应满足城市热力规划要求；

2) 管网布置应根据热负荷、市区地形、地下设施以及发展负荷等资料进行；

3) 热水供热管网应采用闭式双管制；

4) 管网主干线布置应尽量通过负荷集中的地带，并且做到安全适用、经济合理；

5) 管网一般平行于道路中心线敷设，尽可能避开车行道；

6) 管径不大于300mm的管道可穿过建筑物的地下室或建筑物内的通行地沟；

7) 干线敷设力求线路短、直，施工简便，且在干线适当位置加装分段阀门。

(2) 热力网的布置形式

供热管网的形式应能保证将热源生产的热能安全、经济地送到热用户，以满足供暖用户的需要。现将两种管网的形式分别介绍如下：

1) 枝状管网

枝状管网优点：形式简单、造价较低、运行管理方便，也适宜一定热负荷的发展要求，供热范围大小均可适用。供回管道的管径同时随着与热源距离的增加而减小，目前这种形式的管网用得较多，街区热水供热管网基本都用这种形式。枝状管网的缺点：当某处管道发生故障时，将影响后段管网用户的供热。枝状管网示意图见图1.2-1。

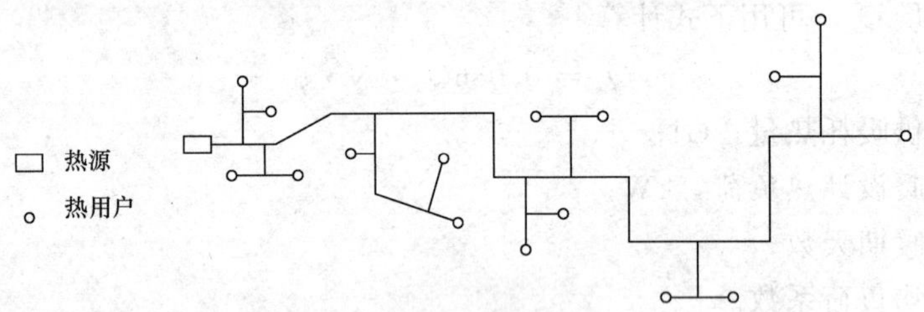

图1.2-1 枝状管网示意图

为了提高枝状管网运行的可靠性，可用同一方向敷设两条干线，在适当的位置用连通管接通，当一条管道发生故障时，另一条管道可供出一部分热量，不至于影响太多的用户供热。也可采用两个或两个以上的热源连网运行，起到互为备用的作用。在联网时，对水力交汇点的优化选择有明显的节能效果。

2) 环状管网

当供热区内有两个或两个以上的热源厂时，可将各热源引出的供热管网干线连通形成环状管网。单个热源厂也可根据热负荷的分布情况，将热力网干线布置成环状管网。目前，北欧有的国家供暖热水管网多采用环状管网，我国北方某市有采用七个热源厂联网运行的环状管网。多热源环状管网的优点是运行可靠性好，水力平衡条件也比枝状管网好，但投资较高。环状管网示意图见图 1.2-2。

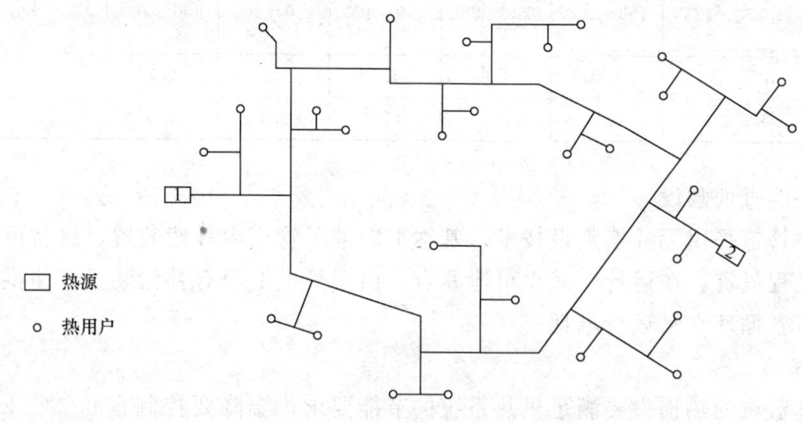

图 1.2-2　环状管网示意图

5. 供热管网敷设方式

目前，对热水供暖供热管网基本都采用直埋敷设，又可分为有补偿直埋敷设和无补偿直埋敷设两种敷设方式。对街区热水供热管网一般都采用无补偿直埋敷设方式。下面将对两种敷设方式作简单介绍。

（1）有补偿直埋敷设

有补偿直埋敷设，在街区供热管网已很少使用，在设计时要考虑设置吸收管道受热伸长的补偿装置，并在适当位置设固定支墩，以控制其每段需要补偿的热伸长量，其中包括管道转弯处的自然补偿。

采用补偿器的方法可选用一次性补偿器和永久性补偿器。采用一次性补偿器时，是将管道预热到一定温度后，再将补偿器的活动接口焊死。这时，当管道运行温度超过预热温度时，管道产生轴向压应力。当管道运行温度低于预热温度时，管道产生轴向拉应力。一次性补偿器安预热时的工作量大，增加预热设备、施工周期较长，影响城市交通。有时处理不当，在预热过程中管道就发生弯曲变形，并且变形难恢复原状，这种方法近几年较为少用。

永久性补偿器，一般有波纹补偿和套筒补偿两种结构形式。这种形式的补偿器在安装时，对直管段的管沟可先进行回填，只需留出接补偿器和井室的位置，这样不影响市内交通。待管道全部安装结束，水压试验合格及接头处理完毕后，可回填全部管沟。有补偿直埋敷设时补偿器两端适当距离处要设置固定支墩。固定支墩的大小应根据管道产生的推力来确定。两固定墩之间的距离可按不同管道直径大小来确定，其推荐值可参考固定支墩间距表 1.2-2。

表 1.2-2　　固 定 支 墩 间 距

管道直径 DN/mm	1000～1200	700～900	600～800	400～500	300～350	200～250	100～150
固定支墩间距/m	130	110	90	80	65	50	35

为保证直埋管道纵向的稳定性，保护预制保温外壳和保温层不致压坏，要求不同管径的管道有最小埋土深度，其推荐值可见表1.2-3。

表1.2-3 有补偿直埋管道最小覆土深度

管道直径DN/mm	50～125	150～200	250～300	350～400	450～500	600～700	800～900	1000～1200
车行道/m	0.8	1.0	1.0	1.2	1.2	1.3	1.4	1.5
非车行道/m	0.7	0.7	0.7	0.9	0.9	1.0	1.1	1.2

(2) 无补偿直埋敷设

热水供热管道采用无补偿敷设技术，基本上取消了管道中补偿装置，这就可以缩短安装工期，节省工程投资，在运行中减少可泄漏点。由于管道上没有补偿装置，使供热管网阻力降低，可以节省循环水泵运行电耗。

6. 管道保温

管道直埋敷设的热损失要满足供热系统的节能要求，温降要控制在0.2℃/km以内，因此要求管道必须有良好的保温结构，一般选用的成品预制保温管，保温的主要材料为聚氨酯泡沫塑料，外包高密度的聚乙烯保护层，这样使钢管、保温层和保护层三位一体，紧密结合。保温层主要指标见表1.2-4，保护层主要指标见表1.2-5。

表1.2-4 聚氨酯主要指标表

密度/(kg/m^3)	抗拉强度/kPa	导热系数/[W/(m·℃)]	耐热性/℃
60～80	≥200	≤0.027	150

表1.2-5 高密度聚乙烯主要指标表

密度/(kg/m^3)	断裂伸长率(%)	纵向回缩率(%)	耐环境应力开裂(F50)
940～960	≥350	≤3	≥200h

7. 管材及附件

(1) 管材的选取

一般热力管道的管材材质可选Q235B，当管径DN>150mm时，管道采用螺旋缝电焊钢管，当管径DN≤150mm时采用无缝钢管。对于低温水承压1.0MPa时，管道壁厚按照管道规格表中的壁厚选取即可。管道壁厚规格可见表1.2-6。

表1.2-6 管道壁厚表

管道外径/mm	920～720	630	529	478	426	377	325	273	219
管道壁厚/mm	10	8	8	8	7	7	7	7	6

(2) 管道附件

热力网干线大于1.5km设截断阀门，在分支线处设支线阀门。热网高点设置放风阀，低点设置泄水阀，阀门采用焊接球阀、闸阀或蝶阀，三通、弯头、变径管等均选用标准件。

8. 中继泵站与热水热力站

(1) 中继泵站

在大型集中供热系统中，由于管线长或高差大和用户分散等原因，只用主循环泵不经济，或不能满足要求，有必要设置中继泵。

1) 设置中继泵的条件

A. 在大型热水管网供热中，虽然在热源处设主循环泵也能满足输送要求，但会导致主循环泵扬程太高，使运行电耗过大、不经济。

B. 对管线长的大型热水管网，为满足远端用户要求，需提高整个系统的运行压力，以致超过近端系统的承压能力。

C. 当地形复杂时，为满足特殊用户的要求。

2) 中继泵站的位置

中继泵站一般设置在距离热源1/3～2/3的管线处，具体应结合水压图、热负荷的分布情况、初投资、运行费用等因素分析、选择优化方案。一般中继泵宜优先考虑设置在回水管线上，中继泵与热水管网的连接宜简化。

(2) 热水热力站

1) 供热负荷

供热负荷决定供热站规模的大小，因此宜通过技术经济比较后确定。对供热量一定的热水供热管网来说，热力站规模越大，热力站数量越少，热力站的初投资越小，但低温水管网的投资要明显增加。这是因为，热力站的规模越大，可缩短高温水管网的长度，而同时低温水管网的长度却大大增加，由于高温水温差为60℃，而低温水管网温差为20℃，从而使低温水管网工程总投资大为增加。同时，循环水泵的电耗也要增加，造成经济上不合理又不节能，所以对热力站的规模宜控制在合理范围。

有规范提到热力站规模不宜超过5万m^2，某城市热力规划提出热力站规模宜在5万～15万m^2为宜。到底热力规模多大为好应结合工程的具体情况来确定，比如以多层建筑为主的小区，其规模可在5万～10万m^2之间，以高层建筑或公用建筑为主的小区，其规模可在10万～15万m^2之间。

2) 热力系统及主要设备

A. 热力系统

热力站的热力系统是从外网回来的低温水，经循环水泵升压后送入换热器，与高温水换热升温后通过低温水管网送至热用户。一般低温水供水温度为80℃，回水温度为60℃，也可再低一些。

B. 主要设备

热力站的只要设备有换热器、循环水泵、补水泵和除污器等。补水泵和循环水泵都采用变频控制。

1.2.2 热水供热管网水力计算与工况分析

大型集中供热项目要通过热水热力站后，街区低温水供热管网向建筑物供热，锅炉房直连供热系统也要通过街区低温水供热管网向建筑物供热，所以本节以下的内容都用街区低温水供热管网为例进行计算分析。

1. 水力计算

(1) 水力计算的基本要求与概况

1) 本资料水力计算按照枝状管网考虑。

2) 供热管道管径最小为DN25mm。

3) 以冬季严寒期的热负荷作为该管网计算设计水力工况的依据，以供暖初、末期的热负荷作为校对该管网水力工况的依据。

(2) 管网水力计算的相关数据

1) 计算温度：供水温度80℃、回水温度60℃。

2) 管道的绝对粗糙度：0.5mm。

3) 管道局部阻力与沿程阻力的比值：0.3或0.4（视热水管道直径大小而定）。

4) 允许流速见表1.2-7。

表1.2-7 管道允许流速表

公称直径DN/mm	25	32	40	50	80	100	200以上
极限流速/(m/s)	1.0	1.3	1.5	2.0	2.2	2.3	2.5～3.5

5) 比摩阻：低温水主干线的比摩阻为60～100Pa/m，干线和支线按允许压降来确定，一般不宜大于300Pa/m，但管道内的热水流速应控制在允许的流速以内。高温水管道干线比摩阻可取30～70Pa/m。

6) 供热系统阻力的确定：小型热水锅炉房供热系统的阻力为下列各项阻力之和。

供热锅炉水阻力（按厂家提供的锅炉参数值确定）：一般为4～8mH_2O；

锅炉房内部管道阻力：1mH_2O；

锅炉房内除污器阻力：3mH_2O；

室内供暖系统阻力：2mH_2O；

供热管网阻力：按照实际计算确定。

根据上述各项之和再加上3～5mH_2O的富余值即为供热系统的总阻力，以此作为选用循环水泵扬程的主要依据。

(3) 热水管网水力计算的方法与步骤

1) 按供热管网平面布置图进行计算，图中包括热源至各个热用户之间的管线线位布置和距离尺寸，并标注热源至各个热用户位置的高程。

2) 在热源至末端热用户的干线和支线上标注计算管段编号，根据其计算出的流量和经济比摩阻选定各计算管段最适宜的管径和相应的阻力损失。

3) 管段的实际长度乘以经济比摩阻，得出该管段的沿程阻力。

4) 根据该管段的沿程阻力乘以管段局部阻力占沿程阻力的比例系数，即为该管段的局部阻力。

5) 管段的沿程阻力和局部阻力之和就是该管段的总阻力。

6) 热源至各个热用户的各个计算总阻力之和即为热源厂至该用户的总阻力。若该热用户为该供热管网的最不利环路，则此管段总阻力即为供热管网的设计总阻力，可以作为选用循环水泵扬程的依据。

根据以上要求和各种基础数据，并以热水管道水力计算表查出相应流量的经济比摩阻，再按表 1.2-8 进行计算。

表 1.2-8　管线水力工况计算表

管段号	热负荷 /MW	流量 /(t/h)	管长 /m	管径 /mm	管壁厚 /mm	流速 /(m/s)	比摩阻 /(Pa/m)	局部阻力系数	管段阻力 $/mH_2O$	累计阻力 $/mH_2O$	备注

2. 水压图与工况分析

热力管网设计时，应根据水力计算结果，绘制水压图。用以进行热力网循环水泵的选择，分析用户连接方式和补水定压方式是否合理。对于一般简单的热力网系统，只绘制一个最不利环路的水压图即可，对地形复杂的热力网，还应绘出有关支线的水压图。

(1) 绘制水压图时，应使水力工况满足下列要求：

1) 热水管网循环水泵停止运行时，应使热水管网任何一点不汽化、不倒空，且有 30～50kPa 的富裕值。同时还应保证供热系统任何一点不超过允许压力。

2) 热力管网循环水泵运行时，应使热水管网任何一点不超压和不低于用户最高点 30～50kPa 的压头。

3) 供回水管的压差，应满足各热用户的资用压头。热源内部和用户的压力损失，按前介绍的方法确定。

(2) 落实下列资料：

1) 根据热网水力计算和热水锅炉房的供热系统确定供热系统各部分阻力及总阻力。

2) 收集各供暖建筑物所处位置的地面标高及建筑物的高度。

3) 明确热源与用户是高温水间接连接供热，还是低温水直接连接供热，本列为 80/60℃低温水直接连接供热。

(3) 水压图绘制方法和步骤：以图 1.2-3 为工程实例，说明水压图的绘制方法和步骤，图中只画出动水压线和静水压线，省略了其他内容。

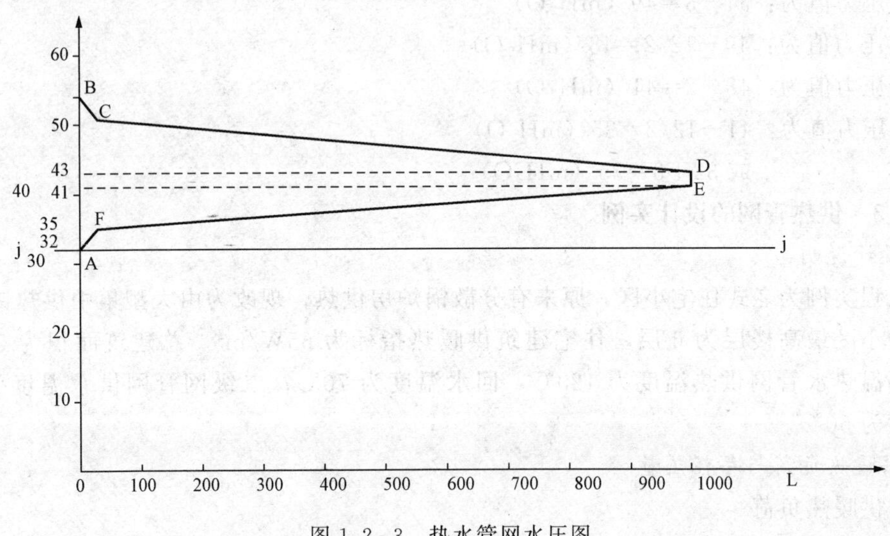

图 1.2-3　热水管网水压图

1）画坐标轴

以热源厂内循环泵中心线标高为基准，纵坐标表示标高，分别为 $0-P$ 和 $0-L$ 为轴。

2）画静水压线

静水压线是循环水泵停止运行时，管网中各点压力的连接线，是一条水平直线。静水压线的高度不应超出低层暖气片的承压能力，对于低温水供热满足直连用户系统不倒空，并加3～5m的富裕值。

本系统为80℃/60℃低温水供暖用高压暖气片。建筑物高度相对循环水泵中心线标高为28m，加4m富裕值，其静水压线高度为28＋4＝32m。

3）回水管动水压线

回水管动水压线最高点E处压力，不应超过系统设备和管道的承载能力。回水管动水压线各点压力应比直接连接相应处最高供暖建筑物高出3～5m，回水外线管道压力低处在下点。回水管动水压线压力最低点在循环水泵入口处A点，并在一定范围内波动，静水压线的坡度可根据水力计算确定。为了控制回水管动水压线的位置，就需要保持回水管上某点的压力的恒定值。这点的压力值要同时满足循环水运行或停止时，其压力值都不变，即称为系统定压的压力值。本系统定压点设在循环水入口A点，其值与静高度相同，为32m。

4）供水管动水压线

供水管动水压线，是循环水泵运行时，供水管上各点压力的连线，循环水泵出口处B点为供热系统最高压力点。C点为供热外线供水管动水压线压力值高点，最不利环路D点为动水压线压力值最低点，动水压线的坡度可根据水力计算来确定。

本供热系统中的阻力损失、锅炉和管道阻力损失为5mH$_2$O，除污阻力损失为3mH$_2$O，用户内部阻力损失为2mH$_2$O，这样就确定A、B、C、D、E、F各点标高，结合定压点压力，连接以上各点就形成完整的动水压线。

A点压力值为：定压点压力，32（mH$_2$O）

B点压力值为：32＋5＋12＋2＋3＝54（mH$_2$O）

C点压力值为：54－5＝49（mH$_2$O）

D点压力值为：49－12/2＝43（mH$_2$O）

E点压力值为：43－2＝41（mH$_2$O）

F点压力值为：41－12/2＝35（mH$_2$O）

或32＋3＝35（mH$_2$O）

1.2.3 供热管网的设计实例

1. 设计说明

本工程实例为老式住宅小区，原来有分散锅炉房供热，现改为由大型集中供热锅炉房供热，住宅小区最高楼层为6层，住宅建筑供暖热指标为65W/m^2。总建筑面积为5万m^2。一级网高温热水管网供热温度为120℃，回水温度为70℃；二级网管网供水温度为80℃，回水温度为60℃。

2. 供暖热负荷与年耗热量

（1）供暖热负荷

根据住宅小区建筑供暖热指标 q_h 为65W/m^2 和建筑面积为5万m^2。由下式计算供暖热负荷 Q_h：

$$Q_h = q_h \times A_C \times 10^{-3} = 65 \times 5000 \times 10^{-3} = 3250\text{kW}$$

（2）年耗热量

沈阳地区供暖天数为 152 天，冬季供暖平均系数 ϕ=0.66，计算年耗热量 Q_a。

$$Q_a = 0.086 \times Q_h \cdot N \cdot \phi = 0.086 \times 3250 \times 152 \times 0.66 = 28\ 039\text{GJ}$$

3. 热力管网布置与设计方式

本工程实例设计管网为二级低温水管网，管网为支状布置。同时，选用预制保温管，采用无补偿直埋敷设方式。见图 1.2-9。

4. 热力管网水力计算

本例中热力管网最不利环路为由热力站到 2 号楼 Z13 点，热力管道水利计算数据见表 1.2-9。

表 1.2-9　　热力管道水利计算表

管段编号	热负荷	流量/(t/h)	管长/m	管径/mm	管壁厚/mm	流速/(m/s)	比摩阻/(Pa/m)	局部阻力系数	管道阻力/mH_2O	累计阻力/mH_2O
A-J1	3.25	140	10	200	6	1.21	66.8	0.3	0.087	0.087
J1-Z1	2.089	89.76	151	200	6	0.78	27.6	0.3	0.542	0.629
Z1-Z2	1.779	76.56	10	200	6	0.66	19.7	0.3	0.026	0.655
Z2-Z3	1.469	63.36	25	150	4.5	1.05	75.07	0.3	0.246	0.901
Z3-Z4	1.159	50.16	12	150	4.5	0.82	46.2	0.3	0.072	0.973
Z4-Z5	0.549	23.76	22	125	4	0.57	27.7	0.3	0.079	1.052
Z5-Z6	0.488	21.12	15	100	4	0.78	68.7	0.3	0.134	1.186
Z6-Z7	0.427	18.48	14	100	4	0.68	53.3	0.3	0.097	1.283
Z7-Z8	0.366	15.84	17	100	4	0.59	39.9	0.3	0.088	1.371
Z8-Z9	0.305	13.2	14	80	4	0.71	74.9	0.3	0.136	1.507
Z9-Z10	0.244	10.56	40	80	4	0.58	48.9	0.3	0.254	1.761
Z10-Z11	0.183	7.92	14	80	4	0.46	31.3	0.3	0.057	1.818
Z11-Z12	0.122	5.28	14	70	3.5	0.42	33.4	0.3	0.061	1.879
Z12-Z13	0.061	2.64	24	50	35	0.35	31.2	0.3	0.097	1.976

上表计算累计阻力为单程数据，因此供回水管总阻力约为 $4\text{mmH}_2\text{O}$。

5. 主要设计图

（1）热力管网平面图，见图 1.2-4。

（2）管线纵断面图，见图 1.2-5。

（3）管线横断面图，见图 1.2-6。

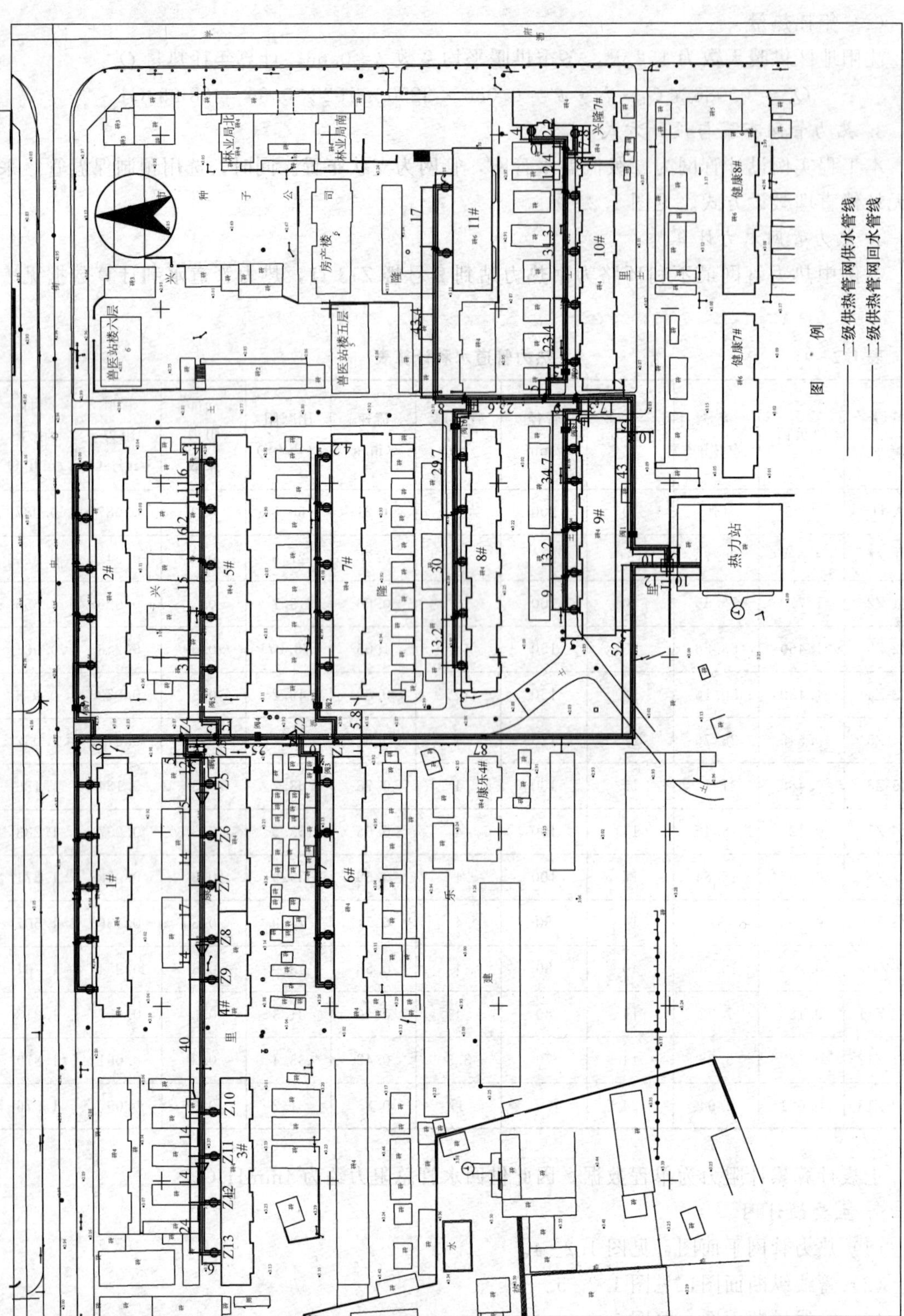

图 1.2-4 热力管网平面图

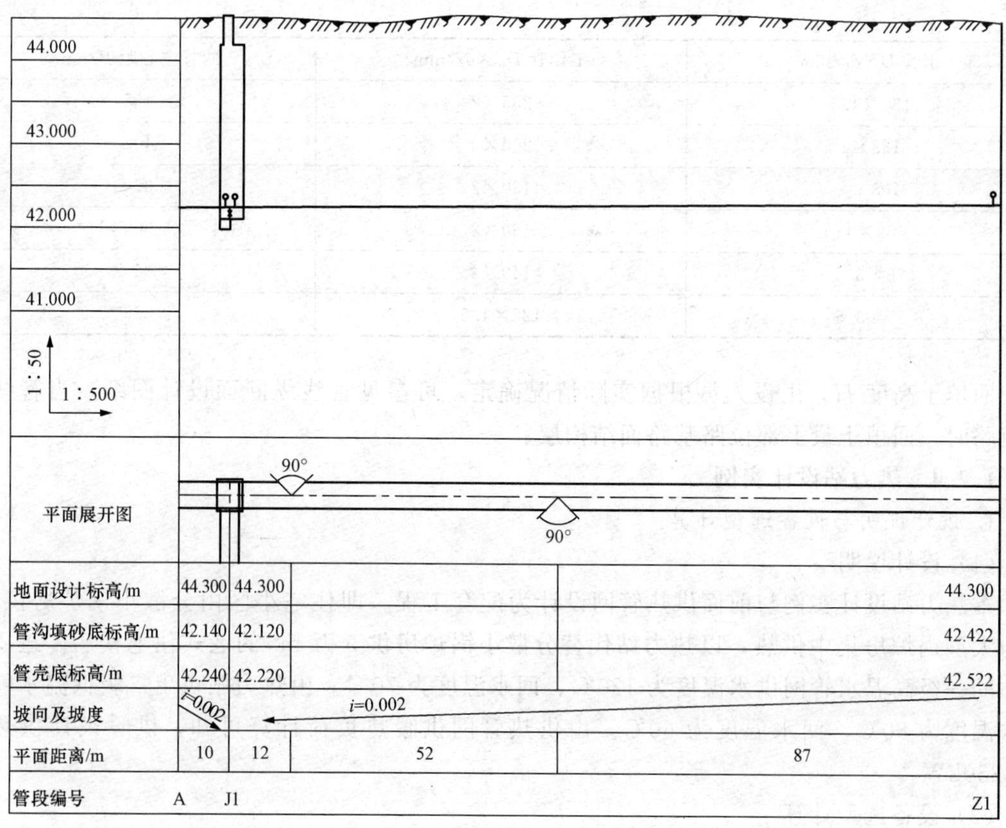

图 1.2-5　管线纵断面图

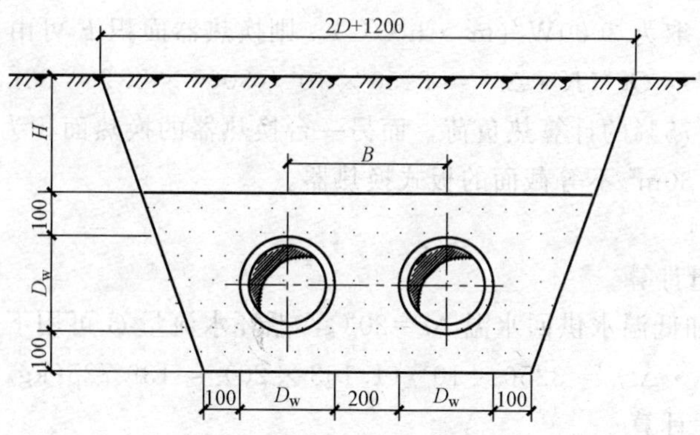

图 1.2-6　管线横断面图

表 1.2-10　**保温管规格及两管中心距**

钢管 $D\times\delta_1$/mm	工作管 $D_w\times\delta_2$/mm	两管中心距 B/mm
377×7	470×4	670
325×7	410×3.5	610
273×6	355×3	550
219×6	300×3	500

续表

钢管 $D\times\delta_1$/mm	工作管 $D_w\times\delta_2$/mm	两管中心距 B/mm
159×4.5	255×2	455
133×4	200×2	400
108×4	180×2	380
89×4	160×2	360
76×3.5	140×2	340
57×3.5	125×1.5	325

回填土高度 H，由设人员根据实际情况确定，可参见管线纵断面设计图纸。当管线横穿道路时，回填土最上部位路基路面结构层。

1.2.4 热力站设计实例

1. 设计说明与设备选型计算

（1）设计说明

本热力站设计实例与前面供热管网设计为配套工程。即住宅小区由分散小锅炉房供热，改为大型锅炉房集中供热，以热力站代替分散小锅炉房供 5 万 m^2 的老式住宅楼房。进入热力站的一级高温水管网供水温度为 120℃、回水温度为 70℃。由热力站供出二级低温水管网供水温度为 80℃，回水温度为 60℃。由供热管网供暖热负荷计算可知，供暖设计供热量为 3250kW。

（2）设备选型计算

1）换热器选型

根据供热负荷 Q_h＝3250kW，再根据换热器中高温水和低温水的换热温差 Δt_p 为 28℃，换热器的传热系数 K 取为 3000W/(m^2·h·℃)。则换热器面积 F 可由下式计算。

$$F = Q_h/(K\cdot\Delta t) = 3250\times10^3/(3000\times28) = 39m^2$$

一台换热器应供 75％的计算热负荷，而另一台换热器的换热面积为 39×75％＝30m^2

因此，可选两台 30m^2 不等截面的板式换热器。

2）循环水泵选型

A. 循环水泵流量计算

根据热负荷 Q_h 和低温水供回水温 Δt＝20℃，循环水流量 G 可用下式计算：

$$G = Q_h/(1.163\cdot\Delta t) = 3250\times10^3/(1.163\times20) = 139\ 725(kg/h) = 140(t/h)$$

B. 循环水泵扬程计算

根据供热管网水力计算可知，总阻力约为 4mH_2O；

用户内部阻力为 4mH_2O；换热内换热器阻力为 8mH_2O；

除污器阻力为 3mH_2O；换热站管道阻力为 1mH_2O；

上述各部分阻力之和为 20mH_2O，即循环水泵的扬程不得小于 20mH_2O；

选两台循环水泵，性能参数如下：

型号：CZW150-250　　流量：Q＝140m^3/h

扬程：H＝21.8mH_2O　功率：N＝18.5kW

3）补水泵选择

A. 补水泵流量计算

$$补水泵流量 G_{补} = 2\%G = 2\% \times 140 = 2.8(t/h)$$

B. 补水泵扬程计算

供热住宅小区最高建筑物为六层，地热平坦，系统最高点距换热站地面高差为 17m，再考虑 4H_2O 的富裕值，定压点压力值 $P=17+4=21(mH_2O)$，水泵扬程宜大于此值。

选两台补水泵，性能参数如下：

型号：CZL40-160B 流量：$Q=3.8m^3/h$

扬程：$H=25mH_2O$；功率：$N=1.1kW$

4）软化水处理装置。

根据补水量可选一套双罐型号为 462—350/1800 型阿图阻全自动水处理装置，水处理量为 2～4m^3/h。

5）补水箱。

根据补水量，选 3m^3 的补水箱。

6）高温水除污器。

根据高温水流量，选一个直通除污器，DN150mm；PN1.6MPa。

7）低温水除污器。

根据低温水流量，选一个直通除污器，DN200mm；PN1.0MPa。

2. 热力站主要设备表

热力站主要设备表见表 1.2-11。

表 1.2-11　　主 要 设 备

序号	名称	规格型号	数量	备注
1	板式换热器	$Q=3.25MW$，$F=30m^2$，$P=1.6MPa$	2	不等截面
2	循环水泵	CZW150-250，$Q=140m^3/h$ $H=21.8mH_2O$，$N=18.5kW$	2	—
3	补水泵	CZL40-160B，$Q=3.8m^3/h$ $H=25mH_2O$，$N=1.1kW$	2	—
4	全自动水处理装置	168/440-350/1800，$Q=2\sim4m^3/h$	1	—
5	补水箱	$V=3m^3$	1	—
6	高温水除污器	DN150mm，PN1.6MPa	1	—
7	低温水除污器	DN200mm，PN1.0MPa	1	—

3. 主要设计图

（1）±0.000 设备平面布置图，见图 1.2-7。

（2）Ⅰ-Ⅰ设备剖面布置图，见图 1.2-8。

（3）热力系统图，见图 1.2-9。

（4）±0.000 管道平面布置图，见图 1.2-10。

（5）1-1 管道剖面布置图，见图 1.2-11。

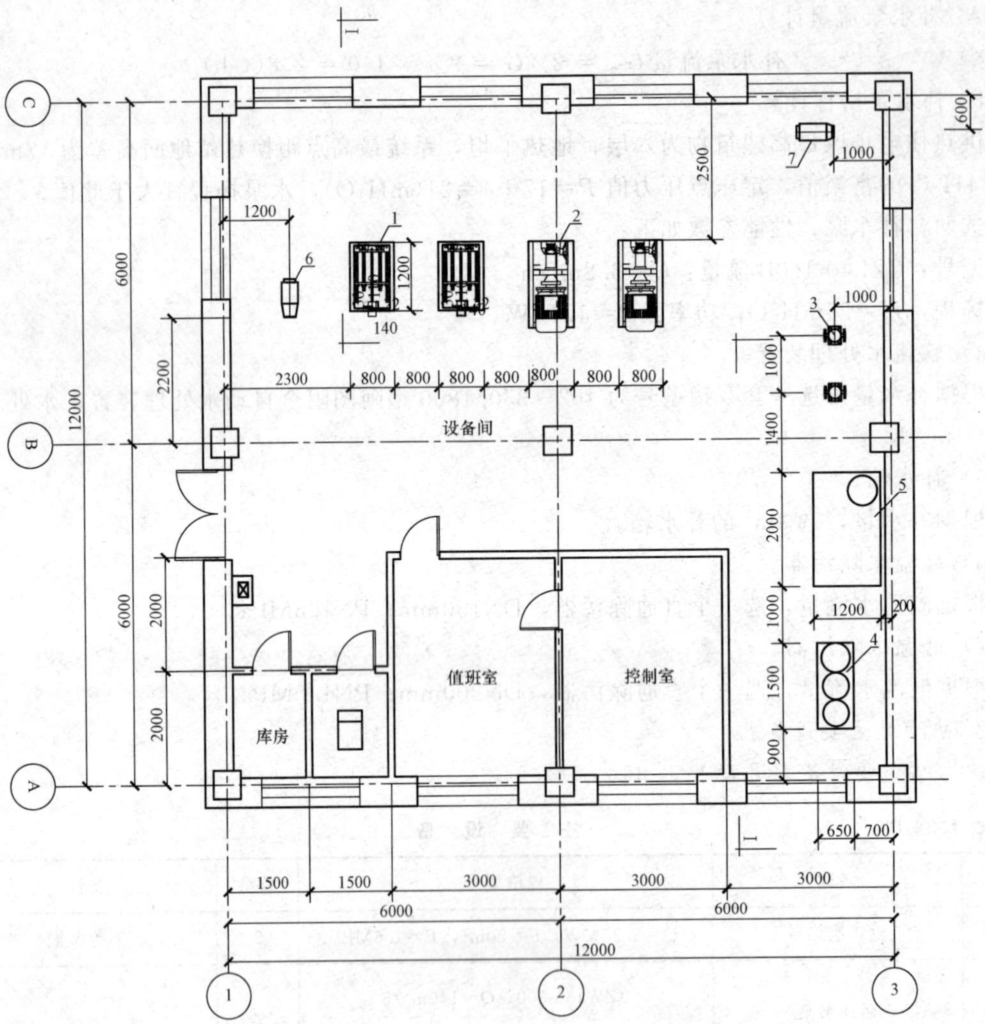

图 1.2-7 ±0.000 设备平面布置图

1—板式换热器；2—循环水泵；3—补水泵；4—全自动水处理器；5—补水箱；6—高温水除污器；7—低温水除污器

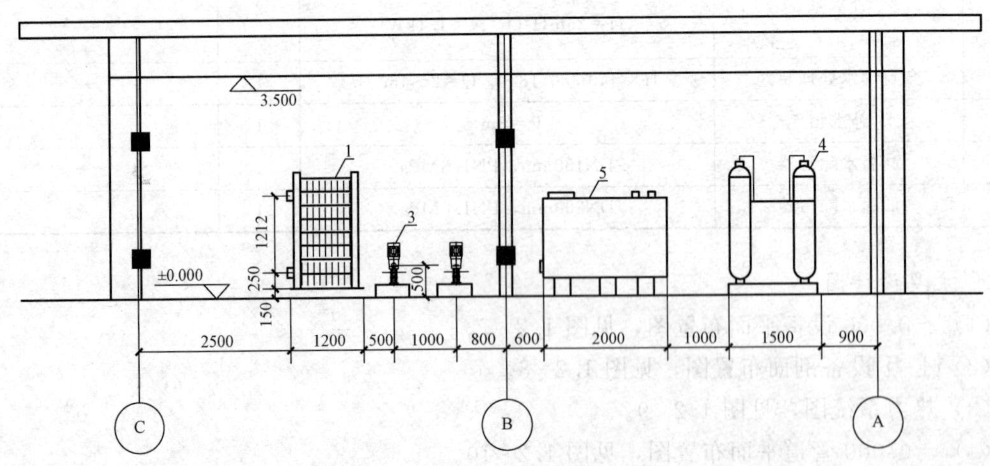

图 1.2-8 Ⅰ-Ⅰ设备剖面布置图

1—板式换热器；3—补水泵；4—全自动水处理器；5—补水箱

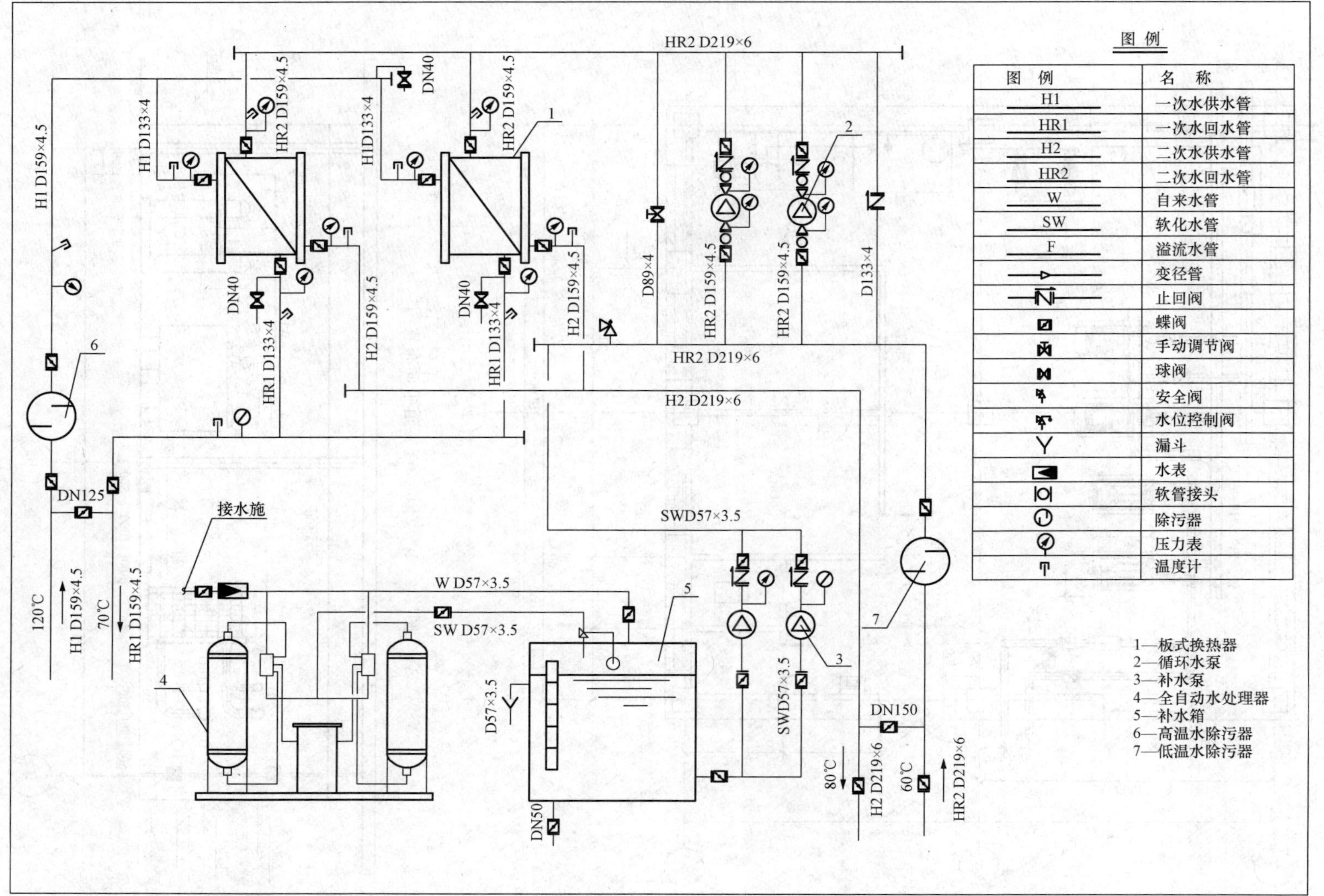
图 例
图例 | 名称
H1 | 一次水供水管
HR1 | 一次水回水管
H2 | 二次水供水管
HR2 | 二次水回水管
W | 自来水管
SW | 软化水管
F | 溢流水管
变径管
止回阀
蝶阀
手动调节阀
球阀
安全阀
水位控制阀
漏斗
水表
软管接头
除污器
压力表
温度计
1—板式换热器
2—循环水泵
3—补水泵
4—全自动水处理器
5—补水箱
6—高温水除污器
7—低温水除污器
HR2 D219×6
HR2 D219×6
H2 D219×6
D133×4
HR2 D159×4.5
HR2 D159×4.5
D89×4
H2 D159×4.5
H2 D159×4.5
HR2 D159×4.5
HR2 D159×4.5
HR1 D133×4
HR1 D133×4
DN40
DN40
DN40
H1D133×4
H1 D133×4
H1 D159×4.5
H1 D159×4.5
HR1 D159×4.5
120℃
70℃
DN125
80℃
60℃
DN150
H2 D219×6
HR2 D219×6
SWD57×3.5
SWD57×3.5
W D57×3.5
SW D57×3.5
D57×3.5
DN50
接水施

图 1.2-9　热力系统图

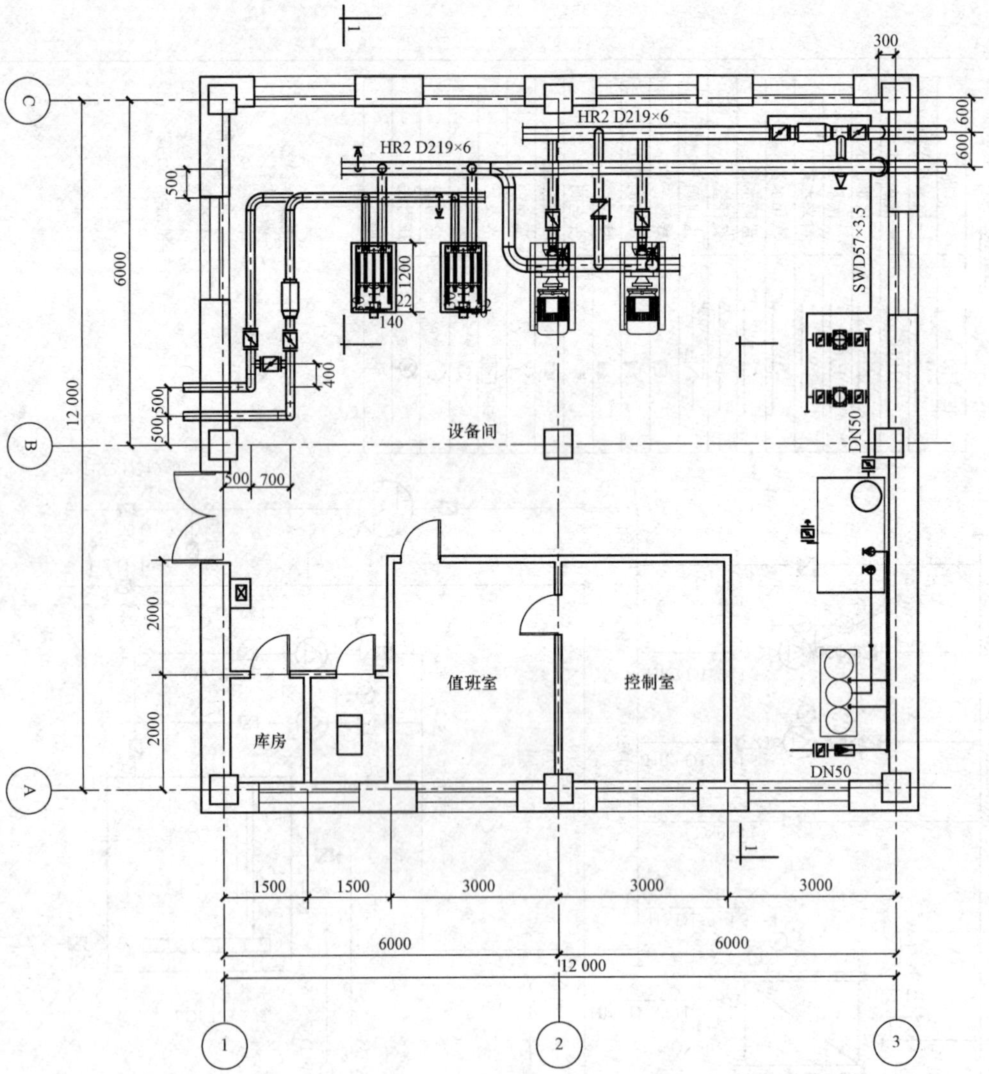

图 1.2-10 ±0.000 管道平面布置图

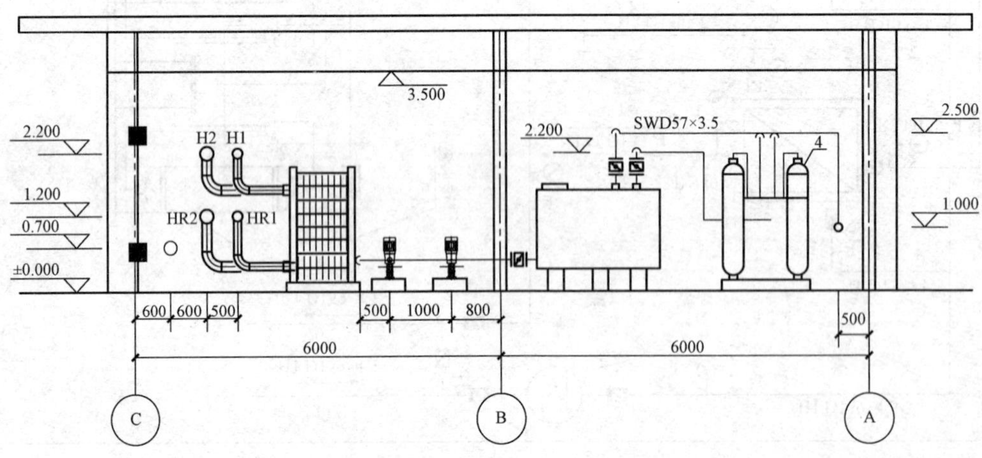

图 1.2-11 1-1 管道剖面布置图

1.3　小区锅炉房技术类型应用设计

【目的任务】

小区锅炉房技术类型应用设计的目的任务：弄清小区建筑物的情况与环境供热条件选取供暖热源；根据小区建筑分布、面积、特点、服务对象，收集计算统计小区建筑供暖设计热负荷；根据小区所需热负荷的总容量来选择锅炉房的炉型与供热介质及参数；合理进行锅炉房布置，选择锅炉配套辅机设备；根据小区供热管网的布置与水力计算，选择循环泵及相关部件，确保锅炉供热系统正常运行和用户取暖要求。

【方法要领】

小区锅炉房技术类型应用设计的方法要领：运用锅炉房设计的技术技能知识和相关设计规范，收集必要的外部资料，再根据小区建筑物情况与环境供热条件来选择供暖热源；合理选择锅炉房的位置，结合建筑群体分布面积、特点、服务对象来收集计算统计小区建筑物的供暖设计热负荷；根据小区所需热负荷的总容量来选择锅房的炉型与供热介质及参数；合理进行锅炉房布置，选取锅炉配套辅机设备；合理进行锅炉供热系统的布置，根据管网水力计算，选择循环泵及相关部件，确保锅炉供热系统管网正常运行和用户取暖。

1.3.1　小区锅炉房设计综述

1. 小区建筑物供暖热源的选择

对于小区建筑物的供暖热源，可根据具体情况进行选择，下面简单介绍几种常用的热源。

(1) 热电联产

城市供热以热电厂集中供热为主，其他热源为辅。热电联产供热系统是首先在热电厂内建换热首站，将汽轮机的抽汽或背压汽用一环蒸汽管道送去首站加热二级管网的循环回水。其二次网高温水供水温度通常可选择为 130℃或 120℃，回水温度可选择为 70℃或 60℃。二次管网高温水由首站内的循环泵送去热力站加热三次管网的低温回水，再向建筑热用户供热。此处的三次管网即为街区供热管网。

(2) 大型区域锅炉房供热

大型区域锅炉房供热可以认为是热电联产集中供热的辅助热源，有的锅炉房实际上就是热电厂供热的调峰锅炉房。大型区域锅炉房供热系统是由热水锅炉房加热一级管网的循环回水到 130℃或 120℃，回水温度可为 70℃或 60℃。高温水通过一级管网送去热力站加热二级管网的低温回水，再经二级管网向建筑物热用户供热，此处二级管网即为街区供热管网。

(3) 小型区域锅炉房连片供热

当城市集中供热覆盖不到地方，小区又没有建分散小锅炉房条件时，可考虑几个小区联合起来建一个小型区域锅炉房连片供热。锅炉房的总容量可控制在 21～84MW 之间，单台锅炉房容量宜为 10.5MW 以上。小型区域锅炉房供热系统可以考虑间接连接供热，由热水锅炉把循环回水加热到 110℃，回水可控制在 70℃或 60℃。高温水通过一级管网送去小区热力站加热二级管网回水，再经二级管网向建筑物用户供热。此处二级管网也是街区供热管网。燃煤锅炉单台容量在 10.5～42MW 之间，这样规模的燃煤锅炉是否允许建设，应征得规划和环境保护等有关主管部门的同意。

(4) 小型燃气锅炉房分散供热

在集中供热覆盖不到的地方，又不允许建燃煤小型锅炉房，或在城市原有小型锅炉房的地方进行改造，都可以考虑选用小型燃烧天然气的锅炉房来供热。

锅炉房采用天然气作为燃料可最大程度避免因燃煤所带来的环境污染问题，因此燃气锅炉房的建设不会因为环保问题受到限制，只要天然气管网到达的地方都可以建设。

与传统的大型集中供热热源厂供热的方式相比，使用小型燃气锅炉房供热没有长距离的一级管网输送，因此避免了由于长距离输送所产生的热损失，也节省了铺设一级网和建设热力站需要的高额费用，同时免去了施工时一级网穿越城市地下各种障碍物时带来的各种难题。

小型燃气锅炉容易实现冷凝式余热回收，使燃料的热能利用率超过 100%，比传统大型热源厂锅炉房的热效率要高出许多，这有利于实现供热系统的节能减排，因此将小型燃气锅炉供热作为大型集中供热的补充供热方法是完全合理的。这是一种分布式热源的供热方式。

天然气的热值较高，燃烧后基本没有污染物排出，也没有运输过程的粉尘污染。同时，燃气锅炉热效率高，就是小型锅炉，其热效率也可达到 90%以上。当在燃烧天然气的小型锅炉上装设凝气余热回收装置时，其热效率可达 100%～107%，使节能效果非常显著。但是对于供暖锅炉燃用天然气所碰到的难题是供热成本高，供热单位经济能力承受不起。如果大量用于供热行业，就需要地方政府出台相应财政补贴措施，把天然气用于供暖供热的工作落到实处。经核算，当天然气价格为 1.85 元/m^3 时，其供热成本大约与燃煤锅炉供热成本相当，但天然气的实际市场价格远高于上述数值。

(5) 几种热源供热的分析对比

通过前面对几种热源供热情况的简单介绍，我们可以看到热电联产供热和大型锅炉房集中供热，在节能和减少污染物的排放方面都有明显的优点。但是，热电联产供热和大型锅炉房供热的建设周期长、投资大、集中供热难以在短期内普及。有些地方还有建设小型区域锅炉连片供热和小型燃气锅炉房供热的地方，所以本节以后的内容将对这两种供热方式做一些分析介绍。

2. 锅炉房的规模

(1) 小型区域锅炉房规模

根据具体情况，可以将几个到几十个小区连成一片共用一个热源供热，也就是说，把供热面积控制在 50 万～150 万 m^2，并分成若干个热力站，采用间接连接供热。到有条件集中供热时，可将各热力站接入集中供热的高温水供热管网即可，热力站的规模可控制在 10 万～15 万 m^2 之间为宜。

(2) 小型燃气锅炉房的规模

在小区规划设计时，一般很少留有建热源的位置，所以规模不能大。再结合节能规范对热力站规模大小的要求，可把小区燃气锅炉房的供热面积控制在 5 万～10 万 m^2 之间。国外有将集中供热热源改为分布式燃气小锅炉供热的先例，在居住区中，一个锅炉只供 1 万 m^2 左右。这是因为燃气锅炉房用地容易选择。

3. 锅炉房炉型选择

(1) 小型燃煤锅炉炉型选择

小型区域锅炉的总容量可在 28～84MW 之间，单台容量宜大于或等于 10.5MW。这种容量的燃煤热水锅炉常用链条炉排锅炉、往复炉排锅炉和循环流化床锅炉。这些炉型在技术上都很成熟，也有比较丰富的运行经验，主要应根据不同煤种的具体情况选择。

链条炉排锅炉需要的煤质要好一些，一般要求煤质低位发热量在 18 810kJ/kg 以上为宜。往复炉排锅炉燃煤的低位发热值可在 13 790kJ/kg 以上，能烧次煤是该炉的优点。循环流化床锅炉可烧低位发热量在 11 280kJ/kg 以上的褐煤等劣质煤。

几种热水锅炉的额定压力都可为 1.6MPa，供水温度为 130℃，回水温度为 70℃，运行参数可稍低。

（2）小型燃气锅炉形式

小型燃气锅炉根据具体情况，可选择立式或卧式的热水锅炉，其压力可以选常压锅炉或有压锅炉，选有压锅炉时，压力为 1.0MPa 就可以。温度参数可选供水温度 95℃、回水温度 70℃的低温热水锅炉。

4. 锅炉房的位置

（1）小型区域锅炉房的位置

小型区域锅炉房位置主要应考虑以下几点：

1）应力求靠近热负荷中心，使室外管道要经济合理。

2）交通方便有利于燃料和灰渣的运输。

3）应符合国家卫生标准、环境保护标准、防火规定及安全规定。

4）有较好的地质条件，避免地基特殊处理。

5）有较好的朝向，有利于自然采光和通风，避免西晒。

6）应避免烟尘和有害气体对周围环境的影响，注意布置在主要建筑物的下风向。

7）应考虑有发展的可能性。

8）注意不与可燃体相连。

9）便于各种管线的接入与引出。

（2）小型燃气锅炉房的位置

小型燃气锅炉房在总平面的位置应配合总图专业合理安排，并应考虑下列综合因素来确定：

1）应结合城市热力规划，尽可能靠近集中供热一级供热管网走向的地方，以便有机会与集中供热联网；

2）在不影响建筑物布局的前提下，尽可能靠近负荷中心，以减少管网阻力损失，并减少电耗和基建投资；

3）燃气锅炉房宜为独立建筑和地面上布置，与各建筑物的安全间距应满足有关规范要求；

4）小型燃气锅炉房燃用低压天然气，因此希望锅炉房应尽可能靠近调压站便于燃气引入时阻力损失小；

5）为减少排烟对住户的影响，锅炉房宜布置在运行季节时主导风向的下风侧；

6）锅炉房内主要操作间宜朝南向或东向，有较好的自然采光；

7）锅炉房的位置应便于给水、排水和供电等管线的连接。

5. 锅炉房布置

（1）小型区域锅炉房布置

1）锅炉房布置一般原则：

A. 锅炉房各建筑物、构筑物和场地的位置、应充分利用地形；

B. 锅炉房、煤场、灰渣场、贮油罐等应有足够的防火间距；

C. 建筑物和构筑物的室内地面应高出室外地坪 0.3m；

D. 工艺布置尺寸应考虑建筑模数；

E. 主立面和辅助间朝向主干道，并注意合理、美观；

F. 流化床炉点火油罐，应放在安全区且联系方便。

2）锅炉间、辅助间和生活间的布置：

A. 工艺厂房组成如下：

主厂房：锅炉间、风机除尘脱硫间（有的除尘和脱硫脱硝设备为室外布置）、仪表间、煤仓间。

辅助间：软化水处理、除氧、水泵和水箱等可放在一个房间，化验室、检修间、贮藏间、备件库。

生活间：办公室、值班室、更衣室、浴室、厕所。

B. 单台炉为 14MW 以下的锅炉房，其辅助间和生活间可贴临锅炉房一侧布置，作为固定端，另一侧作为扩建端。单台容量为 21MW 以上的锅炉房，可贴邻在一端或布置在前面；

C. 当双层布置时，二层标高应与锅炉运转层一致；

D. 运煤系统应自固定端进入锅炉间，不影响扩建；

E. 仪表间布置在锅炉前适中地段，双层时应布置在运转层；

F. 化验室应有较好的采光，噪声和振动较小的地方；

G. 机修设施。锅炉房内只负责小修，对于 14～42MW 锅炉，机修间面积可为75～100m^2。

3）锅炉房工艺设备布置及尺寸：

A. 锅炉房工艺设备布置应确保安全，方便操作，检修、安装处，还应使水、风、烟、燃料、灰渣等介质的流程合理、通畅和简捷；

B. 外露设备应防冻、防雨、防风、防腐和减少热损；

C. 室外设备的电机应有防护措施；

D. 风机和水泵应有减少噪声和振动的措施；

E. 锅炉应尽量靠近贮煤斗布置，溜煤管与水平倾角不小于 60°，但同时应注意使锅炉炉排减速箱的基础不跨越锅炉基础与厂房之间的沉降缝，且不碰炉前柱子；

F. 燃煤锅炉的布置尺寸：

①锅炉最高操作地点至屋架下弦不小于 2m；

②炉前净距：4.2～14MW 锅炉为 4m；

29MW 及以上锅炉为 5m；

③锅炉侧和锅炉后净距

4.2～14MW，不宜小于 1.5m；

29～58MW，不宜小于 1.8m；

G. 风机除有足够的通道外，还应有周边检修场地；

H. 水泵之间通道不小于 0.7m；

I. 离子交换器与后墙间距为 0.5～0.7m，前面有不小于 1.2m 的操作空间，中间有走管道的地方；

J. 给水箱高度应保证给水的灌注头。

（2）小型燃气锅炉房布置

1）锅炉房布置的基本要求；

A. 锅炉房设计地面宜比室外地面高 0.3m；

B. 建筑物跨度和柱距应采用通用的建筑模数；

C. 锅炉房的主立面或辅助间宜朝向主要马路。

2）燃气锅炉房的平面布置

小型燃气锅炉房的平面组成可分为主厂房、辅助间和生活间。

主厂房：只有单独的锅炉间。

辅助间：水泵及水处理间、天然气计量间、仪表控制间。

生活间：值班室、淋浴间、厕所。

整个锅炉房均为单层结构布置。

3）燃气锅炉房的工艺布置

A. 锅炉间工艺设备及管道布置基本原则如下：

①按工艺流程来布置设备，确保供热、燃气、烟道等管道内介质的流程畅通、简短、安全可靠，同时便于操作和维修；

②工艺设备布置尺寸应尽量与土建的建筑模数一致，同时布置要紧凑，尽量减少建筑面积；

③设备和管道应便于安装和维修更换；

④燃气锅炉房要求保持通风良好，避免存在聚集气体的死角，若存在通风不畅，则需采取局部排风措施；

⑤烟道尽量简短，每台锅炉采用独立烟囱，将废气排至室外；

⑥燃气锅炉尾部受热面的烟道应装设防爆门，装设位置不危及操作人员自身安全。

B. 辅机的工艺布置

小型燃气锅炉除自行配带的辅机设备之外，还有水泵和水处理间，其设备工艺流程布局要合理，同时也要便于操作和维修。

1.3.2　锅炉房设计容量的确定和组成

小型区域锅炉房供热和小型燃气锅炉房供热都可以用同样方法计算锅炉设计容量和选择锅炉。

1. 锅炉房设计容量的确定

（1）供暖热负荷

供暖热负荷的大小是确定锅炉房设计容量的唯一依据，要求核实准确无误，确定热负荷大小有两个途径：一种方法是从建设单位索要暖通专业的设计图纸，查阅每个建筑单体的供暖设计热负荷，合计整理成为供暖设计的热负荷，这是比较准确、可靠的数据；另一种方法是按供暖热指标估算，根据不同类型的建筑物的供暖面积和对应的热指标得出该单体的热负荷，将各个建筑单体的热负荷相加，其和为供暖设计总负荷。

（2）锅炉设计容量的确定

根据供暖热负荷，按以下公式可计算出锅炉房的设计容量

$$Q_J = K_1 K_2 Q_h \tag{1.3-1}$$

式中　Q_J——锅炉房设计容量，MW；

K_1——供暖调节富余系数，$K_1=1.1$；

K_2——直埋敷设热损失系数，$K_2=1.02$；

Q_h——供暖设计热负荷，MW。

对式中计算系数取值说明：

K_1：在考虑分户计量时，有的用户可能会采用自主调节的方式调节用热量，所以计算时需要增加10%的富余供调节之用，故$K_1=1.1$。

K_2：由于直埋敷设采用的聚氨酯预制保温管所产生的热损失比较小，所以按过去5%热损失计算偏大，同时5%的热损失也不符合节能规范中直埋管道温降≤0.2℃/km的要求，故$K_2=1.02$（当供暖热负荷是按供暖热指标和建筑面积计算得出时，因为供暖热指标中已包括热网损失，所以在使用上述公式计算时不用考虑K_2取值）。

2. 锅炉的选型及台数的确定

（1）锅炉的选型原则

1）适应燃料选择。在选择锅炉前，应首先确认锅炉适合使用何种燃料。锅炉所使用的燃料应该符合国家和地方的燃料使用政策，达到节能减排的要求，条件允许时优先选用清洁燃料，以减少对城市环境的污染；

2）保证供热稳定可靠，锅炉在保证能够稳定、可靠地提供热能的同时，还要满足供热介质对参数的要求，供暖锅炉房一般选用热水锅炉；

3）有较高的热效率，燃气锅炉宜带烟气余热回收装置，以提高燃料燃烧产生的热能的利用率；

4）同一锅炉房宜选用相同型号的锅炉和燃料设备，相同型号的设备有利于设计、施工、安装、运行和维修。当供暖需要进行高、低分区供热时，可选用类型不同和出口压力不同的锅炉；

5）所选锅炉应在建设、运行、维修和环保等方面有较好的综合效益；

6）锅炉应配套设备、仪表、阀门和全套自控装置等；

7）锅炉的容量要适应供热负荷调节的需要，热负荷大时选择较大容量锅炉。

（2）锅炉台数的确定

1）锅炉房内所有锅炉运行时额定供热量必须满足锅炉房最大设计热负荷。

2）锅炉台数要适应供热负荷调节的需要。

3）确定锅炉台数时要考虑锅炉发生故障维修时，热源的稳定和可靠性，所以锅炉台数不应少于两台，但不宜超过四台，使用热水锅炉供暖时不设备用锅炉。当供热区域有高层建筑，需要分区供暖时，可分为高、低区两个供热系统，每个系统各选两台锅炉。

3. 锅炉辅机的选择

（1）小型区域锅炉辅机设备

对这部分辅机只作选择要求说明，不作选型计算。

1）鼓风机和引风机

锅炉的鼓风机和引风机宜按单炉配置，应选用高效、节能和低噪声风机。风机的计算风量和风压，应根据热水锅炉额定热功率、燃料品质、燃烧方式和烟风系统的阻力计算来确定，并按当地气压及空气、烟气的温度和密度对风机性能参数进行修正。风量的富裕值不小于计算风量的10%，风压富裕值不小于计算风压的20%。

2）软化水处理装置

热水锅炉补给水应满足热水锅炉给水标准要求，当不能达到标准要求时就进行软化处理。用城市自来水作为热水锅炉补水时，一般是硬度超标，影响锅炉的经济和安全运行，因此应对自来水进行软化处理。对小型区域锅炉房的软化水处理设备，一般都选用全自动软化水处理装置。

3）除氧装置

热水供热系统的补给水含有氧气，会对设备和管道产生腐蚀，因此对较大的热水锅炉供热系统都要进行补给水的除氧处理。除氧设备一般选用常温过滤式除氧装置。

4）循环水泵

循环水泵选择时根据计算循环水量，再加上 10%的调节富裕就可以，循环水泵扬程可按实际计算系统总阻力来选取。

循环水泵的台数可根据供热规模的大小来进行配置。对于小系统可选两台循环水泵，一台工作，另一台备用；对于较大供热系统可选三台循环水泵，两台工作，一台备用。对于大型供热系统，可能选择并联工作循环水泵的台数会更多，当并联循环水泵达到四台时可以不设备用。

5）补水泵

间接连接供热系统补水量按系统循环水量的 0.5%计算。考虑事故补水，补水泵同时工作流量应为计算补水量的 4～4.5 倍。补水泵的扬程应考虑高温水的汽化压头、系统高度、地形高差等因素，再加上 30～50kPa 的富裕压头。直接连接供热系统补水量按系统循环水的 1%计算。

6）除尘脱硫系统

为了减少燃煤锅炉房运行时对周围环境造成污染，应对锅炉烟气进行除尘和脱硫处理。

A. 除尘

对于小型区域锅炉房的除尘设备可选用布袋除尘器和静除尘器。要求除尘器效率不大于 98%，除尘器排放浓度小于 $50mg/m^3$，烟气黑度小于或等于 1 级。

B. 脱硫

对于小型区域锅炉房的脱硫设备可选用脱硫塔，脱硫效率大于 80%。脱硫剂可选用氧化镁法或双碱法，为减少占地面积可选用内循环系统。

氧化镁法系统简单，脱硫效率高，能耗低，脱硫剂氧化镁来源方便。辽宁省南部的氧化镁储量在全国和世界上都居首位，本地宜优先用氧化镁为脱硫剂，可以就地取材。

7）输煤系统

对于燃煤锅炉房首先应根据锅炉热负荷和煤质资料计算出锅炉房小时耗煤量及日耗煤量，然后再考虑储煤场的大小和选择合适的输煤系统。当汽车运煤时，储煤场考虑储 5～10 天锅炉计算耗煤量，其中一部分为干煤棚，储量不少于 3 天用煤量。

输煤系统是考虑把煤从储煤场运送到炉前煤斗的一些设备。输煤量可按输煤两班制来进行计算，当煤量不大时，可考虑单路皮带进行输送。根据原煤粒度和锅炉对燃煤粒度的要求，考虑是否需要破碎设备。

8）除灰渣系统

灰渣储存量考虑一昼夜的灰仓和渣仓。对于层燃锅炉可考虑重型框链除灰渣机树洞灰渣。对于循环流化床锅炉可考虑气力送灰，冷渣器和皮带机或框链机联合除渣。

（2）小型燃气锅炉房辅机设备

1）循环水泵

A. 选择方法：根据锅炉房的设计流量计算循环水泵的流量，再根据供热系统的阻力计算出循环水泵所需的扬程，由水泵样本可选择合适的循环水泵，要求循环水泵的能效要比较高，满足节能设备要求，水泵特性曲线较平坦，能稳定长期运行。对于有高层建筑的小区，循环水泵不但要满足流量和扬程的要求，还应有足够承受静压的能力。

B. 循环水泵流量计算

对于低温水，可视循环水的比热容为1kJ/(kg·℃)，则循环水流量用下式计算：

$$G=\frac{Q_j}{1.163\times(t_2-t_1)} \tag{1.3-2}$$

式中 G——循环水泵计算流量，t/h；

t_1——循环水泵回水温度,℃；

t_2——循环水供水温度,℃；

Q_j——锅炉房设计负荷（已包括调节系数和热网损失在内）。

C. 循环水泵扬程

循环水泵扬程可用下式计算

$$H=\Delta P_1+\Delta P_2+\Delta P_3+\Delta P_4+\Delta P_5+(3\sim5) \tag{1.3-3}$$

式中 H——循环水泵扬程，mH_2O；

ΔP_1——室外供热管网总阻力，mH_2O；

ΔP_2——锅炉内部阻力，mH_2O；

ΔP_3——锅炉房内部管道阻力，mH_2O；

ΔP_4——锅炉房内除污器阻力，mH_2O；

ΔP_5——室内供暖系统阻力，mH_2O。

3～5——为富裕值。

根据以上计算结果选择合适的循环水泵，并注意选择时的流量和扬程都不应有太多的富裕值。循环水泵应选两台，一台工作另一台备用，采用变频控制。

2）补水泵

小型锅炉房低温水供热系统，可以采用补水泵来补水定压，补水点和定压点均设在循环水泵入口管段上。

A. 补水泵流量计算

$$G_{补}=2\%G \tag{1.3-4}$$

式中 $G_{补}$——补水泵流量，t/h；

G——循环水泵流量，t/h。

2%——系数，取值理由如下：

按设计规范要求，对低温水直供系统，补水量为系统循环水量的1%，同时要求事故补水量不小于循环水量的4%，当事故补水时是两台补水泵同时运行，因此一台补水泵的流量应为系统循环水量的2%。

B. 补水泵扬程计算：

补水泵扬程应根据系统定压点来确定。

$$P=H_1+H_2+(3\sim5) \tag{1.3-5}$$

式中　P——供热系统定压点压力，mH_2O；

H_1——供热系统最高点距该地面高度，m；

H_2——系统最高处地面与循环水泵的高差，m；

3～5——富裕值。

根据以上两个计算结果就可选择合适的补水泵。补水泵应选两台，一台工作，另一台备用，采用变频控制。

3）软化水处理装置

根据水质标准要求，当硬度超标时就进行软化处理，以减少或防止在锅炉管壁上结垢，影响传热或造成爆管事故。当给水硬度小于 4mg 当量时，可选用单级钠离子水处理系统。对于小型热水锅炉，可以选用固定床钠离子交换器，也可以选用全自动水处理装置。

4）除污器

在供热系统的施工和运行过程中，有可能使杂物进入管道系统，引起循环水泵损坏和堵塞管道。因此循环回水在进入循环泵前要用除污器清除水中杂物，保证系统安全运行。除污器的种类较多，只要有较好的除污效果都可选用。目前，小系统多用的是一种带过滤网的旋流除污器，这种除污器可同时较好地出去混入水中的泥沙和悬浮物等杂物。

5）补给水箱

经软化后的补给水，需要存在补给水箱内，水箱容积可按存放 1h 的补给水量来考虑。

1.3.3　锅炉房设计实例

1. 设计说明与设备选型计算

（1）设计说明

以锅炉房设计热负荷 5MW、供热半径 500m 为例，选择低温热水燃气锅炉和相配套的辅机设备。根据锅炉房设计供热负荷的大小，并考虑供热的可靠性，选用两台 2.8MW 的燃气热水锅炉，并配带冷凝装置回收余热，提高锅炉热效率。锅炉性能参数如下：

锅炉型号：WNS2.8—1.0/95/70；

热功率：2.8MW；

工作压力：1.0MPa；

出水温度：95℃；

回水温度：70℃；

燃料：天然气；

热效率：105%；

锅炉实际运行温度，供水为 80℃，回水温度为 60℃。

（2）辅机选型计算

1）循环水泵选型

A. 循环水泵流量计算

首先按式（1.3-2）计算循环水量 G。锅炉房设计热负荷 Q_J=5MW，已包括管网热损失在内，调节系数 K=1.1，供水温度 t_2=80℃，回水温度 t_1=60℃，代入各数求循环水量 G。

$$G = Q_J/[1.163\times(t_2-t_1)] = 5\times10^3/[1.163\times(80-60)]$$
$$= 215(t/h)$$

B. 循环水泵扬程计算

循环水泵扬程可按式（1.3-3）进行计算。管网总阻力宜按街区供热管网的实际布置情况进行计算，但无布置图和水力计算简图时，可凭经验估算，对供热半径为500m的官网可取阻力损失 $\Delta H_1=6mH_2O$. 锅炉内部阻力损失按设备提供为 $\Delta H_2=3mH_2O$，锅炉房内部管道阻力损失取 $\Delta H_3=1mH_2O$，锅炉房除污器阻力损失取 $\Delta H_4=3mH_2O$，室内供暖系统阻力损失取 $\Delta H_5=2mH_2O$，富裕值取 $4mH_2O$。将各数代入式中求得循环水泵扬程 H 为：

$$H=\Delta H_1+\Delta H_2+\Delta H_3+\Delta H_4+\Delta H_5=6+3+1+3+2+4=19(mH_2O)$$

选两台循环水泵性能参数如下：

型号：KLW/200—315A

流量：$243m^3/h$

扬程：$24.5mH_2O$

电功率：22kW

转速：1450r/min

2）补水泵选择

A. 补水泵流量计算

补水泵流量按式（1.3-4）进行计算

$$G_{补}=2\%G=2\%\times 236.5=4.73(t/h)$$

B. 补水泵扬程

补水泵扬程可按式（1.3-5）进行计算供热系统定压点定压值。低温水直供，最高建筑物六层，地势平坦。因此取供热系统最高点为17m，没有高差定压点压力为：

$$P=H_1+H_2+4=17+0+4=21m$$

选两台补水泵性能参数如下：

型号：KLG40—200R—4；

流量：$6.3m^3/h$；

扬程：$25mH_2O$；

电功率：1.1kW；

转速：2900r/min。

3）软化水处理装置

根据补水量选一套型号为168/440～350/1800型全自动水处理装置，水处理为 $2\sim4m^3/h$。

4）除污器

根据循环水泵流量选一个DN250mm的旋流除污器。

5）补给水箱

根据补水量，选一台 $3m^3$ 的补水箱。

6）天然气计量表

根据天然气用量和调节范围，选一台流量为 $Q=200\sim400m^3/h$，压力为5000Pa的计量表。

2. 主要设备表

锅炉主要设备表见表1.3-1。

表 1.3-1　锅炉主要设备表

序号	名称	规格型号	数量	备注
1	燃气热水锅炉	WNS2.8-1.0/95/70-0 燃烧机功率	2	带凝气余热 回收装置和燃烧器
2	循环水泵	KLW200—315A $Q=243m^3/h$，$H=24.5mH_2O$ $N=22kW$	2	
3	补水泵	KLW40—160B $Q=5.5m^3/h$，$H=24mH_2O$ $N=1.1kW$	2	
4	全自动 水处理装置	168/440—350/1800 $Q=2\sim4m^3/h$	1	
5	补水箱	$V=3m^3$	1	
6	旋流除污器	DN250mm，PN0.6MPa	1	
7	天然气计量表	YB 系列 $Q=200\sim400$	1	$P=5000Pa$

3. 主要设计图

(1) ±0.000 设备平面布置图，见图 1.3-1。

(2) Ⅰ-Ⅰ设备剖面布置图，见图 1.3-2。

(3) 热力系统图，见图 1.3-3。

(4) ±0.000 管道平面布置图，见图 1.3-4。

(5) Ⅰ-Ⅰ管道剖面布置图，见图 1.3-5。

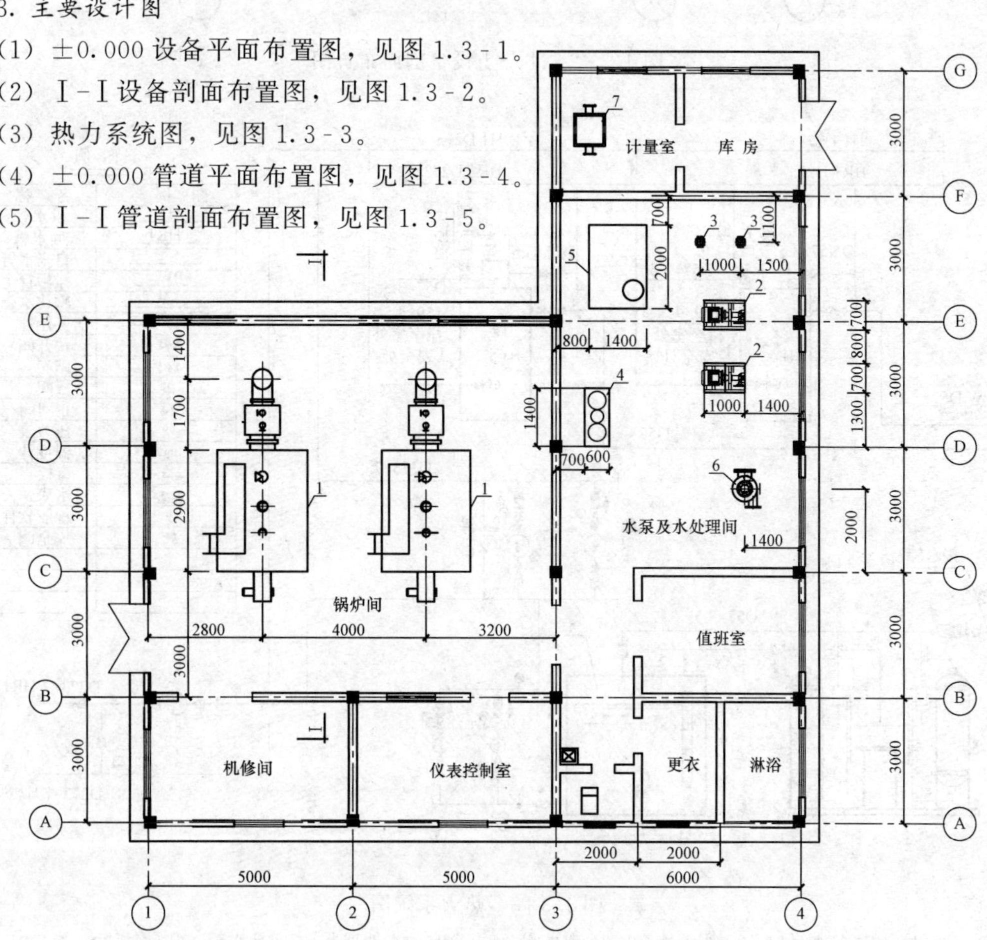

图 1.3-1　±0.000 设备平面布置图

1—燃气热水锅炉；2—循环水泵；3—补水泵；4—全自动水处理器；5—补水箱；6—旋流除污器；7—天然气计量表

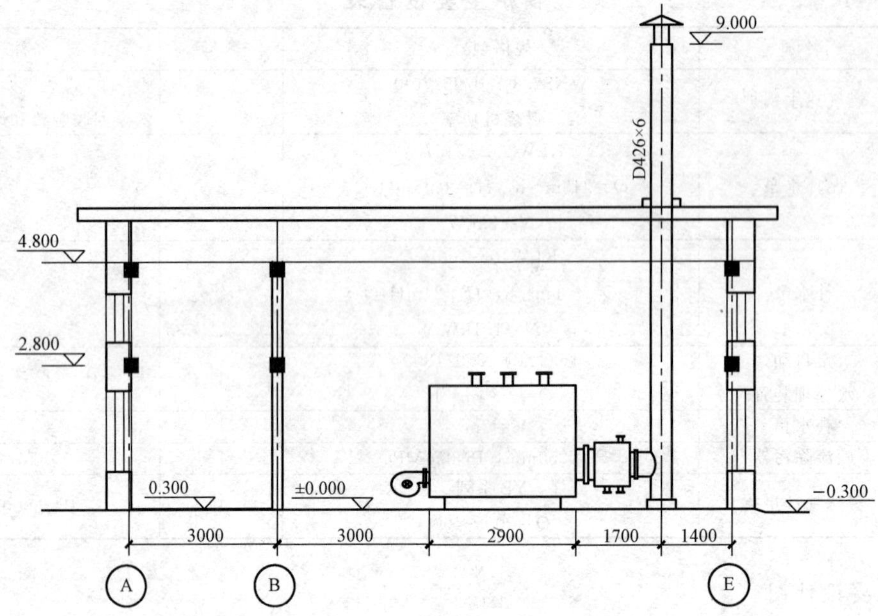

图 1.3-2 Ⅰ—Ⅰ设备剖面布置图

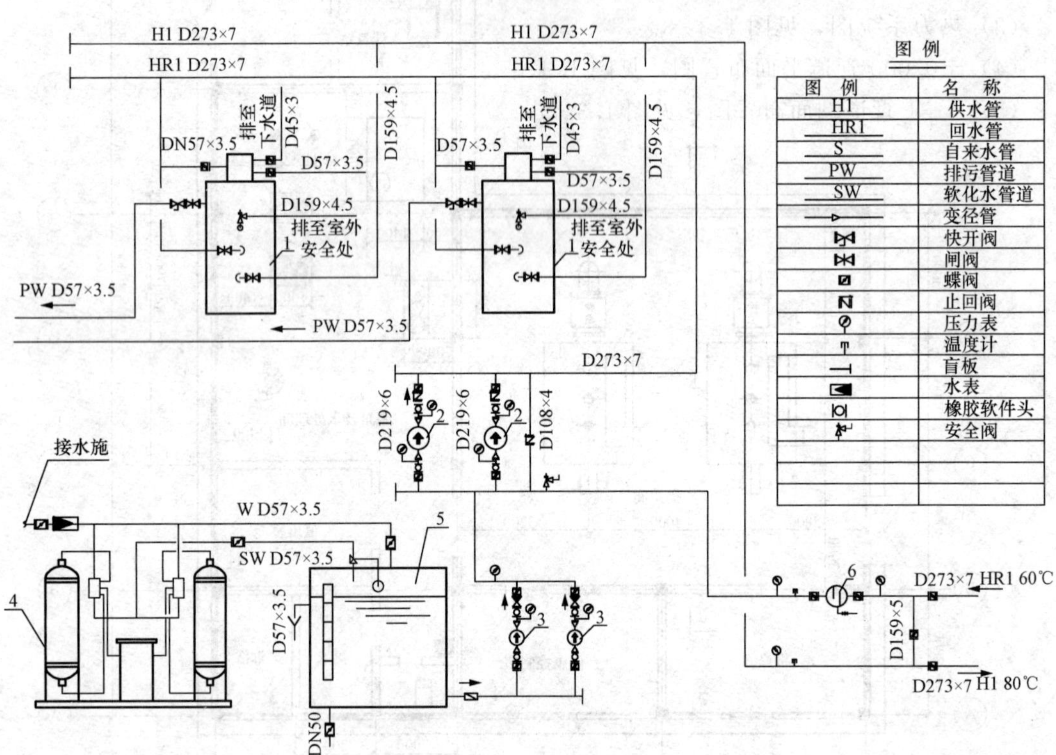

图 1.3-3 热力系统图

1—燃气热水锅炉；2—循环水泵；3—补水泵；4—全自动水处理器；5—补水箱；6—旋流除污器

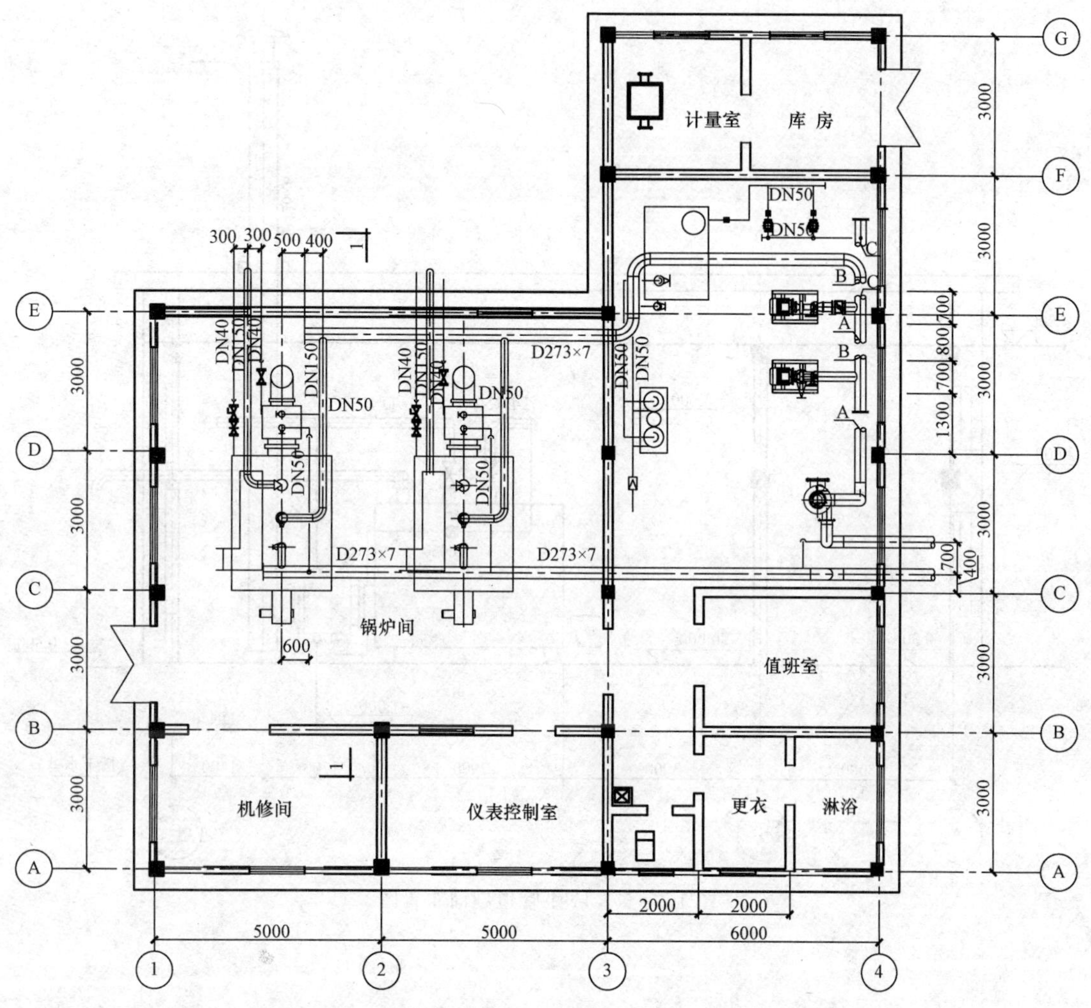

图 1.3-4　±0.000 管道平面布置图

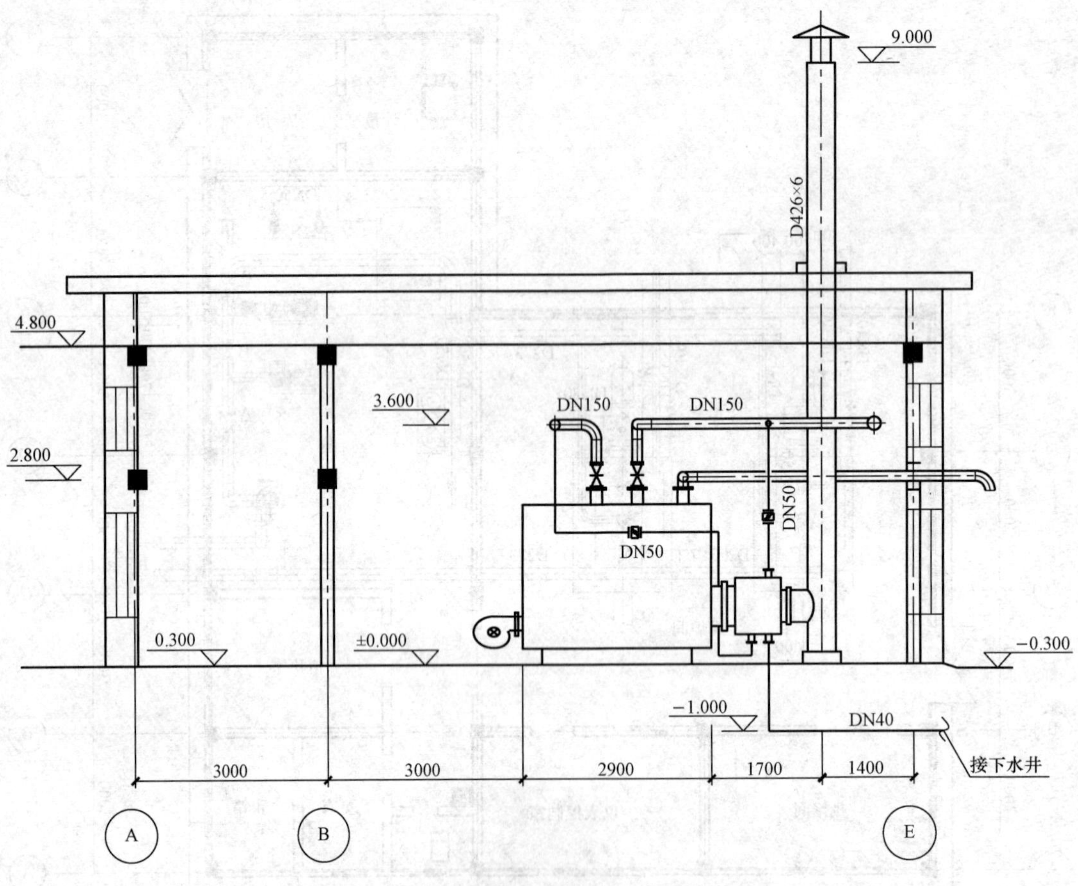

图 1.3-5 Ⅰ-Ⅰ管道剖面布置图

第 2 章　通风技术类型应用设计

【目的任务】

通风技术类型应用设计目的任务：运用通风技术的原理和方法与现行规范、标准及措施，研究采取不同适宜的设计和措施，解决一般通风与特殊用房场所的通风；解决民用建筑防排烟及通风空调系统防火防爆；解决有害物（有害气体、粉尘、余热余湿）的控制与净化，科学、合理地解决不同环境情况下的通风问题，确保民用与工业建筑、人居与生产环境的卫生标准和安全措施，保障人们的身体健康和生命财产安全。

【方法要领】

通风技术类型应用设计方法要领：运用通风技术结合民用与工业建筑实际的通风问题；采用不同的通风方法与相关规范、标准及措施，进行科学、适宜的设计；经过通风相关特性量的计算、风量热量平衡、管路平衡等，采取合理得当的设施与管路系统；选择净化设备，循环动力设备风机及附件，进行水力计算同时确定管径；绘制施工图。

【主要环节与内容】

2.1　一般通风与特殊用房场所的通风

2.1.1　一般的通风知识

1. 通风方式的分类与特点及适宜场合

(1) 按房间气流的进、出划分为排风与进风：

1) 排风——把室内局部地点或整个房间不符合卫生、安全、防疫、生产环境要求标准的污浊空气排至室外。常用于室内局部或整个房间的自然和机械排气。

2) 进风——把室外新鲜空气或经处理的新鲜空气送入室内。常用于室内自然和机械的采气。

(2) 按其工作动力划分为自然通风与机械通风：

1) 自然通风——依靠室外风力造成的风压和室内外空气温差所造成的热压，使空气有组织地进、出流动。常用于有自然通风条件的热车间等。

2) 机械通风——依靠风机造成的压力，使空气有组织的进、出流动。当采用自然通风不能满足要求时，采用机械通风。

(3) 按其作用范围划分为局部通风与全面通风：

1) 局部通风——在局部地点进行排风或进风，有效解决室内局部性空气品质的问题。常用于局部排风罩，高温工作地点的局部进气装置等。

2) 全面通风——在整个房间内进行排风和进风，解决室内全面性的问题。当设置局部通风后仍不能满足卫生标准要求，或工艺条件不允许设置局部通风时，采用全面通风。

2. 选用通风方案的综合设计原则

(1) 自然通风与机械通风方案的选用原则：当具有自然通风的条件，利用自然通风能满足卫生标准和使用要求时，优先采用自然通风。

(2) 局部通风与全面通风方案的选用原则：对于产生粉尘、散发有害气体的部位，应首先采用局部气流直接在有害物质产生的地点对其加以控制或捕集，避免污染物扩散到作业地带，在不能设置局部通风或设置局部通风仍不能满足室内卫生标准要求或工艺条件不允许设置局部通风时，才辅以全面通风措施。

(3) 单一通风与综合通风措施的选用原则：当采用单一的通风方式不能满足室内卫生标准和使用要求时，才采用多种综合的通风方案措施。

例如，铸造车间：

1) 一般采用局部排风捕集粉尘和有害气体；

2) 用全面的自然通风消除散发到整个车间的热量及部分有害气体；

3) 同时对个别的高温工作地点（如浇注落砂工部等），用局部进风装置进行降温。综合解决整个车间的问题。

3. 全面通风设计的一般原则和要求

(1) 建筑物内散发热、湿或有害物质的生产过程和设备应尽量采用局部通风，当不能设置局部通风或局部通风达不到卫生要求时，再考虑设置全面通风。

(2) 当自然通风不能满足室内安全、卫生、环保，工艺等要求时，应采用机械通风。

(3) 全面通风的效果取决于全面通风量的大小和合理的气流组织。

(4) 通风房间的气流组织按下述原则确定：

1) 排风口应尽量靠近有害物源或有害物质浓度高的区域，把有害物质迅速从室内排出；

2) 送风口应尽量接近人的操作地点，送入通风房间的清洁空气先经过人的操作地点，再经污染区域排至室外；

3) 在整个通风房间内，尽量使送风气流均匀分布、减少涡流，避免有害物在局部地区的积聚；

4) 当车间同时较大散发热量和有害气体时，可以形成稳定上升气流，应采用下送上排的通风方式，当车间同时不稳定散发热量和有害气体时，应采用上下均设排风的通风方式。

4. 局部排风罩的类型与其工作原理、特点及适用场合

(1) 按其工作原理不同，局部排风罩可以分为：密闭罩、柜式排风罩、外部吸气罩、接受式排风罩、吹吸式排风罩五种类型。

(2) 各种类型局部排风罩的工作原理、特点及适用场合：

1) 密闭罩：它把有害物源全部密闭在罩内，从罩外吸入空气，使罩内保持负压。它只要较小的排风量就能对有害物进行有效控制。密闭罩常用于除尘系统的产尘点，也称防尘密闭罩等。

2) 柜式排风罩：它的结构与密闭罩相似，只是由于工艺或操作的要求，罩的一面需要全部敞开。在喷漆作业，粉状物料装袋等场合使用。

3) 外部吸气罩：它是利用排风气流作用，在有害物散发地点造成一定的吸入速度，使有害物吸入罩内，这类排风罩统称外部吸气罩。它通常用于工艺条件限制，生产设备不能密闭时采用。

4) 接受式排风罩：生产过程和设备本身会产生或诱导一定的气流运动，排风罩设在污染气流的上方或前方，有害物会随气流直接进入罩内。接受式排风罩适用于生产过程和设备

本身会产生一定的对流气流（如高温热源上部）和诱导气流（如砂轮机、高速旋转的抛光机）等场合。

5）吹吸式排风罩：吹吸式排风罩是利用吹气射流能量密集、速度衰减慢、吸气气流速度衰减快的特点，把两者结合起来，有效控制有害物的一种方法。它具有风量小、控制效果好、抗干扰能力强、不影响工艺操作等特点。如吹吸式槽边罩、吹吸式大门风幕等。

2.1.2　一般房间与特殊用房场所通风设计综述

1. 一般房间通风设计原则与机械通风的设计原则

（1）一般房间宜首先利用自然通风进行通风换气，但下列情况应设机械通风：

1）散发大量热、湿；

2）散发烟、臭味等有害气体；

3）无自然通风条件或自然通风不能满足卫生要求；

4）人员长时间停留房间没有可开启外窗时，必须设置机械通风。

（2）机械通风应优先采用局部排风或送风，局部排风或送风达不到卫生要求时，应采用全面通风。

2. 机械通风系统（包括与热风供暖合用系统）设置应符合的要求

（1）通风要求和使用时间不同的房间宜独立设置通风系统，如厨房、洗衣房、汽车库、变压器室、蓄电池室和柴油发电机房等。

（2）散发大量余热、余湿和臭氧等有害气体的房间，不应与一般房间合用排风系统，当确有困难必须合用时，必须采用防止有害气体进入一般房间的控制措施。

（3）凡属下列情况之一时，应单独设置排风系统：

1）两种或两种以上的有害物质混合后能引起燃烧或爆炸时；

2）混合后能形成毒害更大或腐蚀性的混合物、化合物时；

3）混合后，易使蒸汽凝结并积聚粉尘时；

4）放散剧毒物质的房间和设备；

5）建筑物内设有储存易燃易爆物质的单独房间或有防火防爆要求的单独房间。

（4）要求空气清洁的房间，当其周围环境较差时，室内应保持正压，排风量宜为送风量的 80%～90%；放散粉尘、有害气体或有爆炸危险物质的房间，应保持负压，送风量宜为排风量的 80%～90%。

（5）排除有害气体管道的室内段宜为负压。

（6）当一般机械通风不能满足室温要求时，应设置降温或加热设施。

3. 设置集中供暖且有排风的建筑物，应如何设置补风系统

（1）应首先考虑自然补风，包括利用相邻房间的清洁空气进行自然补风。

（2）当自然补风达不到要求时，宜设置机械补风（送风）系统。

（3）每天运行不超过 2h 的机械排风系统，可不设机械补风（送风）。

（4）人员停留区域和不允许冻结的房间，机械送风系统的空气冬季宜进行加热，并应满足风量和热量的平衡要求。

（5）选择机械送风系统的空气加热器时，宜按下列原则确定室外新风计算温度：

1）一般应采用冬季供暖室外计算温度；

2）用于补偿消除余热、余湿的全面排风耗热量时，应采用冬季通风室外计算温度。

（6）夏季为消除余热计算通风量时，新风应采用夏季通风室外计算温度。

4. 汽车库通风方式确定的原则

（1）停车数≤30 辆的地上单排停车库，当可开启的门窗面积每辆车≥$2m^2$ 且分布比较均匀时，可以采用自然通风方式。

（2）停车库开启门窗面积每辆车≥$0.3m^2$，且分布比较均匀时，可以采用机械排风、自然进风的通风方式。

（3）当不具备自然通风条件时，应设计机械排送风系统。

5. 厨房局部排风应符合的规定和厨房全面排风设计的原则

（1）厨房局部排风应符合下列规定：

1）炉灶排气罩最小排风量可按以下步骤确定：

A. 按下式计算排气罩排风量：

$$L = 1000P \cdot H \tag{2.1-1}$$

式中 L——排气罩排风量，m^3/h；

H——罩口距灶面的距离，m；

P——罩子的周边长（靠墙边的边长不计），m。

B. 按罩口面积和吸风速度≥0.5m/s 计算排风量。

C. 按上述 2 项中的计算结果取其大值，作为炉灶排气罩最小排风量。

2）洗碗间的排气罩断面风速宜≥0.2m/s；计算补风量时，考虑到洗碗间不连续工作，可只计入其排风量的 30%。

3）应考虑厨房局部排风系统的灵活使用和节能，宜按炉灶分设系统，不宜整个厨房设一个排风系统。

（2）厨房全面排风宜根据下列原则设计：

1）厨房机械通风的总排风量，宜按不小于消除余热时的通风量进行热平衡确定数值。厨房设备的散热量应由工业设备提出或参考有关资料；用室外新风直接补风时，夏季直接补风时夏季室内计算温度宜取 35℃，向室内送冷风时宜取 31～32℃。

2）当通过热平衡计算得出的排风量大于排风罩的排风量时，差额部分应由全面排气设备排出；小于炉灶排气罩的排风量时，总排风量应按两者的较大值确定，并可另外设置全面排风设备在炉灶排风未运行时使用，但不计入总换气量。

3）全面排风设备的排气量宜≥5 次/h 换气量。

6. 厨房通风补风应符合的要求与厨房排风量初步设计估算按换气次数

（1）厨房通风应采用直流系统，且应保持负压，其补风应符合下列要求：

1）补风量宜为排风量的 80%～90%，且宜与排风系统对应设置补风系统或根据排风量控制补风量。

2）当餐厅和厨房相邻时，送入餐厅的新风量可作为厨房自然补风的一部分，气流由餐厅流入厨房开口处的风速宜≤1m/s。

3）当建筑物设有空调制冷系统时，夏季补风宜经冷却处理。

4）冬季补风宜经加热处理。

（2）厨房排风量在初步设计时，可按如下换气次数估算：一般场所换气次数：20 次/h；有炉灶房间换气次数：30～40 次/h（西餐）；40～60 次/h（中餐）。

2.1.3　通风设计与计算

1. 清除房间有害物，全面通风量与有害物浓度变化的关系及在不稳定或稳定状态下全面通风量的计算

(1) 反映室内任何瞬间空气中有害物浓度 y 与全面通风量 L 之间的关系，即为全面通风的基本微分方程：

$$Ly_0\mathrm{d}\tau + x\mathrm{d}\tau - Ly\mathrm{d}\tau = V_\mathrm{f}\mathrm{d}y \tag{2.1-2}$$

式中　y_0——送风空气中有害物浓度，g/m^3；

x——有害物发生量，g/s；

y——某一时刻室内空气中有害物浓度，g/m^3；

V_f——房间体积，m^3；

$\mathrm{d}\tau$——某一段无限小的时间间隔，s；

$\mathrm{d}y$——在 $\mathrm{d}\tau$ 时间内房间内浓度的增量，g/m^3。

(2) 不稳定状态下的全面通风量计算式：

$$L = \frac{x}{y_2 - y_0} - \frac{V_\mathrm{f}}{\tau} \cdot \frac{y_2 - y_1}{y_2 - y_0} \tag{2.1-3}$$

(3) 稳定状态下的全面通风量计算式：

$$L = \frac{x}{y_2 - y_0}(\mathrm{m^3/s}) \tag{2.1-4}$$

式中　x——有害物发生量，g/s；

V_f——房间体积，m^3；

τ——时间，h；

y_2——某一过程终室内空气中有害物浓度，g/m^3；

y_1——初始状态室内空气中有害物浓度，g/m^3；

y_0——送风空气中有害物浓度，g/m^3。

2. 房间的风量平衡与热量平衡

(1) 风量平衡：在通风房间中不论采用何种通风方式，单位时间内进入室内的空气量与同一时间内排出的空气量保持相等，即为通风房间的风量平衡。它的数学表达式为：

$$G_{zj} + G_{jj} = G_{zp} + G_{jp} \tag{2.1-5}$$

式中　G_{zj}——自然进风量，kg/s；

G_{jj}——机械进风量，kg/s；

G_{zp}——自然排风量，kg/s；

G_{jp}——机械排风量，kg/s。

(2) 热量平衡：要使通风房间温度保持不变，必须使室内的总得热量等于总失热量，保持室内热量平衡，即为热量平衡。热平衡方程式为：

$$\sum Q_\mathrm{h} + cL_\mathrm{p}\rho_\mathrm{n}t_\mathrm{n} = \sum Q_\mathrm{f} + cL_{jj}\rho_{jj}t_{jj} + cL_{zj}\rho_\mathrm{w}t_\mathrm{w} + cL_\mathrm{hx}\rho_\mathrm{n}(t_\mathrm{s} - t_\mathrm{n}) \tag{2.1-6}$$

式中　$\sum Q_\mathrm{h}$——围护结构、材料吸热的总失热量，kW；

$\sum Q_\mathrm{f}$——生产设备、产品及供暖散热设备的总放热量，kW；

L_p——局部和全部排风量，m^3/s；

L_{jj}——机械进风量，m^3/s；

L_{zj}——自然进风量，m^3/s；

L_{hx}——再循环空气量，m^3/s；

ρ_n——室内空气密度，kg/m^3；

ρ_w——室外空气密度，kg/m^3；

t_n——室内排出空气温度,℃；

t_{jj}——机械进风温度,℃；

t_s——再循环送风温度,℃；

c——空气的质量比热，其值为 1.01kJ/(kg・℃)；

t_w——室外空气计算温度,℃，在冬季，对于局部排风及稀释有害气体的全面通风，采用冬季供暖室外计算温度。对于补偿消除余热余温及稀释低毒性有害物质的全面通风，采用冬季通风室外计算温度。冬季通风室外计算温度是指历年最冷月平均温度的平均值。

3. 设置机械通风系统房间通风换气量确定的原则

（1）建筑物室内人员所需最小新风量：民用建筑人员按国家现行有关卫生标准确定；工业建筑应保证每人≥$30m^3/h$。

（2）当采用全面排风消除余热时，通风量应按下式确定：

$$L=\frac{Q}{0.337\times(t_p-t_s)} \tag{2.1-7}$$

式中 L——通风换气量，m^3/h；

Q——室内显热发热量，W；

t_p——室内排风设计温度,℃；

t_s——送风温度,℃。

（3）当采用全面排风消除余湿及其他有害物质时，应通过余湿量、有害物质散发量和送排风含湿量差、含尘浓度差以及房间有害物质的允许值，通过平衡计算或根据有关规范和技术措施提供的换气次数确定所需通风量。

（4）局部排风量宜按排风罩口面积和所需风速计算确定。

4. 停车库机械通风的排风量和送风量计算确定

（1）单层停放的汽车库可按体积换气次数计算，并应如下取值：

1）汽车出入频度较大的商业建筑等，可取 6 次/h 的换气次数；

2）出入频度一般的建筑，可取 5 次/h 的换气次数；

3）出入频度较小的住宅建筑等，可按 4 次/h 的换气次数；

4）当层高≤3m 时，应按实际高度计算换气体积，当层高＞3m 时，可按 3m 高计算换气体积。

（2）汽车全部或部分为双层停放时，宜按每辆车所需排风量计算，并按如下取值：

1）商业建筑等汽车出入频度较大时，可取每辆 $500m^3/h$；

2）车出入频度一般时，可取每辆车 $400m^3/h$；

3）住宅建筑等汽车出入频度较小时，可取每辆 $300m^3/h$。

以上两种方法计算排风量，综合实际情况确定。

（3）停车库设置机械送风设施时，送风量宜为排风量的 80%～85%。

2.2　通风管道系统与通风机

2.2.1　通风管道系统

1. 通风管道常用的材料与它们的特点及适用场合

（1）金属板：它是制作风管及部件的主要材料。通常使用的有普通钢板、镀锌钢板、不锈钢板、铝板和塑料复合钢板。特点是易于工业化加工制作，安装方便，能承受较高温度。通风工程常用钢板厚度 0.5～4mm。

（2）非金属材料：主要有硬聚氯乙烯塑料板、玻璃钢等，它们的主要特点及使用场合：

1）硬聚氯乙烯塑料板—它适用于有酸性腐蚀作用的通风系统，具有表面光滑、制作方便等优点。但不耐高温、不耐寒，只适用于 0～60℃环境。

2）玻璃钢—无机玻璃钢风管是以中碱玻璃纤维作为增强材料加十余种无机材料科学配成胶粘剂，通过一定成形工艺制作而成。具有质轻、高强、不燃、耐腐蚀、耐高温、抗冷融等特性。

（3）保温材料：保温材料主要有软木、聚苯乙烯泡沫塑料、超细玻璃棉、玻璃纤维保温板、聚氨酯泡沫塑料和蛭石板等。它们的导热系数大都在 0.12W/(m·℃）以内，管壁保温层的传热系数控制在 1.84W/(m^2·℃）以内。

2. 风管内气体流动压力损失与计算及不同用途风管内的风速确定

（1）风管内气体流动的压力损失包含沿程摩擦压力损失和管件局部压力损失。

1）单位长度的摩擦压力损失：

$$R_m = \frac{\lambda}{d} \cdot \frac{\rho v^2}{2} \tag{2.2-1}$$

式中　λ——摩擦阻力系数；

d——风管直径；

v——管内空气流速；

ρ——空气密度。

2）管件（如弯头、三通等）的局部压力损失：

$$Z = \xi \frac{\rho v^2}{2} \tag{2.2-2}$$

式中　ξ——管件的局部阻力系数；

v——空气流速；

ρ——空气密度。

（2）不同用途风管内风速应按如下原则确定：

1）风管内的风速对系统的经济性有较大的影响。流速高，风管断面小，材料消耗少，建造费小；但系统压力损失大，动力消耗增加，有时还能加速磨损。流速低则相反。因此，应进行全面的技术经济比较，以确定适当的经济流速。

2）对于除尘系统，要考虑防止粉尘在管道内沉积所需的最低风速。对于除尘器后的风管，可按一般排风系统考虑。

3. 通风系统设计应采取的防爆措施

(1) 排除有爆炸危险物质的局部排风系统，其风量除满足一般要求外，还应校核其中的可燃物浓度。如果可燃物浓度在爆炸浓度范围内，则应加大风量；

(2) 防止可燃物在通风系统的局部地点（死角）积聚；

(3) 选用防爆风机，并采用直联或联轴器传动方式。如果采用三角皮带传动，为防止静电产生火花，可用接地电刷把静电引入地下；

(4) 有爆炸危险的通风系统，应设计防爆门。当系统压力急剧升高时，靠防爆门自动开启泄压。

2.2.2 通风机

1. 通风机分类方式，按用途如何分类及各自特点适用场合

(1) 通风机分类方式目前有两种：

1) 按通风机的作用原理分有离心式通风机、轴流式通风机、贯流式通风机。

2) 按通风机转速分有单速通风机和双速通风机。

(2) 按用途分类及特点使用场合如下：

1) 一般用途的通风机—这种通风机只适宜输送温度低于 80℃，含尘浓度小于 150mg/m^3 的清洁空气，如 4-68 型通风机等。

2) 排尘通风机—它适用于输送含尘气体。为了防止磨损，在叶片表面掺碳、硬质合金钢等，C4-73 型的叶轮采用 16 锰钢制作。

3) 防爆通风机—该类型通风机选用与砂粒、铁屑等物料碰撞时不发生火花的材料制作。并在机壳和轴之间增设密封装置。

4) 防腐通风机—防腐通风机输送的气体介质复杂，所用材质因气体介质而异。F4-72 型防腐通风机采用不锈钢制作。另有塑料、玻璃钢材质制作的。

5) 消防用排烟通风机—该类型通风机供建筑物消防排烟用，具有耐高温的显著特点。一般用于温度大于 280℃，连续运行 30min（GB 50045—1995）(2005 年版)。

6) 屋顶通风机—这类通风机直接安装于建筑物的屋顶上，有离心式和轴流式两种。常用于各类建筑物的室内换气。

7) 高温通风机—锅炉引风机输送的烟气温度一般在 200～250℃，材料与一般用途通风机相同，若输送气体温度在 300℃以上时，应采用耐热材料制作，滚动轴承采用空心轴水冷结构。

8) 射流通风机—它与普通轴流通风机相比，在相同通风机重量、相同功率下，能提供比一般通风机可增加 30%～35%的风量，风压增高约 2 倍。还具有可逆转的特性，用于铁路、公路隧道的通风换气等。

9) 诱导风机—采用射流诱导通风系统的理念，由送风风机、多台诱导风机和排风风机组成。因而诱导风机是射流诱导通风系统的组成部分，风机的诱导喷嘴射出高速的定向气流，诱导周围的空气，在无风管的条件下，以接力的方式送到室内要求的区域或经排风机排出室外，实现良好的室内气流组织，达到经济、高效与节能的通风效果。

诱导风机多在地下停车库、仓库、仓贮式超市、大型体育场馆和车间等高大空间的通风工程中得到应用。

2. 通风机联合工作，并联与串联的采用及它们的特性

（1）风机并联工作：当系统要求的风量很大，一台风机的风量又不够时，可在系统中设置两台或多台风机。并联风机的总特性曲线，是由各种压力下的风量叠加而得，风量增加的数量一般与管网的特性以及风机型号是否相同等因素有关。风机并联所得的效果只有在压力损失低的系统中才明显，所以在一般情况下应尽量避免采用两台风机并联，确实需要并联时应采用相同的型号。

（2）风机串联工作：只有在系统中风量小，而阻力大的情况下，多台风机串联才是合理的，同时要尽可能采用型号相同的风机进行串联。

3. 通风机的运行调节方法

（1）改变管网特性曲线的调节方法：这种方法是在通风机转速不变的情况下，通过改变系统中的阀门等节流装置的开度大小，来增减管网压力损失而使流量发生改变的。通风机的性能曲线并未改变，仅改变工作点的位置，起不到节能作用。

（2）改变风机特性曲线的调节方法：这种方法可以通过改变通风机的转速、进口导流叶片角度、叶片宽度和角度等途径来实现。

1）改变转速的调节方法是最节能的调节方法，但要增加投资成本。常用变转速调节装置有变极调速和变频调速。变极调速是利用双速电动机，通过接触器转换变极，可得到两档转速。变频调速是由变频装置向电动机提供可变频率和可变电压的电源。同时改变电源的频率和电压时，即可调节电动机的转速，从而调节通风机的风量。

2）改变通风机进口导流叶片角度的调节方法，通风机采用的导流器有轴向和径向两种，调节时使气流进入叶轮前旋速度发生改变，从而改变通风机的风量、风压、功率和效率。导流器结构简单，使用可靠，是通风机常用的调节方法。

2.3 民用建筑防排烟及通风空调系统防火防爆

2.3.1 建筑防排烟设计综述

1. 建筑“防烟”“排烟”目的和作用与防火分区与防烟分区的作用

（1）建筑防烟的目的作用：是将烟气封闭在一定区域内，以确保疏散线路畅通，无烟气侵入。

建筑排烟的作用是将火灾时产生的烟气及时排除，防止烟气向防烟分区以外扩散，以确保疏散通道和疏散所需的时间。

（2）防火分区：是指采用防火墙、耐火楼板及其他防火分隔物，人为划分出的，能在一定时间内防止火灾向同一建筑物的其余部分蔓延的局部空间。防火分区的目的和作用：在于有效地控制和防止火灾沿垂直方向或水平方向向同一建筑物的其他空间蔓延；减少火灾损失。同时，能够为人员安全疏散、灭火扑救提供有利条件。

（3）防烟分区：是指采用挡烟垂壁，隔墙或从顶板下突出不小于50cm的梁等具有一定耐火性能的不燃烧体，将烟气控制在一定的范围内。防烟分区的目的和作用：是有利于建筑物内人员安全疏散和有组织的排烟，而采取的技术措施。

2. 建筑防烟、排烟方式的分类与防排烟工程的基本内容与设计程序

（1）建筑设置防烟、排烟的方式有：

1）建筑中的防烟方式—可采用机械加压送风的防烟方式和可开启外窗的自然排烟方式。

2）建筑中的排烟方式—可采用机械排烟方式和可开启的自然排烟方式。

（2）建筑物内一个完整的防排烟工程的基本内容有：

1）划分防烟分区；

2）选择防排烟方式及控制方式；

3）计算排烟风量、加压送风量、排烟补风量；

4）布置排烟风口、送风口、补风口及风管；

5）计算风口及风管尺寸和排烟系统、加压送风系统、排烟补风系统的阻力；

6）选择排烟系统、加压送风系统、排烟补风系统的风机及风口；

7）设置防排烟系统的连锁控制；

8）构成建筑整体防排烟系统；

9）需要时进行消防性能化设计分析。

（3）防排烟设计程序：

1）首先了解清楚建筑物的防火分区，并合理划分防烟分区。防烟分区应在同一防火分区内，其建筑面积不宜过大，一般不宜超过 $500m^2$，汽车库防烟分区不宜超过 $2000m^2$。

2）确定合理的防排烟方式和进一步选择合理的防排烟系统。

3）确定送风道、排风道、排烟口、防火阀等位置。

3. 自然排烟采用方式与允许采用自然排烟的条件和建筑的部位

（1）自然排烟的方式有两种：

1）利用可开启的外窗进行自然排烟；

2）利用室外阳台或凹廊进行自然排烟。

（2）允许采用自然排烟的建筑部位有：

1）除建筑高度超过 50m 的一类公共建筑和建筑高度超过 100m 的居住建筑外，靠外墙的防烟楼梯间及其前室，消防电梯间前室，宜采用自然排烟方式。

2）其他应设置排烟设施但可以不设置机械排烟的部位。

（3）采用自然排烟的开窗面积应符合下列规定：

1）防烟楼梯间前室，消防电梯间前室可开启外窗面积不应小于 $2m^2$，合用前室不应小于 $3m^2$；

2）靠外墙的防烟楼梯间，每五层内可开启外窗总面积之和不应小于 $2m^2$；

3）需要设置自然排烟的内走道可开启外窗面积不应小于走道面积的 2%；

4）需要排烟的房间可开启外窗面积不应小于该房间面积的 2%；

5）净空高度小于 12m 的中庭可开启天窗或高侧窗的面积不应小于该中庭面积的 5%。

4. 独立加压送风防烟设施应设置在建筑何部位及防烟楼梯间及消防电梯间的加压送风方式

（1）设置独立加压送风防烟设施的建筑部位：

1）不具备自然排烟条件的防烟楼梯间，消防电梯间或合用前室；

2）采用自然排烟措施的防烟楼梯间，其不具备自然排烟条件的前室；

3）高层建筑的封闭避难层（间）；

4）带裙房的高层建筑防烟楼梯间及其前室，消防电梯前室和合用前室，当裙房以上部分能采用可开启外窗自然排烟措施时，其裙房以内部分去掉不具备自然排烟条件的前室或合用前室，应设置局部正压送风系统。

（2）防烟楼梯间及消防电梯间加压送风方式：

1）仅对防烟楼梯间加压送风（前室不送风）；

2）对防烟楼梯间及其前室分别加压送风；

3）对防烟楼梯间及消防电梯间的合用前室分别加压送风；

4）仅对消防电梯间前室加压送风；

5）防烟楼梯间具有自然排烟条件，仅对前室或合用前室加压送风。

5. 机械排烟的组成及排烟方式与机械排烟系统的设置原则

（1）机械排烟的组成：

机械排烟由挡烟垂壁、排烟口、排烟防火阀、排烟道、排烟风机和排烟出口组成。

（2）机械排烟方式：分为局部排烟和集中排烟两种方式。局部排烟方式—是在每个需要排烟的部位，设置独立的排烟风机，直接进行排烟；集中排烟方式—是将建筑物划分为若干个区，在每个区内设置排烟风机，通过排烟风道排烟。

（3）机械排烟系统的设置原则：

1）横向宜按防火分区设置；

2）竖向穿越防火分区时，垂直排烟管道宜设置在竖井内；

3）穿越防火分区的排烟管道应在穿越处设置排烟防火阀。防火阀应符合现行国家标准的有关规定；

4）走道与房间的排烟系统宜分开设置，走道的排烟系统宜竖向布置，房间的排烟系统宜按防烟分区布置；

5）机械排烟系统与通风空调系统宜分开独立设置。若需合用时，必须采取可靠的防火安全措施，并应符合排烟系统要求；

6）每个排烟系统设有排烟口的数量不宜超过30个；

7）为防止风机超负荷运转，排烟系统竖方向可分成多个系统，但是不能采用上层烟气引向下层风道的布置方式。

6. 通风空调系统防火防爆设计要点

（1）甲、乙类厂房中的空气不应循环使用。会有燃烧或爆炸危险粉尘、纤维的丙类厂房中的空气，在循环使用前应经净化处理，灰尘浓度低于爆炸下限的25％。

（2）甲、乙类厂房用的送风设备与排风设备不应布置在同一通风机房内，且排风设备不应和其他房间的送、排风设备共用机房；

（3）民用建筑内空气中含有易起火或爆炸危险物质的房间，应有良好的自然通风或独立的机械通风设施，且其空气不应循环使用。

（4）空气中含有易燃易爆物质的房间，其送、排风系统应采用防爆型通风设备；当送风机设在单独隔开的通风机房内且送风干管上设有止回阀时，可采用普通型通风设备，其空气不应循环使用。

（5）通风、空调系统，横向应按每个防火分区设置，竖向不宜超过5层。当排风管道设有防止回流设施且各层设有自动喷水灭火系统时，其进风和排风管道可不受此限制。垂直风管应设在管井内。

（6）通风、空调系统的风管道应设防火阀的地方：①管道穿越防火分区处；②穿越通风、空调机房的房间隔墙和楼板处；③重要的或火灾危险性大的房间隔墙和楼板处；④垂直风管与每层水平风管交接处的水平管段；⑤穿越变形缝处的两侧。

（7）有爆炸危险厂房内的排风管道，严禁穿过防火墙和有爆炸危险的车间隔墙。

（8）甲、乙、丙类厂房中的送、排风管道宜分层设置。当水平或垂直送风管进入车间处设置防火阀时，各层的水平或垂直送风管可合用一个送风系统。

（9）含有燃烧和爆炸危险粉尘的空气，在进入排风机前应采用不产生火花的除尘器进行处理。对于遇水可能形成爆炸的粉尘，严禁采用湿式除尘器。

（10）风管内设有电加热器时，风机应与电加热器连锁。电加热器前后800mm范围内的风管和穿过设有火源等容易起火部位的管道，均必须采用不燃保温材料。

（11）防爆房间内相对湿度应保证在60%以上，防止室内产生静电。在严格要求的防爆房间内相对湿度一般取65%。

2.3.2 建筑防排烟设计与计算

1. 加压送风防烟系统送风量计算方法及控制标准

（1）加压送风量的计算方法：

1）压差法—采用机械加压送风的防烟楼梯间及其前室，消防电梯间前室及合用前室的加压送风量按门关闭时保持一定正压值计算。

$$L_y = 0.827 f \cdot \Delta P^{\frac{1}{b}} \times 3600 \times 1.25 \qquad (2.3\text{-}1)$$

式中 L_y——正压送风量，m^3/h；

0.827——漏风系数；

1.25——不严密处附加系数；

ΔP——门窗两侧压差值，根据加压方式和部位取25～90Pa；

b——指数，对于门缝及较大漏风面积取2，对窗缝取1.6；

f——门、窗缝隙的计算漏风面积，m^2。

2）风速法—采用机械加压送风的防烟楼梯间及前室、消防电梯间前室及合用前室，当门开启时，相对保持门洞处一定的风速。

$$L_v = \frac{nFv(1+b)}{a} \times 3600 \qquad (2.3\text{-}2)$$

式中 L_v——正压送风量，m^3/h；

F——每个门的开启面积，m^2；

v——开启门洞处的平均风速，取0.7～1.2m/s；

b——漏风附加率，取0.1～0.2；

n——同时开启门的计算数量。建筑物20层以下取2，20层以上取3。

按压差法和风速法分别计算出风量，取其大值为系统计算加压送风量。

（2）加压送风量的控制标准：见表2.3-1。

表 2.3-1　**加压送风量的控制标准**

建筑类别	条件与部位	系统负担层数及部位	加压送风量/(m^3/h)
一般性高层建筑	防烟楼梯间（前室不送风）	<20 层 20～32 层	25 000～30 000 35 000～40 000
	防烟楼梯间及其合用前室分别加压送风时	<20 层防烟楼梯间 <20 层合用前室 20～32 层防烟楼梯间 20～32 合用前室	16 000～20 000 12 000～16 000 20 000～25 000 18 000～20 000
	消防电梯间前室加压送风	<20 层 20～32 层	15 000～20 000 22 000～27 000
高层厂房和甲、乙、丙类多层厂房的地下商店、娱乐、放映场所不能天然采光和自然通风	前室不送风的防烟楼梯间		25 000
	防烟楼梯间及其合用前室分别加压送风时	防烟楼梯间合用前室	16 000 13 000
	消防电梯间前室		15 000
	防烟楼梯间采用自然排烟，前室或合用前室加压送风		22 000
人民防空工程	防烟楼梯间 防烟楼梯间与前室或合用前室分别加压送风时	防烟楼梯间 前室或合用前室	≥25 000 ≥16 000 ≥12 000

当计算的加压送风量数值与控制标准表中数值不一致时，应按两者中的较大值确定。

2. 机械排烟系统排烟量计算与排烟补风及补风量如何确定

（1）民用建筑排风量计算：

1）排烟风机负担一个防烟分区或净空>6m 的不划防烟分区的房间，应按该防烟分区面积每平方米排烟量≥60m^3/(h·m^2）计算。单台风机的最小排烟量≥7200m^3/h；负担两个或两个以上防烟分区时，应按最大防烟分区面积每平方米排烟量≥120m^3/(h·m^2）计算。

2）中庭的排烟量按其体积大小，以 4～6 次/h 换气量计算；中庭体积≤17 000m^3 时，换气次数取 6 次/h 计算；中庭体积>17 000m^3 时，换气次数取 4 次/h 计算。但最小排烟量不应小于 102 000m^3/h。

3）选择排烟风机，应附加漏风系数，一般采用 10%～20%。排烟风机的全压按排烟系统最不利管路进行计算。

（2）每个防烟分区排烟风机的排烟量不应小于 30 000m^3/h，且不应小于表 2.3-2 中的数值。

表 2.3-2　**车库的排烟量**

车库的净高/m	车库的排烟量/(m^3/h)	车库的净高/m	车库的排烟量/(m^3/h)
3 及以下	30 000	3.1～4.0	31 500
4.1～5.0	33 000	5.1～6.0	34 500
6.1～7.0	36 000	7.1～8.0	37 500
8.1～9.0	39 000	9.1 及以上	40 500

（3）人防地下室的排烟风机和风管风量应按下列要求确定：

1）负担一个或两个防烟分区排烟时，应按该部分总面积乘以 $60m^3/(h·m^2)$ 计算，但排烟风机的最小排烟量≥$7200m^3/h$。

2）负担三个或三个以上防烟分区排烟时，应按其中最大防烟分区面积乘以≥$120m^3/(h·m^2)$ 计算。

（4）机械排烟的补风及补风量计算：

1）按高规：设置机械排烟的地下室应同时设置送风系统，且送风量不宜小于排烟量的50%。

2）按建规：在地下建筑和地上密闭场所中设置机械排烟系统时，应同时设置补风系统，其补风量不宜小于排烟量的50%。

3）按人防工程规范规定：

A. 当补风通路的空气阻力≤50Pa 时，可自然补风；

B. 当补风通路的空气阻力>50Pa 时，应设置火灾时可转换成补风的机械送风系统或单独的机械补风系统，补风量不应小于排烟量的50%。

4）按汽车库、修车库、停车场规范规定：汽车库内无直接通向室外的汽车疏散出口的防火分区，当设置机械排烟系统时，应同时设置进风系统，且送风量不宜小于排烟量的50%。

2.4 有害物的控制与净化

2.4.1 有害物的控制

1. 主要的工业有害物与防治的综合措施

（1）工业有害物主要包含：工业生产中散发的粉尘；有害蒸汽和气体；余热和余湿等三类有害物质。

（2）防治工业有害物的综合措施：

1）首先应该改革工艺设备和工艺操作方法，从根本杜绝和减少有害物的产生。

2）采用合理的通风措施，有效控制有害物，当采用局部排风时，尽量把产尘、产毒工艺设备密闭起来，以最小的风量获得最好的排尘排毒效果。

3）建立严格的检查、管理制度。

2. 消除房间余热余湿时所需全面通风换气量的计算及冬季与夏季房间余热量计算有何不同

（1）在稳定状态下，消除房间余热余湿换气量为：

1）消除余热换气量：

$$G=\frac{Q}{(t_p-t_0)c} \tag{2.4-1}$$

2）消除余湿换气量：

$$G=\frac{W}{d_p-d_0} \tag{2.4-2}$$

式中 G——全面通风量，kg/s；

Q——室内余热量，kJ/s；

W——室内余湿量，g/s；

c——空气质量比热，其值为 1.01kJ/(kg·℃)；

t_p——排出空气的温度,℃；

t_0——进入空气的温度,℃；

d_p——排出空气的含湿量，g/kg 干空气；

d_0——进入空气的含湿量，g/kg 干空气。

(2) 应分别计算车间的最大与最小得热量，把最小得热量作为车间冬季得热量，把最大得热量作为车间夏季得热量。冬季采用热负荷最小班次的工艺设备散热量；不经常的散热量不予考虑，经常而不稳定的散热量按小时平均值计算。夏季采用热负荷最大班次的工艺设备散热量；经常而不稳定的散热量按最大值计算；白班不经常的散热量也应该考虑。

3. 局部排风罩类型中密闭罩、柜式排风罩、外部吸气罩、接受罩，它们的排风量计算与应用场合举例

(1) 密闭罩：如球磨机、皮带运输机、振动筛等设备上所使用的防尘密闭罩。密闭罩的排风量根据进、排风量平衡确定，由以下几项构成：

$$L = L_1 + L_2 + L_3 + L_4 \tag{2.4-3}$$

式中　L——密闭罩的排风量，m^3/s；

L_1——物料下落时带入罩内的诱导空气量，m^3/s；

L_2——从孔口或不严密缝隙处吸入的空气量，m^3/s；

L_3——因工艺需要鼓入罩内的空气量，m^3/s；

L_4——在生产过程中因受热使空气膨胀或水分蒸发而增加的空气量，m^3/s；

上式在一般情况下，L_3、L_4 可以不考虑，故上式可简化为：

$$L = L_1 + L_2 \tag{2.4-4}$$

采用密闭罩后，为防止污染物外逸还需要对罩内进行排风，消除罩内正压，使罩内形成负压。

(2) 柜式排风罩（通风柜）：柜式排风罩一面通常是敞开的。如适用于化学实验室的小型通风柜，油漆车间大部件喷漆用的大型通风柜等。

吸气式通风柜依靠排风的作用，在工作孔口上造成一定吸入速度，防止有害物外逸。通风柜的排风量按下式计算：

$$L = L_1 + v \cdot F \cdot \beta \tag{2.4-5}$$

式中　L_1——柜内污染气体发生量，m^3/s；

v——工作孔上的控制风速，m^3/s；

F——工作孔或缝隙的面积，m^2；

β——安全系数，$\beta=1.1\sim1.2$。

(3) 外部吸气罩：利用排风罩的抽气作用，在有害物发生地点造成一定的控制风速。将有害物质吸入罩内，加以捕集。如焊接工作台排风罩，电镀槽上的槽边吸气罩是外部吸气罩的特殊形式。前面无障碍外部吸气罩其排风量按下式计算：

对四周无法兰：

$$L = v_0 F = (10x^2 + F)v_x \tag{2.4-6}$$

对四周有法兰：

$$L = v_0 F = 0.75(10x^2 + F)v_x \tag{2.4-7}$$

式中　v_0——吸气口的平均流速，m/s；

v_x——控制点处的吸入速度，m/s；

x——控制点距吸气口的距离，m；

F——吸气口的面积，m^2。

前面有障碍外部吸气罩其排风量按下式计算：

$$L = kPHv_x \tag{2.4-8}$$

式中 P——排风罩口敞开面的周长，m；

H——罩口至污染源的距离，m；

v_x——边缘控制点的控制风速，m/s；

k——考虑沿高度速度分布均匀的安全系数，通常取 $k=1.4$。

（4）接受罩：接受罩排风量取决于接受的污染空气量的大小，接受罩的断面尺寸应大于罩口处污染气流的尺寸。其排风量按下式计算：

$$L = L_2 + v'F' \tag{2.4-9}$$

式中 L_2——罩口断面上热射流流量，m^3/s；

F'——罩口的扩大面积，即罩口面积减去热射流的断面积，m^2；

v'——扩大面积上空气的吸入速度，$v'=0.5\sim0.75$m/s。

对于热源上部接受罩，根据安装高度 H 的不同，进而分为两类，$H\leqslant1.5\sqrt{A_p}$的为低悬罩，$H>1.5\sqrt{A_p}$为高悬罩。低悬罩中的 L_2 即为收缩断面上的热射流流量。高悬罩排风量大，易受横向气流影响，工作不稳定，设计时尽可能降低安装高度。

4. 依据槽宽分为几种槽边排风罩，目前常用的两种形式及条缝式槽边排风罩排风量的计算

（1）槽边排风罩按槽宽可分为：

1）单侧排风罩，用于槽宽 $B<700$mm 时的局部排风；

2）双侧排风罩，用于槽宽 $B>700$mm 时的局部排风；

3）吹吸式排风罩，用于槽宽 $B>1200$mm 时的局部排风。

（2）槽边排风罩目前常用的形式有平口式和条缝式两种。平口式槽边罩因吸气口上不设法兰边，吸气范围大，排风量大。条缝式槽边排风罩特点是占用空间大，吸风口高度 $E\geqslant$ 250mm 为高截面，$E<200$mm 为低截面。增大截面高度如同设置了法兰边一样。可以减小吸气范围、减小排风量。

（3）条缝式槽边排风罩的排风量按下式计算：

1）高截面单侧排风

$$L = 2v_xAB\left(\frac{B}{A}\right)^{0.2} \tag{2.4-10}$$

2）低截面单侧排风

$$L = 3v_xAB\left(\frac{B}{A}\right)^{0.2} \tag{2.4-11}$$

3）高截面双侧排风（总风量）

$$L = 2v_xAB\left(\frac{B}{2A}\right)^{0.2} \tag{2.4-12}$$

4）低截面双侧排风（总风量）

$$L = 3v_xAB\left(\frac{B}{2A}\right)^{0.2} \tag{2.4-13}$$

5）高截面周边形排风

$$L = 1.57 v_x D^2 \tag{2.4-14}$$

6）低截面周边形排风

$$L = 2.36 v_x D^2 \tag{2.4-15}$$

式中　A——槽长，m；

B——槽宽，m；

D——圆槽直径，m；

v_x——边缘控制点的控制风速，m/s。

（4）条缝式槽边排风罩的阻力：

$$\Delta P = \xi \frac{v_0}{2} \rho \tag{2.4-16}$$

式中　ξ——局部阻力系数，$\xi=2.34$；

v_0——条缝口上空气速度，m/s；

ρ——周围空气密度，kg/m^3。

2.4.2　有害物的净化

2.4.2.1　有害气体的净化机理

1. 有害气体净化处理方法与体积浓度 c 及质量浓度 y 的换算

（1）用于通风排气系统的有害气体净化处理方法主要有如下四种：

1）燃烧法—有直接燃烧、热力燃烧、催化燃烧、表面燃烧，有害组分通过各种燃烧得到氧化分解。

2）冷凝法—将有害蒸汽冷凝成液体加以回收，通常作为燃烧、吸附法的预处理手段。

3）吸收法—水洗、药液洗涤—用药液吸收洗涤有害组分；通过化学反应生成无害种类。

4）吸附法—用吸附剂吸附有害组分，使排气得到净化。

（2）有害气体的体积浓度 c 与质量浓度 y 的换算式：

$$c = y \times \frac{22.4}{M} \tag{2.4-17}$$

式中　M——有害气体的分子量。

2. 吸附法的净化机理与实用性

（1）吸附法的净化机理：

吸附现象是发生在两个不同相界面的现象，吸收过程就是在界面上的扩散过程。吸附有物理吸附和化学吸附，在吸附过程中，固体是吸附剂，被吸附的有害气体称为吸附质。不同的固相吸附剂，可以去除不同的有害气体物。例如。活性炭（吸附剂）可以去除有害气体：苯、甲苯、丙酮、乙醇、汽油等；而硅胶（吸附剂）可以去除有害气体物：H_2O，NO_x，SO_2，C_2H_2。

（2）吸附法的实用性：

作为工业用吸附装置（或系统），例如活性炭吸附装置有多种形式，目前有害气体的净化处理采用固定床形式较为普遍，流化床多用作化工分离装置。此外，作为大风量、低浓度排气的浓缩装置—蜂窝轮，则采用回转的形式。

活性炭吸附装置的选型与待处理的有害气体浓度有关。一般对于固定床，当浓度$>100\times10^{-6}$时，设计再生回收装置；浓度$\leqslant100\times10^{-6}$时，则可不设再生回收装置。当浓度$\leqslant500\times10^{-6}$，温度为常温时，采用蒸汽再生型较为合理，浓度越低越经济；对于浓度＞500×10^{-6}的高温（100～150℃）气体，燃烧法的经济性优于蒸汽再生型活性炭吸附法。当浓度≤300×10^{-6}时，宜采用浓缩吸附蜂窝轮净机；当浓度＞300×10^{-6}时，则采用流动床吸附装置较为合理。

3. 液体吸收法的净化机理与实用性

（1）液体吸收法的净化机理：

1）溶解度：气液两相接触，经过物理或化学的吸收方式，气体溶解在液体中，并造成一定的溶解度，溶解于液体中的气体作为溶质，会产生一定的分压，当溶质产生的分压和气相中该气的分压相等时，气、液传质达到平衡，溶解过程终止，即为平衡溶解度。在一定温度下，压力≤5个标准大气压时，对于溶解度小的稀溶液体系，溶解度与气相中的气体分压成正比，此即亨利定律：

$$P=C/H \quad 或 \quad P=E\cdot x \tag{2.4-18}$$

式中 P——气相分压，Pa；

H——溶解度系数，$kmol/(m^3\cdot Pa)$；

C——液相中溶解气体的浓度，$kmol/m^3$；

E——亨利系数，Pa；

x——溶液中气体摩尔分数。

2）双膜传质系数：气液两相间有一个相界面，两侧分别存在极薄且稳定的气膜与液膜，从整个吸收过程中，单位时间单位相界面上通过气膜与通过液膜传递的物质量是相等的。可以用下式表达：

$$N_A=k_G(P-P_i)=k_L(c_i-c) \tag{2.4-19}$$

式中 N_A——扩散速率，$kmol/(m^2\cdot h)$；

k_G——气相传质分系数，$kmol/(m^2\cdot h\cdot Pa)$；

$P-P_i$——气相主体与界面间组分的分压差，Pa；

k_L——液相传质分系数，m/h；

c_i-c——界面浓度与液相主体间组分的浓度差，$kmol/m^3$。

对上式进一步推导可得：

$$\frac{1}{K_G}=\frac{1}{k_G}+\frac{1}{Hk_L} \tag{2.4-20}$$

$$\frac{1}{K_L}=\frac{H}{k_G}+\frac{1}{k_L} \tag{2.4-21}$$

式中 K_G——气相传质总系数，$kmol/(m^2\cdot h\cdot Pa)$；

K_L——液相传质总系数，m/h。

（2）液体吸收法的实用性

1）根据待处理有害组分选择吸收剂的搭配关系：例如处理氨、苯酚、氯化氢、二氧化硫等，选择水作为吸收剂；处理硫化氢、甲醇、有机酸、二氧化硫等，选择活性炭悬浊液作为吸收剂。

2）选用吸收装置应考虑的因素：处理能力要大、压力损失要小、结构力求简单、吸收效率高、操作弹性大等方面。

3）选用吸收装置的原则：①对于气膜控制的吸收过程，一般应采用填料塔之类的液相分散型装置；②对于液膜控制的吸收过程，宜采用各类板式塔；③对吸收过程中产生大量热，需移去的过程，宜用板式塔；④对于易起泡、黏度大，腐蚀性严重，热敏性物料，宜用填料塔；⑤对于有悬浮、固体颗粒或有淤渣，宜采用筛板等板式塔。

2.4.2.2　粉尘的净化机理

1. 粉尘粒径大小对人体危害的关系与影响除尘装置性能的粉尘特性

（1）粉尘粒径大小对人体的危害主要表现在以下两个方面：

1）粉尘粒径小，在空气中不易沉降，难以捕集，造成长期的空气污染和危害。粉尘随空气吸入人的呼吸道后，粒径大于 5μm 的粒子容易被呼吸道阻挡，一部分阻挡在器官和支气管中。只有粒径小于 2μm 的粒径才能进入人体肺部，在肺泡沉积下来，再通过各种机理影响人体健康。因此 2μm 以下的尘粒对人体危害较大。

2）粉尘粒径小，单位质量的表面积增大，其化学活性和表面活性增强，加剧了人体生理效应的发生和发展。细微尘粒表面可有吸附细菌、病毒、微生物等，是污染物质的媒介物，加剧对人体的危害。

（2）影响除尘装置性能的粉尘特性：

1）密度：单位体积粉尘所具有的质量。它分为真密度和容积密度。粉尘的真密度是指除掉粉尘中所含气体和液体后单位体积粉尘所具有的质量。与粉尘的沉降、输送、净化等特性直接相关。容积密度是指在自然状态下，单位体积粉尘的质量数。是设计粉尘储存、运输设备的重要参数。

2）粒径分布：是指粉尘中各种粒径尘粒所占的百分数，称颗粒的分散度。它的表达方式有质量粒径分布、颗粒粒径分布、表面积粒径分布。除尘技术中一般使用质量粒径分布。

3）比表面积：粉尘的比表面积为单位质量（或体积）粉尘具有的表面积，一般用 cm^2/g或 cm^2/cm^3 表示。它与粉尘的润湿性和黏附性相关。

4）爆炸性：当粉尘以粉末状悬浮于空气中，与空气中的氧充分接触，在一定的温度和浓度下可能发生爆炸。能够引起爆炸的可燃物浓度称为爆炸浓度，能够引起爆炸的最低浓度称为爆炸下限。

5）润湿性：尘粒与液体相互附着的性质称为粉尘的润湿性。易于被水润湿的粉尘称为亲水性粉尘，难于被润湿的粉尘称为疏水性粉尘。

6）比电阻：是某种物质粉尘，当横断面积为 $1cm^2$，厚度为 1cm 时所具有的电阻，是除尘工程中表示粉尘导电性的一个参数，对除尘器工作有很大的影响，一般通过实测求得。

2. 典型除尘器的类型与除尘机理

典型除尘器主要有以下几种类型，它们的除尘机理分述如下：

（1）重力沉降室：重力沉降室是利用重力作用使粉尘自然沉降的一种最简单的除尘装置。含尘气流通过横断面比管道大得多的沉降室时，流速大大降低，使尘粒按其终末沉降速度缓慢落至沉降室底部。

（2）旋风除尘器：是使含尘气流作旋转运动，借助离心力作用将尘粒从气流中分离捕集下来的装置。旋风器与其他除尘器相比，具有结构简单、造价便宜、维护管理方便及适用面宽的特点。

（3）袋式除尘器：是利用多孔的袋状过滤元件从含尘气体中捕集粉尘的一种除尘设备。主要由过滤装置和清灰装置两部分组成。含尘气体通过滤料时，主要依靠纤维的筛滤、拦截、碰撞、扩散和静电吸引等效应将粉尘留在滤料上，形成粉尘初层。多孔的粉尘初层具有更高的除尘效率，对尘粒的捕集起着主要作用。

（4）静电除尘器：是利用静电力将气体中粉尘分离的一种除尘设备，简称电除尘器。除尘器由本体及直流高压电源两部分构成。本体中排列有数量众多的，保持一定间距的金属集尘极（又称极板）与电晕极（又称极线），用以产生电晕，捕集粉尘。设有清除电极上沉积的粉尘的清灰装置，气流均布装置，有输灰袋装置等。

（5）湿式除尘器：主要利用含尘气流与液滴或液膜的相对高速运动时的相互作用实现气尘分离。其中粗大尘粒与液滴（或雾滴）的惯性碰撞，接触阻挡（即拦截效应）得以捕集，而细微尘粒则在扩散、凝聚等机理的共同作用下，使尘粒从气流中分离出来，达到净化含尘气流的目的。这类设备称为湿式除尘器（或洗涤器）。湿式除尘器结构简单，投资低，占地面积小，除尘效率高，并能同时进行有害气体的净化。缺点是不能干式回收物料。

3. 电除尘器的构成与特点及技术指标

（1）电除尘器主要构成：由本体（金属集尘极板）与电晕极（又称极线），用以产生电晕，捕集粉尘。还设有沉积粉尘的清灰装置，气流均匀装置，存输灰装置等。

（2）电除尘器的主要特点：

1）适用于微粒控制，对粒径 1～2μm 的尘粒，效率可达 98%～99%；对于亚微米范围的颗粒物也有很高的分离效率，可根据设计需要达到。

2）在电除尘器内，尘粒从气流中分离的能量，不是供给气流，而是直接供给尘粒的，因此，电除尘器的本体阻力较低，仅为 200～300Pa。

3）以处理温度相对较高（在 400℃以下）的气体。

4）适用于大型烟气或含尘气体净化系统，系统阻力低，效率高，处理气体量越大越经济。

5）缺点是一次投资高，钢材消耗多，管理维护相对复杂，要求较高的制造安装精度。对净化粉尘比电阻有一定要求，通常在 10^4～10^{11} Ω·cm 范围。

（3）电除尘器的主要技术指标：

1）粉尘比电阻：是评定粉尘导电性能的一个指标

$$R_b = \frac{V}{I} \cdot \frac{A}{\delta} \tag{2.4-22}$$

式中 R_b——比电阻（或称电阻率），Ω·cm；

I——通过粉尘层的电流，mA；

V——施加在粉尘层上的电压，V；

A、δ——粉尘层的面积（cm^2）与厚度（cm）。

2）粉尘浓度与粒径：粉尘浓度和粒径影响粉尘的荷电。入口含尘浓度高，极间存在大量的空间电荷（荷电粉尘），严重影响电晕放点，甚至形成“电晕闭塞”。越细的尘粒（粒径小），即使质量浓度不高也可能造成电晕闭塞，相反，对于粗颗粒粉尘可以允许的入口浓度相对较高。电晕闭塞使粉尘未能足够的荷电，从而降低除尘效率。

3）粉尘的黏附力：粉尘颗粒之间、粉尘与附着载体之间存在黏附力，粉尘的黏附力过大难以清除，粉尘的黏附力过小，则沉集在电极上的粉尘层易于受气流冲刷重新回到气流中，清灰时受振打作用尘粒易被气流带走。

4）烟气温度与压力：粉尘导电有两种方式，一种是电流通过粉尘内部，与粉尘化学成分有关，其电阻值与温度成反比。另一种导电是沿粒子表面，它与烟气成分及表面的水分有关，表面电阻与烟气温度有正比关系。气体密度与烟气的温度成反比，而气体密度又影响着电除尘的电离状况。

5）烟气湿度：烟气湿度高，其露点温度升高，当烟气温度接近或低于露点温度，水分将凝结在粉尘表面，粉尘比电阻迅速降低，使除尘器性能在一定程度上得到改善。

2.5　建筑防排烟技术类型应用设计实例

1. *超高层建筑办公楼避难层防烟实例*

某超高层办公建筑，建筑总共 38 层，高度共计 139.55m，面积 4.3 万 m^2，为一类公共建筑，其中第 21 层为避难层，避难面积为 800m^2，其平面见图 2.5-1，试对其进行防烟设计。

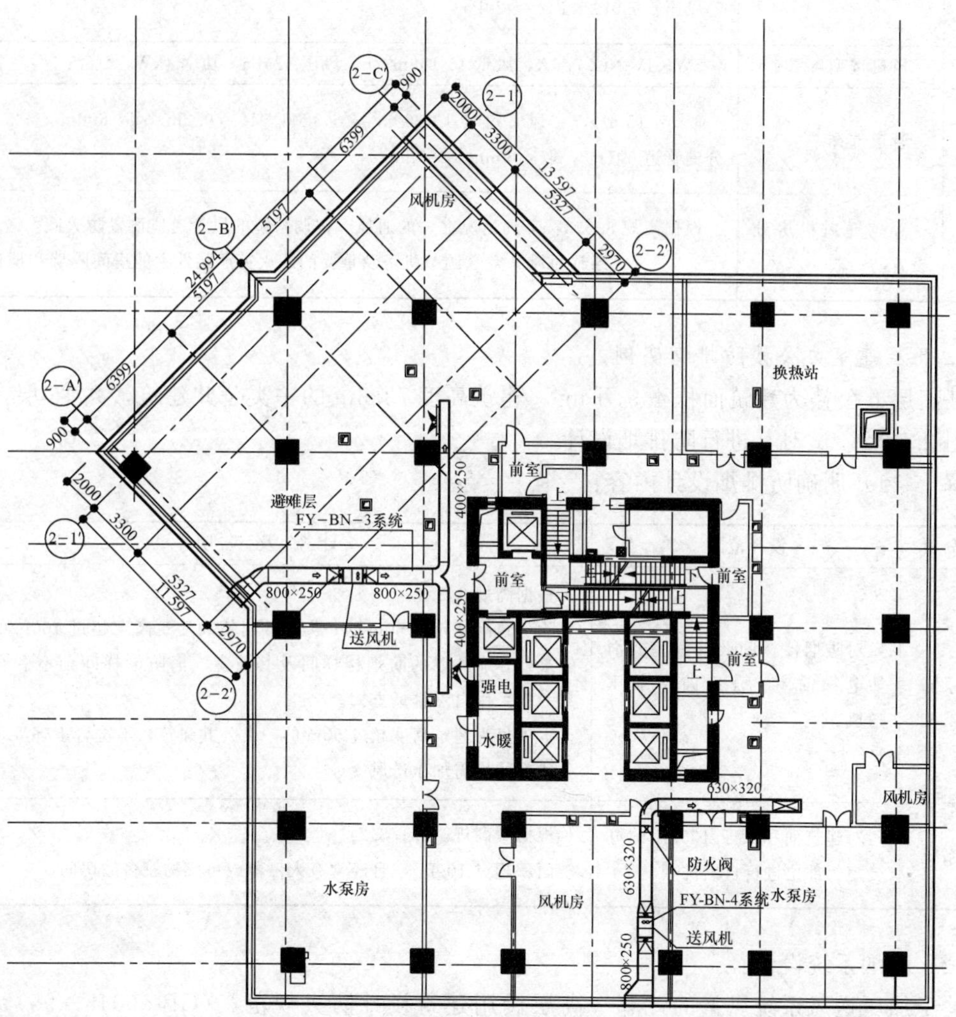

图 2.5-1　某办公楼避难层平面图

解

序号	设计程序	设计内容
1	避难层设置加压送风系统	根据《高层民用建筑设计防火规范》(GB 50045—1995)(2005年版)(简称高规): 8.3.1 下列部位应设置独立的机械加压送风的防烟设施: 8.3.1.3 封闭避难层(间)
2	计算系统风量	根据高规8.3.5:封闭避难层(间)的机械加压送风量应按避难层净面积每平方米不小于30m³/h。 计算总计算风量:800m²×30m³/(hm²)=24 000m³/h, 考虑到避难层管道较多,风管布置困难,故设计2个防烟系统,火灾时同时运行,则每个系统计算风量为24 000m³/h÷2=12 000m³/h
3	计算系统阻力	350Pa(计算略)
4	选择风机	风量:12 000×1.1=13 200m³/h 风压:350Pa×1.2=420Pa
5	风机选型	SWF-IV-NO.7.5A,风量15 156m³/h,风压525Pa,功率4kW,2台
6	管道选择	取 v=18m/s,主风管尺寸13 200m³/h÷3600÷18=0.2m²,取800mm×250mm,分支管道0.1m²,取400mm×250mm
7	穿越通风机房处设置防火阀	根据高规8.5.3:下列情况之一的通风、空调系统的风管道应设置防火阀: 8.5.3.2 穿越通风、空气调节机房及重要的或火灾危险性大的房间隔墙和楼板处

2. 高层建筑办公楼防排烟实例

某高层办公楼为建筑面积4.5万m²,建筑高度73.6m的一类公共建筑,共16层,标准层见图2.5-2,试对其进行防排烟设计。

解 (1)明确防排烟设计内容:

设计分项	设计范围	计算及说明
防烟系统	对防烟楼梯间及其前室、消防电梯前室、合用前室加压送风	根据高规8.2.1: 除建筑高度超过50m的一类公共建筑和建筑高度超过100m的居住建筑外,靠外墙的防烟楼梯间及其前室、消防电梯间前室和合用前室,宜采用自然排烟方式。 本项目为建筑高度超过50m的一类公共建筑,不符合上述要求,故上述部位均需加压送风
排烟系统	对建筑面积大于100m²的办公室等部位进行自然排烟	根据《高规》8.1.3.2: 面积超过100m²,且经常有人停留或可燃物较多的房间

(2)防烟系统设计:

关于加压送风系统风量的计算《高层民用建筑设计防火规范》(GB 50045—95)(2005年版)(以下简称《高规》)给出3种算法。

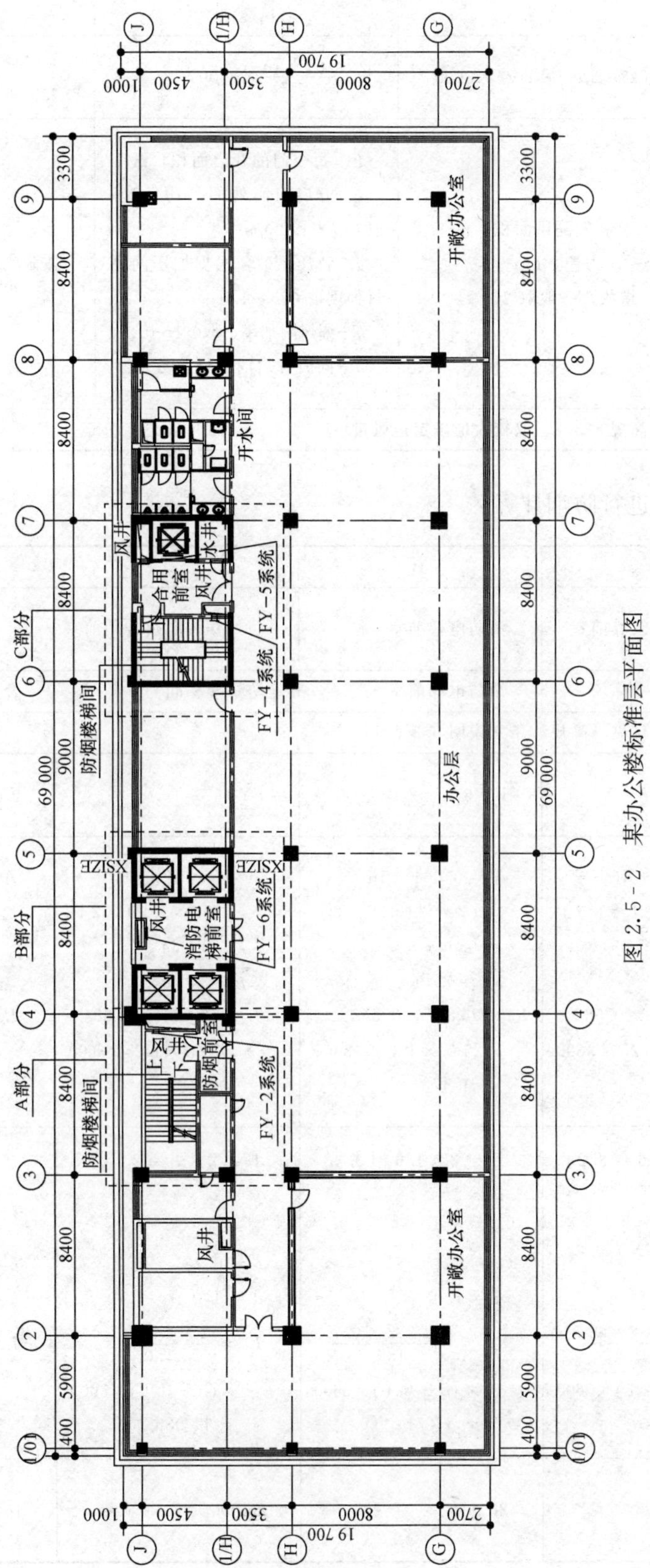

图 2.5-2　某办公楼标准层平面图

	压差法	风速法	查表法
送风量 L_y（m^3/h）	$0.827A\Delta p^{1/n}\times1.25\times3600$	$\frac{nFv(1+b)}{a}\times3600$	查《高规》表 8.3.2-1 至表 8.3.2-4
注释	A—总有效漏风面积，m^2； Δp—压力差，Pa； n—指数，一般取 2	F—每个门的开启面积，m^2； v—开启门洞处的平均风速，取 0.7～1.2m/s； a—背压系数，根据加压间密封程度取 0.6～1.0； b—漏风附加率，取0.1～0.2； n—同时开启门的计算数量	按附表后注明进行修正
	按高规 8.3.2，取较大值确定送风量		

现对上述区域进行防烟计算：

区域	A	B	C	
区域种类	防烟楼梯间及其前室	消防电梯前室	防烟楼梯间及合用前室	
防烟部位	防烟楼梯间	消防电梯前室	防烟楼梯间	合用前室
	防烟设置部位见《高规》条文说明 8.3 表 17			
系统编号	FY-2	FY-6	FY-4	FY-5
压差法计算	$A=0.004\times16\times(2\times2+1.6\times3)=0.563$ $\Delta p=50Pa$ $L_y=0.827\times0.563\times50^{1/2}\times1.25\times3600=14\ 839$	$A=0.004\times16\times(2\times2+1.6\times3)=0.563$ $\Delta p=25Pa$ $L_y=0.827\times0.563\times25^{1/2}\times1.25\times3600=10\ 476$	$A=0.004\times16\times(2\times2+1\times2)=0.384$ $\Delta p=25Pa$ $L_y=0.827\times0.384\times25^{1/2}\times1.25\times3600=7145$	$A=0.004\times16\times(2\times2+1.6\times3)=0.563$ $\Delta p=25Pa$ $L_y=0.827\times0.563\times25^{1/2}\times1.25\times3600=10\ 476$
风速法计算 /(m^3h)	$F=2\times1.6=3.2$ $n=2$ $v=0.7$ $b=0.1$ $a=1.0$ $L_y=\frac{2\times3.2\times0.7}{1.0}\times(1+0.1)\times3600=17\ 740$	$F=2\times1.6=3.2$ $n=2$ $v=0.7$ $b=0.1$ $a=1.0$ $L_y=\frac{2\times3.2\times0.7}{1.0}\times(1+0.1)\times3600=17\ 740$	$F=2\times1=2$ $n=2$ $v=0.7$ $b=0.1$ $a=1.0$ $L_y=\frac{2\times2\times0.7}{1.0}\times(1+0.1)\times3600=11\ 088$	$F=2\times1.6=3.2$ $n=2$ $v=0.7$ $b=0.1$ $a=1.0$ $L_y=\frac{2\times3.2\times0.7}{1.0}\times(1+0.1)\times3600=17\ 740$
查表法计算 /(m^3/h)	30 000	20 000	20 000	16 000

续表

最终送风量/(m^3/h)	30 000	20 000	20 000	17 740
风道面积	风速取 14m/s，截面积 0.6m^2	风速取 14m/s，截面积 0.4m^2	风速取 14m/s，截面积 0.4m^2	风速取 14m/s，截面积 0.36m^2
送风口种类	多叶送风口	多叶送风口	自垂百叶	多叶送风口
同时开启送风口个数	2	2	每 3 层开一个，共 6 个	2
送风口大小	风速取 5m/s，截面积 0.83m^2	风速取 5m/s，截面积 0.55m^2	风速取 5m/s，截面积 0.19m^2	风速取 5m/s，截面积 0.50m^2
系统阻力	400Pa（计算略）	400Pa（计算略）	400Pa（计算略）	400Pa（计算略）
选择风机	风量：30 000×1.1=33 000m^3/h 风压：400Pa×1.2=480Pa	风量：20 000×1.1=22 000m^3/h 风压：400Pa×1.2=480Pa	风量：20 000×1.1=22 000m^3/h 风压：400Pa×1.2=480Pa	风量：17 740×1.1=19 514m^3/h 风压：400Pa×1.2=480Pa
风机选型	SWF-IV-NO. 9A，风量 34 793m^3/h，风压 570Pa，功率 11kW	SWF-IV-NO. 8A，风量 22 117m^3/h，风压 508Pa，功率 5.5kW	SWF-IV-NO. 8A，风量 22 117m^3/h，风压 508Pa，功率 5.5kW	SWF-IV-NO. 8A，风量 22 117m^3/h，风压 508Pa，功率 5.5kW

(3) 排烟系统设计：

根据高规要求，需要排烟的房间可开启外窗面积不应小于该房间面积的 2%。故对于本项目，对上述区域考虑自然排烟，并将开窗要求反提建筑专业。

3. 多层办公中厅排烟实例

现有一多层办公楼，总建筑面积 1200m^2（见图 2.5-4）；其内有一个 683m^2 的 1～3 层的中庭，中庭高度 12m；同时 3 层局部设置 310m^2 办公室，办公室与中庭隔开，分属于不同的防火分区。试对上述区域进行排烟设计。

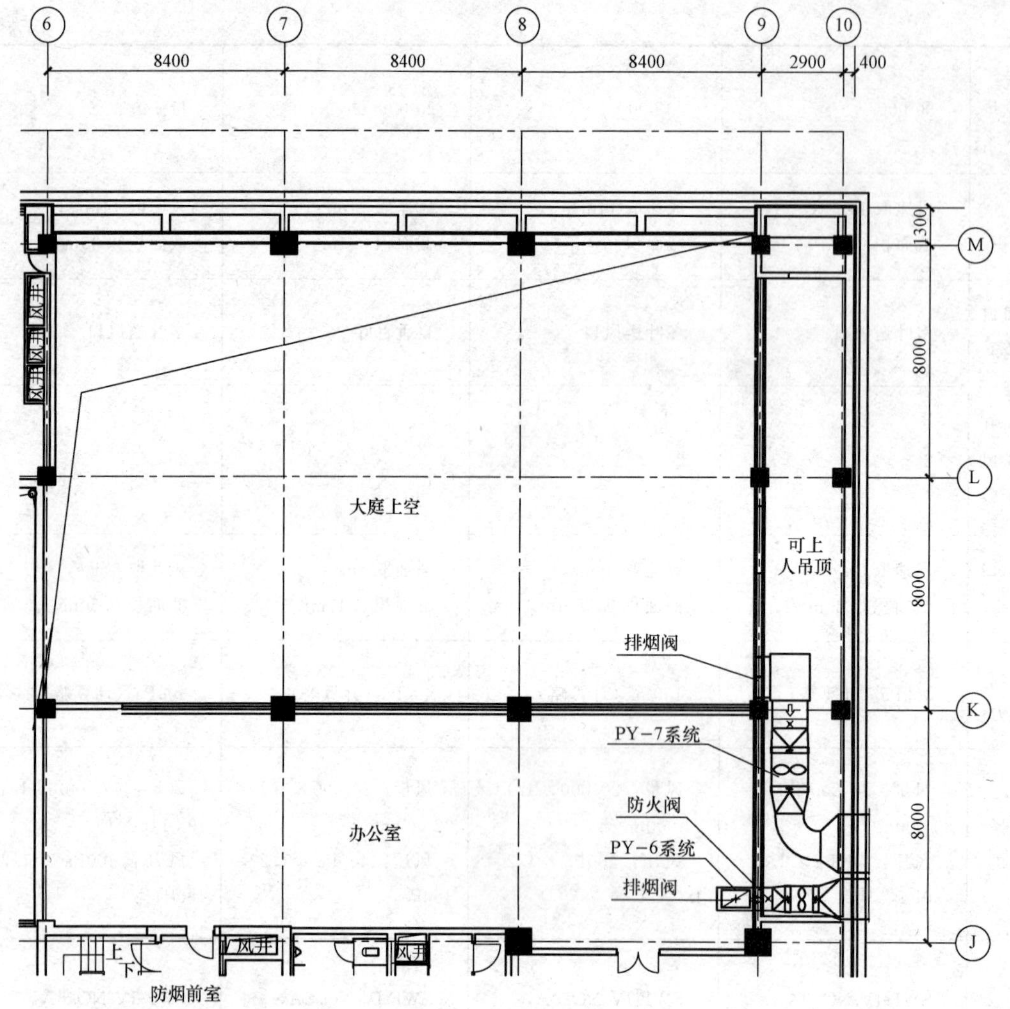

图 2.5-3 某办公楼排烟平面图

解

序号	设计程序	设计内容	
		中庭	办公室
1	中庭、办公室设置排烟系统	根据《建筑设计防火规范》(GB 50016—2014)(简称建规): 8.5.3 民用建筑的下列场所或部位应设置排烟设施: 2 中庭 3 公共建筑内面积大于 100m² 且经常有人停留的地上房间 本例区域不能满足自然排烟，故应设置机械排烟设施	
2	计算系统风量	中庭体积 683m² × 12m = 8197m³ < 17 000m³，根据建规表 9.4.5：换气次数取 6 次/h，8197m³×6 次/h=49 182m³/h	根据建规表 9.4.5：担负一个防烟分区，单位排烟量 60m³/(h · m²)，310m² × 60m³/(h · m²)=18 600m³/h
3	计算系统阻力	280Pa（计算略）	280Pa（计算略）
4	选择风机	风量：49 182×1.1=54 100m³/h 风压：280Pa×1.2=336Pa	风量：18 600×1.1=20 460m³/h 风压：280Pa×1.2=336Pa

续表

序号	设计程序	设计内容	
		中庭	办公室
5	风机选型	HTF-D-NO. 13，风量 54 680m^3/h，风压 400Pa，功率 11kW	HTF-D-NO. 9，风量 21 450m^3/h，风压 390Pa，功率 4kW
6	管道选择	取 v=18m/s，主风管尺寸 49 182m^3/h÷3600÷18=0.75m^2，取 1000mm×800mm	取 v=18m/s，主风管尺寸 18 600m^3/h÷3600÷18=0.287m^2，取 630mm×500mm
7	防火阀、排烟阀的设置	满足建规 9.4.6，9.4.8 的要求	

4. 地下汽车库排烟实例

某地下汽车库设在地下一层，总建筑面积 3900m^2（见图 2.5-4），建筑层高 3.4m（板下净高 3.0m）。

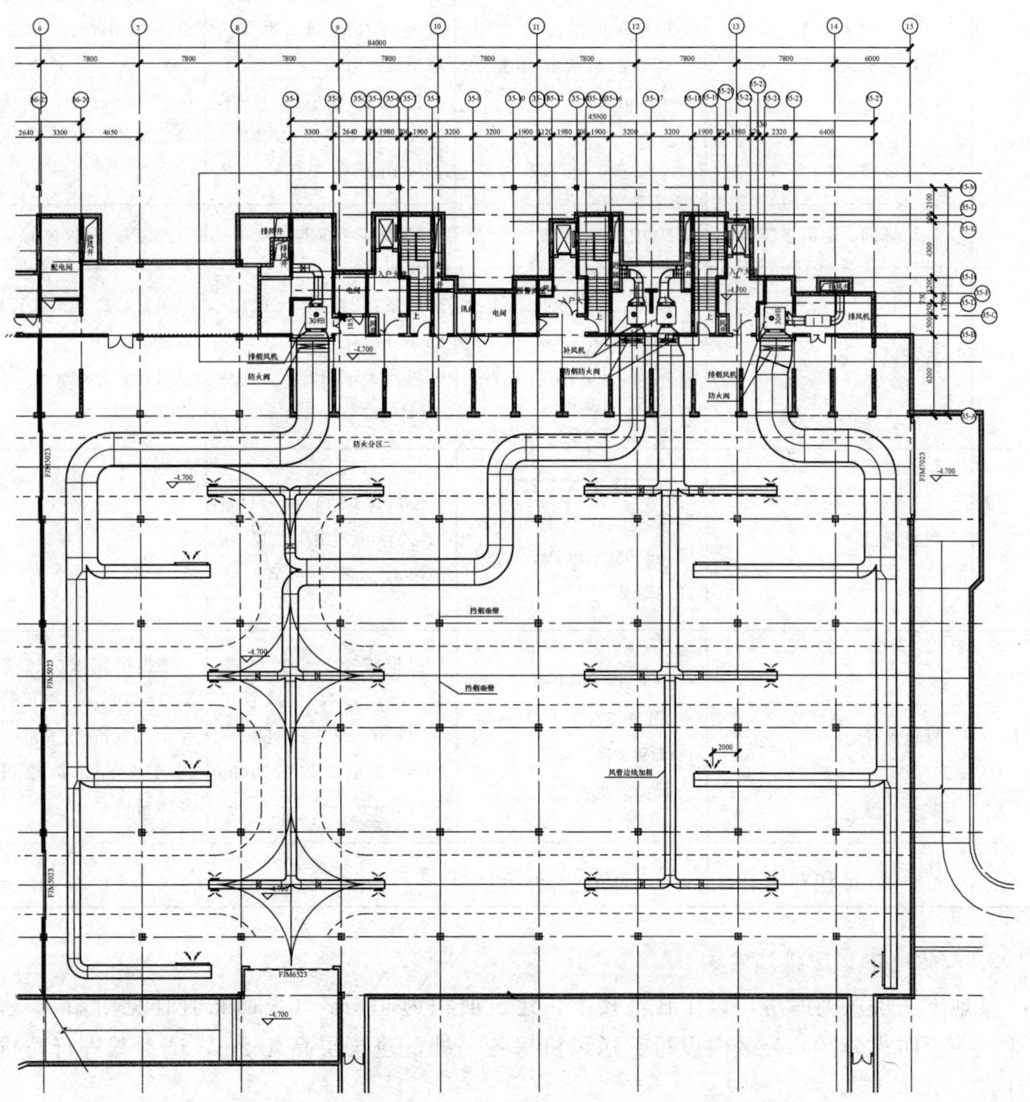

图 2.5-4　某地下车库通风平面图及防烟分区示意图

解

序号	设计程序	设计内容		
		排烟工况	排风工况	送风量
1	地下汽车库设置排烟、排风合用系统、送风系统，各防烟分区内设排风送风机房各一处，各防烟分区面积为1950m²，均小于2000m²	《汽车库、修车库、停车场设计防火规范》(GB 50067—2014)(以下简称《车规》)： 8.2.1 除敞开式汽车库、建筑面积小于1000m²的地下一层汽车库和修车库外，汽车库、修车库应设排烟系统，并应划分防烟分区，防烟分区的建筑面积不宜超过2000m²，且防烟分区不应跨越防火分区。 8.2.2 排烟系统可采用自然排烟方式或机械排烟方式。机械排烟系统可与人防、卫生等排气、通风系统合用		
2	计算系统风量	根据车规8.2.4： 查表，系统排烟量为30 000m³/h	根据《全国民用建筑工程设计技术措施：暖通空调·动力》2009版（简称措施）4.3.2： 换气次数取4次/h，1950m²×3.0×4次/h=23 400m³/h	根据车规8.2.7：送风量不宜小于排烟量的50%，35 100m³/h×0.5=17 550m³/h，约为排风工况的75%
3	计算排烟、通风系统阻力	500Pa（计算略）	300Pa（计算略）	250Pa（计算略）
4	选择风机	风量：30 000×1.1=33 000m³/h 风压：500Pa×1.1=550Pa	风量：23 400×1.1=25 740m³/h 风压：300Pa×1.1=330Pa	风量：17 550×1.1=19 305m³/h 风压：300Pa×1.1=330Pa
5	风机选型	HTFD-Ⅱ-NO.25B，风量36 000/26 100m³/h，风压560/400Pa，功率12/17kW	SWFX-I-NO.9，风量27 174/(m³/h)，风压430Pa，功率5.5kW	
6	管道选择	校核排烟风速30 000m³/h÷3600÷0.64=13m/s 满足要求	根据措施4.6.11考虑取v=10m/s，主风管尺寸23 400m³/h÷3600÷10=0.65m²，取1600mm×400mm	根据措施4.6.11考虑取v=10m/s，主风管尺寸16 500m³/h÷3600÷10=0.46m²，取1250mm×400mm
7	防火阀、排烟阀的设置	满足车规8.2.3，8.2.5的要求		

5. 人防地下室防排烟实例

某地下一层戊类库房，设于住宅楼下，建筑面积为995m²（平面布置详见附图），建筑专业设一个防火分区，分区内设排、送风机房各一处，建筑层高4.2m，试对其进行防排烟设计。

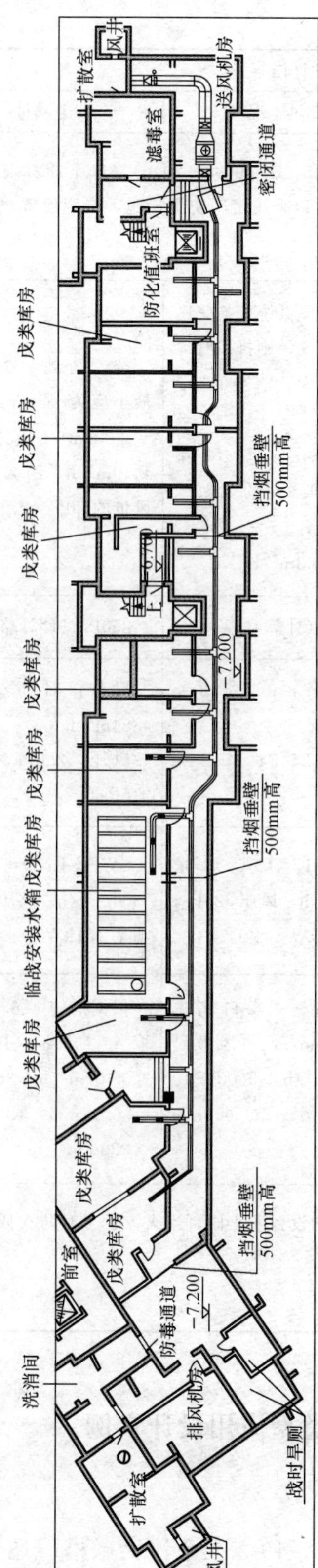

图 2.5-5　人员掩蔽所平时送风平面图

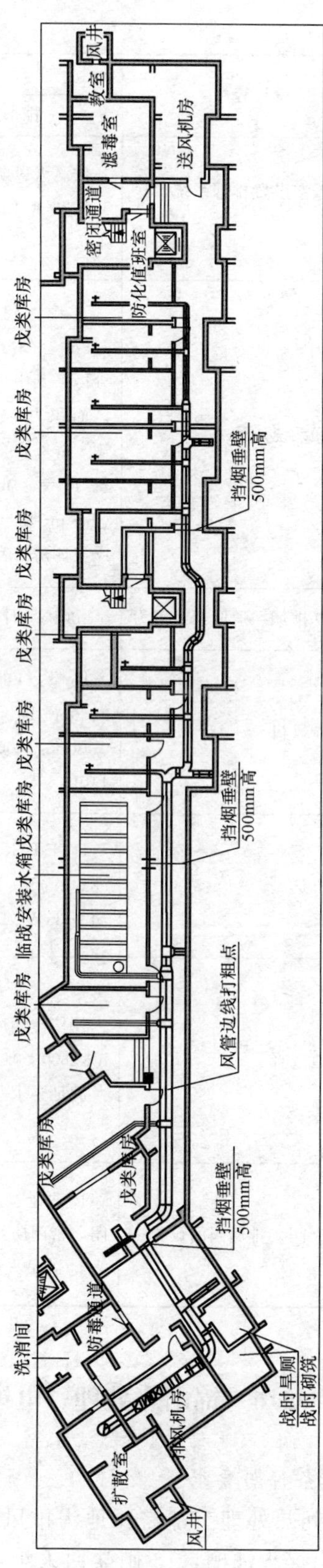

图 2.5-6　人员掩蔽所平时排风平面图

解

序号	设计程序	设计内容		
		排烟工况	排风工况	送风量
1	地下室设置排烟系统，送风系统	按《人民防空工程设计防火规范》（GB 50098—2009）（以下简称《人规》）6.1.2、6.1.3 条之规定，戊类库房可以采用密闭防烟措施，走廊设置机械排烟系统。		
2	计算系统风量	走廊：建筑面积为 318m²，划分为 4 个防烟分区，其中最大的防烟分区面积为 74m²，依《人规》6.3.1 条之规定排烟量 $v_y = 74m^2 \times 120m^3/(h \cdot m^2) = 8880m^3/h$，戊类库房：密闭防烟	库房排风系统的换气次数取 4 次/h，则排风管风量计算值为：$V_p = 347m^2 \times 4.2m \times 4h^{-1} = 5830m^3/h$，则送风量（一般取排风量的 80%～90%）为：$v_s = 5830 \times 80\% = 4663m^3/h$	按《高规》6.3.2 条最小应为 $v_b = v_y \times 50\% = 8880m^3/h \times 50\% = 4440m^3/h$，约为平时送风量的 80%
3	计算排烟、通风系统阻力	400Pa（计算略）	250Pa（计算略）	250Pa（计算略）
4	选择风机	风量：$8800 \times 1.1 = 9680m^3/h$ 风压：$400Pa \times 1.1 = 440Pa$	风量：$5830 \times 1.1 = 6420m^3/h$ 风压：$250Pa \times 1.1 = 275Pa$	风量：$4440 \times 1.1 = 4884m^3/h$ 风压：$250Pa \times 1.1 = 275Pa$
5	风机选型	HTF-I-NO.5，风量 9824m³/h，风压 510Pa，功率 3kW	SWFX-I-NO.6，风量 8121/m³/h，风压 325Pa，功率 1.5kW	SWFX-I-NO.6，风量 5300/m³/h，风压 400Pa，功率 1.1kW
6	管道选择	校核排烟风速 $9680m^3/h \div 3600 \div 0.16 = 16.8m/s$ 满足要求	根据措施 4.6.11 考虑取 $v = 10m/s$，主风管尺寸 $5830m^3/h \div 3600 \div 10 = 0.16m^2$，取 500mm×320mm	根据措施 4.6.11 考虑取 $v = 10m/s$，主风管尺寸 $4400m^3/h \div 3600 \div 10 = 0.12m^2$，取 400mm×320mm
7	防火阀、排烟阀的设置	1. 每个接入库房排风管与送风管均设置防火阀，当火灾发生时防火阀全部关闭，密闭防烟。 2. 满足人规 6.4 的要求		

2.6 锦山热处理、电镀车间通风技术类型应用设计实例

1. 设计条件与要求

（1）车间热处理工部需要地沟排风的工艺设备：19-1，19-2 二个淬火碱槽，18-2，18-3，18-4 三个淬火油槽，13 硝盐回火炉，12 分级淬火炉，这些工艺槽和炉都有不同高温化

学物质溶液，产生大量的有害气体，要求用通风方法来控制有害物扩散。

（2）热处理工部需要地面上排风的工艺设备：工艺设备 1，中温盐炉，型号及规格：RYD-100-9，1.7×1.5×2.1，电功率 100kW，要求上顶部排风，炉温 800～950℃，工作口尺寸：800×800，有害物：NaCl 蒸汽（90%）和 $BaCl_2$ 蒸汽（10%）。工艺设备 2，高温盐炉，型号规格：RYD-75-13，1.16×1.5×2.12，电功率 65kW，要求上顶部排风，炉温 1200～1300℃，工作口尺寸 800×800，有害物 100%$BaCl_2$ 蒸汽。要求用通风方法控制有害物扩散。

（3）热处理工部高频间，工艺设备 18-5，淬火油槽，规格：0.8×0.8×0.8；工艺设备 10，高频电炉，型号规格：CP60-CR13，2.8×1.4×2.3，电功率 110kW，产生有害物部位：感应圈，要求用通风方法控制有害物扩散。

（4）电镀表面处理工部需要地沟排风的工艺设备：有三个 30 号镀铬槽，31 号除油槽，32 发兰槽，33，镀锡槽，这些化学槽在生产过程中散发大量有害气体，同样需要用通风方法控制有害物的扩散，确保车间内的卫生标准。

（5）电镀表面处理工部，工艺设备 8 号氰化炉有害气体上顶部排风。

2. 排风罩风量计算与选型举例

根据排风罩所示类型，按本章前面阐述过的类型计算及供暖通风设计手册中的设计图表，查选排风罩的风量、型号及有关尺寸。现就上述设计条件中按类举例说明：

（1）热处理地沟排风的工艺设备 19-2（属于槽边排风罩类）：

淬火碱槽：A（长）×B（宽）×H（高）=1.5m×1.8m×1.8m，有害物成分：碱蒸汽，镀槽液面控制风速：$v_x=0.35$m/s，按供暖通风设计手册，槽长 $A=600\sim1500$mm 矩形槽，槽宽 $B=1.8\text{m}>700\text{mm}$，宜设计成低截面的双侧抽风罩，结合车间操作，抽风罩断面（$E\times F$）作为：200mm×200mm。其条缝槽边抽风量计算式：$L=10\ 800v_xAB\left(\dfrac{B}{2A}\right)^{0.2}$ m³/h，也可按设计手册条缝式低截面（$E<250$mm）双侧及周边槽边抽风罩性能表查出：抽风量 $L=5670\text{m}^3/\text{h}$，排风罩接风口尺寸：$a\times b=(500\times150)\times2$，$v=10.5$m/s，条缝高度 $h=59$mm，抽风罩安装位置应离槽边一定距离，向下接管，$K=90$mm。结合环境实际情况，改为相邻两边条缝槽边抽风罩，参见双侧条缝槽边抽风罩 19 号制作。

（2）热处理地面上排风的工艺设备（属于通风柜排风类）：中温盐炉，RYD-100-9，$N=100$kW，炉温 800～950℃，工作口尺寸 800×800；有害物：NaCl 蒸汽（90%），$BaCl_2$ 蒸汽（10%）。要求上顶部排风。排风量计算式：

$$L=3600Fv=3600\times(0.8\times0.8)\times1=2304\text{m}^3/\text{h}$$

式中　L——通风柜排风量，m³/h；

F——通风柜工作口尺寸，m²；

v——控制工作口有害气体外溢扩散的风速，m/s。

（3）热处理高频间工艺设备 10（属于伞形罩排风类）：

高频电炉，型号规格：CP60-CR13，2.8×1.4×2.3，$N=110$kW，产生有害物部位：感应圈，采用伞形罩排风，罩口尺寸为：$A\times B=1\text{m}\times0.8\text{m}$。

伞形罩排风量计算式：

$$L=3600Fv_0=3600\times0.8\times1.7=4896\text{m}^3/\text{h}$$

式中　v_0——罩口截面平面风速，查手册采暖通风设计手册图表：

$\frac{v_0}{v_{xy}}$与$\frac{h}{\sqrt{F}}$关系，$\frac{h}{\sqrt{F}}=\frac{0.8}{\sqrt{0.8}}=0.9$，查得$\frac{v_0}{v_{xy}}=8.5$，$v_0=8.5v_{xy}=8.5\times0.2=1.7$m/s；

v_{xy}——控制罩口有害气体外溢速度，查表 0.2m/s；

h——罩口截面与有害物源的距离，m。

(4) 电镀表面处理地沟排风的工艺设备 30（属于槽边排风罩类），槽边排风罩类有关尺寸见图 2.6-1：

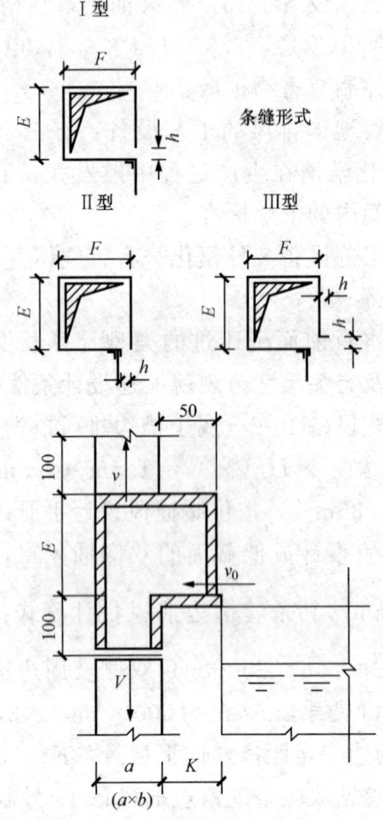

图 2.6-1　槽边抽风罩条缝形式

镀铬槽 3 个，规格 A（长）×B（宽）×H（高）＝1.2m×0.8m×1.5m，有害物成分：H_2SO_4、CrO_3 槽液蒸汽，控制有害物外溢速度，查表 $v_x=0.5$m/s，宜选用高截面单侧Ⅱ型条缝槽边抽风罩，其抽风量查得 $L=3180\text{m}^3/\text{h}$。有关尺寸为：槽：$A$（长）×$B$（宽）＝1200×800(mm)；

抽风罩断面：E（高）×F（宽）＝250×200（mm）；接风口尺寸：$a\times b$＝(300×150)×2(mm)，条缝高度：h＝58mm，抽风罩安装位置：向上接管，K＝50mm，向下接管，K＝90mm。

3. 车间热处理工部排风系统工艺设备排风量及选型表

序号	设备编号	工艺设备名称	型号与规格 A（长）×B（宽）×H（高）	有害物成分	控制外溢速度 /(m/s)	排风罩规格尺寸 A×B，E×F，a×b /mm	设备风罩排风量 /(m^3/h)	备注
1	19-2	淬火碱槽	1.5×1.8×1.8（m）	碱蒸汽	0.35	A×B=1500×1200 E×F=200×200 a×b=(500×150)×2 个	5670	改为相邻两边条缝槽边抽风罩
2	18-4	淬火油槽	1.5×1.8×1.8（m）	油蒸汽	0.3	多数项同上，不同项 a×b=(450×150)×2 个 条缝 h=50	4870	
3	18-3	淬火油槽	1.5×1.5×1.2（m）	油蒸汽	0.3	同上	4870	
4	18-2	淬火油槽	1.5×1.8×1.8（m）	油蒸汽	0.3	同上	4870	
5	19-1	淬火碱槽	1.8×1.8×1.8（m）	碱蒸汽	0.35	同工艺设备 19-2	5670	
6	13	硝盐回火炉	2.0×1.5×0.8（m）	硝酸钠钾 亚硝酸钠钾	0.4	A×B=1200×700 E×F=200×200 a×b=500×150	2830	选周边Ⅱ型槽边抽风罩 11 号
7	12	分级淬火炉	2.0×1.5×1.2（m）	硝酸钠钾 亚硝酸钠钾	0.5	H=30 D=500，E=250 a×b=150×150 h=18	710×2	选环形条缝抽风罩 D=500mm
热处理工部 P-1 排风系统				系统排风量：$L_{系}$=5670+4870+4870+4870+5670+2830+710×2=30 200m^3/h 选排风机：4-72-11No. 10D，n=960r/min，H=127mm，水柱，L=33 790m^3/h，配电机：JO_2-71-6，N=17kW				
1	1	中温盐炉	RYD-100-9 1.7×1.5×2.1	NaCl 蒸汽（90%） $BaCl_2$ 蒸汽（10%）	控制外溢速度取 1m/s	工作口尺寸：800×800	2304	通风柜类型上顶排风
2	2	高温盐炉	RYD-75-13 1.16×1.5×2.12	$BaCl_2$ 蒸汽（100%）	控制外溢速度取 1m/s	工作口尺寸：800×800	2304	通风柜类型上顶排风
热处理工部 P-2 排风系统				系统排风量：$L_{系}$=2304+2304=4608m^3/h 选排风机：4-72-11No. 3. 6A，n=2900r/min，H=132mm 水柱，L=4700m^3/h，配电机：JO_2-31-2，N=3kW				
1	18-5	淬火油槽	0.8×0.8×0.8	油烟蒸汽	0.5	A×B=800×800 E×F=200×200 a×b=500×120	3000	采用低截面双侧条缝槽边抽风罩

续表

序号	设备编号	工艺设备名称	型号与规格 A（长）×B（宽）×H（高）	有害物成分	控制外溢速度/(m/s)	排风罩规格尺寸 $A\times B$，$E\times F$，$a\times b$ /mm	设备风罩排风量/(m³/h)	备注
2	10	高频电炉	CP-60-CR13 2.8×1.4×2.3	油烟蒸汽	0.2	h=59 伞形罩口尺寸： F=1.0×0.8=0.8m²	4896	采用伞形罩上顶部排风
热处理工部 P-3 排风系统				系统排风量：$L_{系}$=3000+4896=7896m³/h 选排风机：4-72-11No.4A，n=2900r/min，H=134mm 水柱，L=7420m³/h，配电机：JO_2-41-2，N=5.5kW				

4. 车间电镀表面处理工部排风系统工艺设备排风量及选型表

序号	设备编号	工艺设备名称	型号与规格 A（长）×B（宽）×H（高）	有害物成分	控制外溢速度/(m/s)	排风罩规格尺寸 $A\times B$，$E\times F$，$a\times b$ /mm	设备风罩排风量(m³/h)	备注
1	30	镀铬槽3个	1.2×0.8×1.5（m）	H_2SO_4，CrO_3 槽液蒸汽	0.5	$A\times B$=600×800 $E\times F$=250×200 $a\times b$=(300×150)×2 h=58，K=120	3180×3 =9540	7号单侧Ⅱ型槽边抽风罩2个
2	35	退铬槽	1.2×0.8×1.2（m）	NaOH 槽液蒸汽	0.35	$A\times B$=1200×800 $E\times F$=250×200 $a\times b$=400×150 h=58，K=120	2230	10号单侧Ⅱ型槽边抽风罩
3	31	除油槽	1.2×0.8×1.2（m）	槽液油蒸汽	0.3	$A\times B$=1200×800 $E\times F$=250×200 $a\times b$=400×150 h=49，K=120	1910	4号单侧Ⅱ型槽边抽风罩
4	32	发兰槽	1.2×0.8×1.0（m）	碱溶液蒸汽	0.35	$A\times B$=1200×800 $E\times F$=250×200 $a\times b$=400×150 h=58，K=120	2230	10号单侧Ⅱ型槽边抽风罩
5	33	镀锡槽	1.0×0.8×1.0（m）	SnO_4、 NaOH、 H_2SO_4， C_6H_2OH 槽液蒸汽	0.35	$A\times B$=1000×800 $E\times F$=250×200 $a\times b$=400×150 h=59，K=120	1925	9号单侧Ⅱ型槽边抽风罩

续表

序号	设备编号	工艺设备名称	型号与规格 A（长）×B（宽）×H（高）	有害物成分	控制外溢速度 /(m/s)	排风罩规格尺寸 A×B，E×F，a×b /mm	设备风罩排风量 (m^3/h)	备注
电镀表面处理工部 P-4 排风系统				系统排风量：$L_{系}$=9540+2230+1910+2230+1925=17 835m^3/h 选排风机：4-62-1 No. 8D，n = 1450r/min，H = 128mm 水柱，L=23 300m^3/h，配电机：JO_2-71-4，N=22kW				
1	1	氰化炉	RYG-30-8 1.38×1.19×2	硫酸氰蒸汽	控制外溢速度取 1.5m/s	工作口尺寸：800×800	3456	排风柜类上顶部排风
电镀表面处理工部 P-5 排风系统				系统排风量：$L_{系}$=3456m^3/h 选排风机：4-72-11No. 3. 2A，n = 2900r/min，H = 80mm 水柱，L=3640m^3/h，配电机：JO_2-22-2，N=2.2kW				

5. 车间电镀表面处理工部送风系统设计及设备选型

(1) 送风量计算确定与送风机选型

前面已计算所得的排风系统风量：$L_{排}$=17 835≈18 000m^3/h。

冬季排风带走的热损失为：

$$Q_{排} = L_{排} \times c_{\gamma} \times (t_0 - t_w)$$

式中　$Q_{排}$——排风带走的热量，kcal/h；

$L_{排}$——排风量，m^3/h；

c_{γ}——带走车间空气的比热与容量，取 0.31kcal/(m^3·℃)；

t_0——车间工作地带的温度，取 19℃；

t_w——冬季室外通风温度，这里取−13.5℃。

$$Q_{排} = L_{排} \times c\gamma \times (t_o - t_w) = 18\ 000 \times 0.31 \times (19 + 13.5)$$
$$= 18\ 000 \times 0.31 \times 32.5 = 181\ 350\text{kcal/h}$$

送风量按排风量的 60%补给，送风量为：

$$L_{送} = L_{排} \times 60\% = 18\ 000 \times 0.6 = 10\ 800\text{m}^3/\text{h}$$

选送风机：4-72-11，No. 8C，左 90°，

$$N = 1000\text{r/min}, H = 98\text{mm 水柱}, L = 11\ 200\text{m}^3/\text{h}$$

配电机：JO_2-42-4，N=5.5kW

(2) 空气过滤器选择

采用初效过滤器，M-Ⅲ型泡沫塑料过滤器，单个额定风量 2000m^3/h，其数量为：

$$n = \frac{L_{系统}}{L_{单额}} = \frac{11\ 200}{2000} = 5.6 \approx 6\ 个$$

单个过滤器外尺寸：B（宽）=520mm，H（高）=520mm，E（顺气流方向）=610mm

组合外尺寸：组合宽尺寸 $2B$=2×520=1040mm

组合高尺寸 $3H$=3×520=1560mm

(3) 空气加热器选择

1) 根据热平衡式，确定送风温度为：

$$Q_{排} = Q_{送} = L_{送}\ c_{\gamma}(t_{送} - t_{w}) = 11\ 200 \times 0.31 \times (t_{送} - t_{w})$$

$$t_{送} = \frac{Q_{排}}{11\ 200 \times 0.31} + t_{w} = \frac{181\ 350}{3472} - 13.5 = 52.2 - 13.5 = 38.7℃$$

2) 加热空气所需的加热量：

$$Q_{加空气} = L_{送}\ c_{\gamma}(t_{送} - t_{w}) = 11\ 200 \times 0.31 \times [38.7 - (-13.5)]$$
$$= 11\ 200 \times 0.31 \times 52.2 = 181\ 238\text{kcal/h}$$

3) 空气加热器的散热量：

$$Q_{散} = KF\left(t_{pj} - \frac{t_{2} + t_{1}}{2}\right)$$

式中　K——空气加热器的传热系数，查供暖通风设计手册，这里取 36.3；

t_{pj}——热媒平均温度，这里热媒为三个表压，$t_{进}=143℃$，$t_{出}=90℃$（出口凝结水温度，$t_{pj}=(143+90)/2=117℃$；

t_{1}、t_{2}——加热前与加热后的空气温度，℃，这里加热前室外冬季通风温度－13.50℃，加热后的空气温度，即为送风温度，38.70℃。

故$\frac{t_{2}+t_{1}}{2}=\frac{38.7-13.5}{2}=12.6℃$

4) 所需加热器的面积为：

$$F = \frac{Q}{K\left(t_{pj} - \frac{t_{2} - t_{1}}{2}\right)} = \frac{181\ 238}{36.3 \times (117 - 12.6)} = \frac{181\ 238}{36.3 \times 104.4} = 48\text{m}^{2}$$

5) 选 SRI 型散热器，规格 15×102，单台散热面积为 52.95m²，根据前面计算所得所需面积，选一台即可满足要求。其外形尺寸为：A_{2}（宽）×B_{2}（高）=1.066×1.571（m²）。

(4) 新风入口断面与防寒保温窗的选择

前面已知系统送风量为：11 200m³/h，新风入口（2T）适宜 5m/s 左右，选上悬式保温窗 1000×900（窗编号 1009）即可满足要求。

(5) 车间内矩形送风管道断面确定与矩形送风口的设计见图 2.6-9，J-1 送风系统平面图。

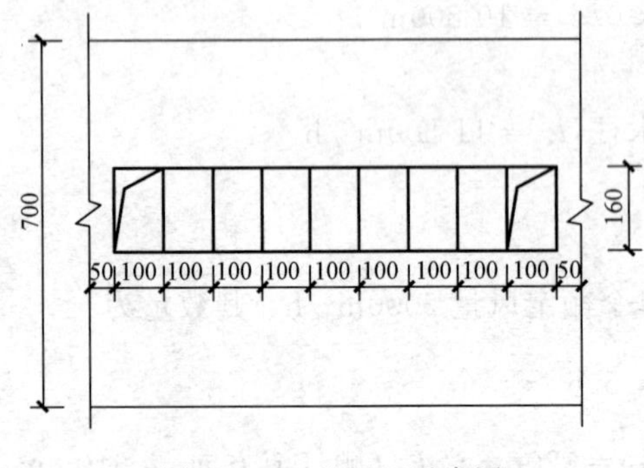

图 2.6-2　送风口示意图

根据车间送风系统送风量：11 200m³/h，控制断面风速 7.0m/s 左右，选管道断面 D775，风量 L=11 200m³/h，换方形风管：700mm×700mm 断面。

选 6 号矩形送风口，n=9 个，每段有关尺寸见图 2.6-2。

每段送风量为：当风口风速 v=5m/s 时，$L_{每段}$=288×9=2592m³/h 左右，故所需矩形风口的送风段为：11 200/2592=4.3≈5 段，见图 2.6-2。

6. 主要材料设备表（表中所列图号均属供暖通风设计选用手册中的标准图号）

P-1 系统设备材料表（热处理工部地沟排风）

部件编号	设备名称	规格	数量	单位	图号	备注
①	离心通风机	4-72-11No. 10D 右 90° L=33 190m³/h，H=127kg/m²，n=960r/min	1	台		沈阳鼓风机厂
②	配电动机	JO_2-71-6. N=17kW	1	台		
③	圆伞形风帽	15 号 D=1025	1	个	见图 T601-1	现场加工制作
④	圆形瓣式启动阀	19 号（配通风机 4-72-11No. 10D）	1	个	见图 T301-5	现场加工制作
⑤	双侧条缝槽边抽风罩	19 号，A=1500，B=1200，E=200，F=200 H=59，K=300，$a\times b$=500×150	2	个	见图 T403-5	工艺设备 18-2 号，18-3，18-4 号现场加工制作
⑥	双侧条缝槽边抽风罩	19 号，A=1500，B=1200，E=200，F=200 H=50，K=300，$a\times b$=450×150	3	个	见图 T403-5	工艺设备 19-1 号，19-2 号现场加工制作
⑦	周边Ⅱ条缝槽边抽风罩	11 号，A=700，B=1200，E=200，F=200 H=30，K=300，$a\times b$=500×150	1	个	见图 T403-5	工艺设备 13 号现场加工制作
⑧	环形条缝槽边抽风罩	7 号，D = 500，E250，F=200	1	个	见图 T403-5	工艺设备 12 号现场加工制作
⑨	通风机用电动机防雨罩	配电动机 JO_2-71-6	1	个	见图 T110-Ⅱ型	现场加工制作

P-2 系统设备材料表（用于热处理工部工艺设备 1 号和 2 号排风）

部件编号	设备名称	规格	数量	单位	图号	备注
①	离心通风机	4-72-11No. 3. 6A 右 90° L= 4700m³/h，H = 132kg/m²，n=2900r/min	1	台		沈阳鼓风机厂
②	配电动机	JO_2-31-2. N=3kW	1	台		用于工艺设备 1 号和 2 号
③	圆伞形风帽	8 号 D=440	1	个	见图 T601-1	
④	通风机用电动机防雨罩	配电动机 JO_2-31-2	1	个	参见图 T110Ⅰ型	

P-3 系统设备材料表（用于热处理工部工艺设备 10 号和 18-5 号排风）

部件编号	设备名称	规格	数量	单位	图号	备注
①	离心通风机	4-72-11No. 3. 6A 左 90° $L=7420m^3/h$，$H=134kg/m^2$，$n=2900r/min$	1	台		沈阳鼓风机厂
②	配电动机	JO_2-41-2. $N=5.5kW$	1	台		用于工艺设备 10 号和 18-5 号
③	圆伞形风帽	9 号 $D=495$	1	个	见图 T601-1	
④	通风机用电动机防雨罩	配电动机 JO_2-22-2	1	个	参见图 T110I 型	

P-4 系统设备材料表（电镀表面处理地沟排风）

部件编号	设备名称	规格	数量	单位	图号	备注
①	塑料离心通风机	4-62 No. 10A 右 90° $L=12\ 500m^3/h$，$H=159kg/m^2$，$n=960r/min$	1	台		北京塑料二厂
②	配电动机	JO_2-71-6. $N=17kW$	1	台		
③	塑料锥形风帽	13 号 $D=775$	1	个	见图 T652-2	现场加工制作
④	圆形瓣式启动阀	11 号（配塑料风机 4-62 No. 10A）	1	个	见图 T301-5	现场加工制作
⑤	塑料单侧Ⅱ型条缝槽边抽风罩	7 号，$A=600$，$B=800$，$E=250$，$F=200$ $H=58$，$K=250$，$a\times b=300\times150$	6	个	见图 T451-5	工艺设备 30 号 3 个 现场加工制作
⑥	塑料单侧Ⅱ型条缝槽边抽风罩	10 号，$A=1200$，$B=800$，$E=250$，$F=200$ $H=58$，$K=250$，$a\times b=400\times150$	2	个	见图 T451-5	工艺设备 35 号，32 号 现场加工制作
⑦	塑料单侧Ⅱ型条缝槽边抽风罩	10 号，$A=1200$，$B=800$，$E=250$，$F=200$ $H=49$，$K=250$，$a\times b=400\times150$	1	个	见图 T451-5	工艺设备 31 号 现场加工制作
⑧	塑料单侧Ⅱ型条缝槽边抽风罩	9 号，$A=1000$，$B=800$，$E=250$，$F=200$ $H=59$，$K=250$，$a\times b=400\times150$	1	个	见图 T451-5	工艺设备 33 号 现场加工制作
⑨	通风机用电动机防雨罩	配电动机 JO_2-71-6	1	个	见图 T110-I 型	现场加工制作

P-5 系统设备材料表（用于表面处理工部氰化炉排风）

部件编号	设备名称	规格	数量	单位	图号	备注
①	离心通风机	4-72-11No. 3. 2A 右 90° $L=3640\text{m}^3/\text{h}$，$H=132\text{kg}/\text{m}^2$，$n=2900\text{r/min}$	1	台		沈阳鼓风机厂
②	配电动机	JO_2-22-2. $N=2.2\text{kW}$	1	台		用于工艺设备8号
③	圆伞形风帽	7 号 $D=375$	1	个	见图 T601-1	
④	通风机用电动机防雨罩	配电动机 JO_2-22-2	1	个	参见图 T110I 型	

J-1 送风系统设备材料表（用于电镀表面处理工部送风）

部件编号	设备名称	规格	数量	单位	图号	备注
①	离心通风机	4-72-11No. 8C 左 90° $L=12\ 600\text{m}^3/\text{h}$，$H=93\text{kg}/\text{m}^2$，$n=1000\text{r/min}$	1	台		沈阳鼓风机厂（包括其他附件）
②	配电动机	JO_2-42-4. $N=5.5\text{kW}$	1	台		
③	圆形瓣式启动阀	15 号	1	个	见图 T301-5	现场加工制作
④	空气加热器	SRZ 型 15×10D	1	个		沈阳市暖风机厂
⑤	空气加热器金属支架	$A=160$，$B=300$，$H=600$	1	个	见图 T101-3	现场加工制作
⑥	空气加热器旁通阀	Ⅰ型（单排一列）	1	个	见图 T101-2	现场加工制作
⑦	倒吊桶式疏水器	714C，$d=40$	1	个	见图 N108	上海通惠机器厂
⑧	空气过滤器	M-Ⅲ型泡沫塑料过滤器	6	个		沈阳净化仪器厂
⑨	上悬式木保温窗	窗编号 1212	1	个	见图 J721	
⑩	木百叶窗	窗编号 1212	1	个	见图 J722	
⑪	矩形送风口	6 号，n-9	5	个	见图 T203	现场加工制作
⑫	皮带防护罩	C 式Ⅱ型	1	个	见图 T108	现场加工制作
⑬	导流片	7 号 $B=900$，$H=520$	1	个	见图 T606	现场加工制作

7. 主要设计图

（1）排风平面图，见图 2.6-3。

（2）排风系统图，见图 2.6-4～图 2.6-6。

（3）排风剖面图，见图 2.6-7～图 2.6-8。

（4）送风平面图，见图 2.6-9。

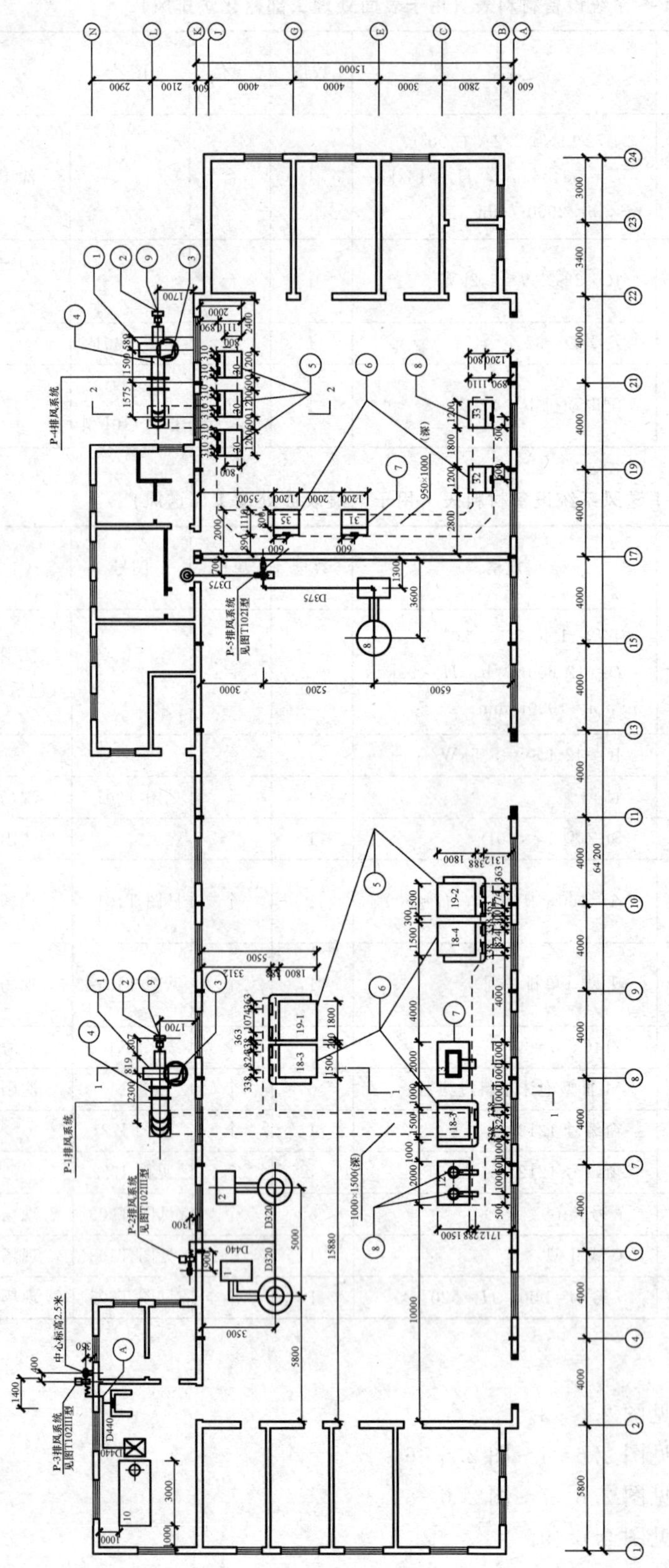

图 2.6-3 排风平面图

注：图中系统设备部件编号对应系统设备材料表。

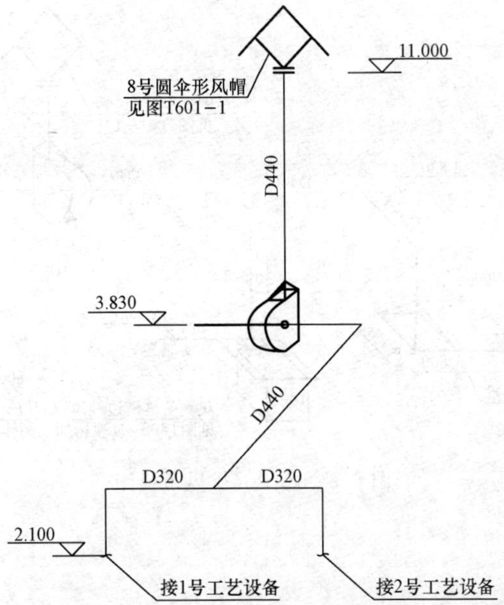

图 2.6-4　P-2 排风系统图

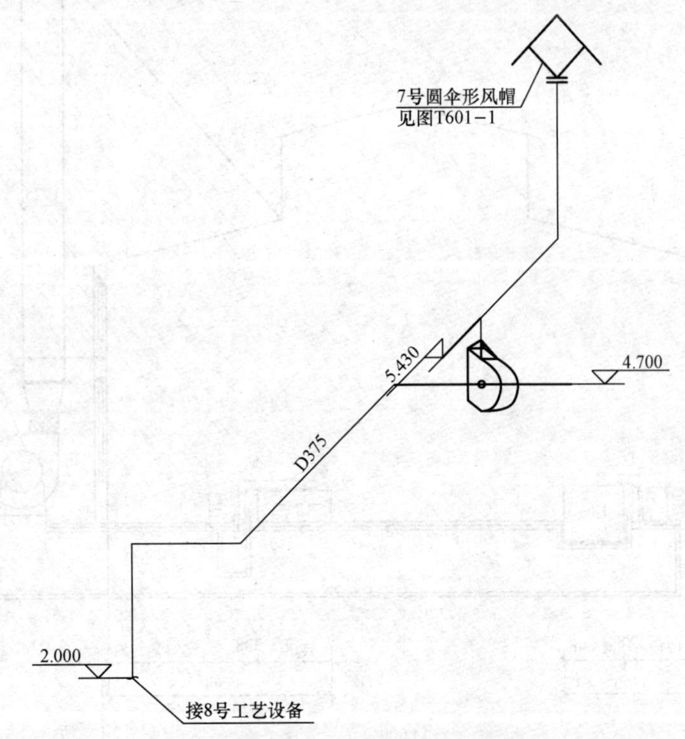

图 2.6-5　P-5 排风系统图

9号圆伞形风帽
见图T601－1
D495
4.000
2.830
D440
D495
2.500
D440
D375
2.000
1.400
0.800
1000
800
18－5
A=800,B=800,E=200
10号工艺设备排风伞形罩
见伞形罩制作图
双侧条缝槽边抽风罩4号F=200,H=59,a×b=500×120
见图T403－5(现场加工制作)

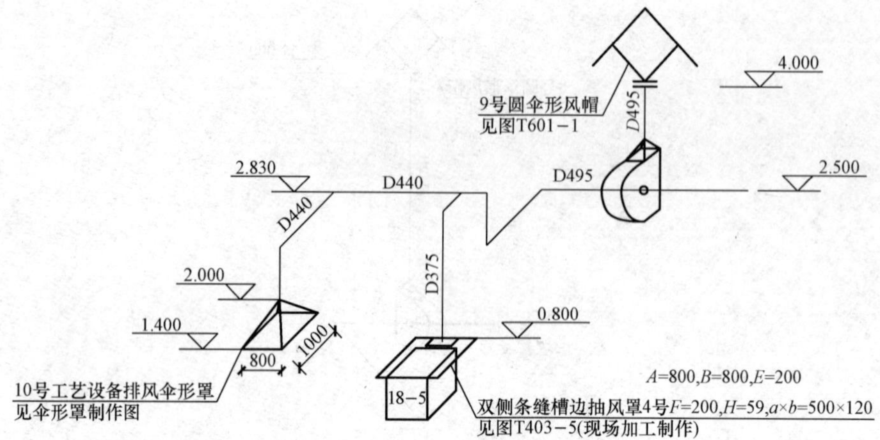

图 2.6－6　P-3 排风系统图

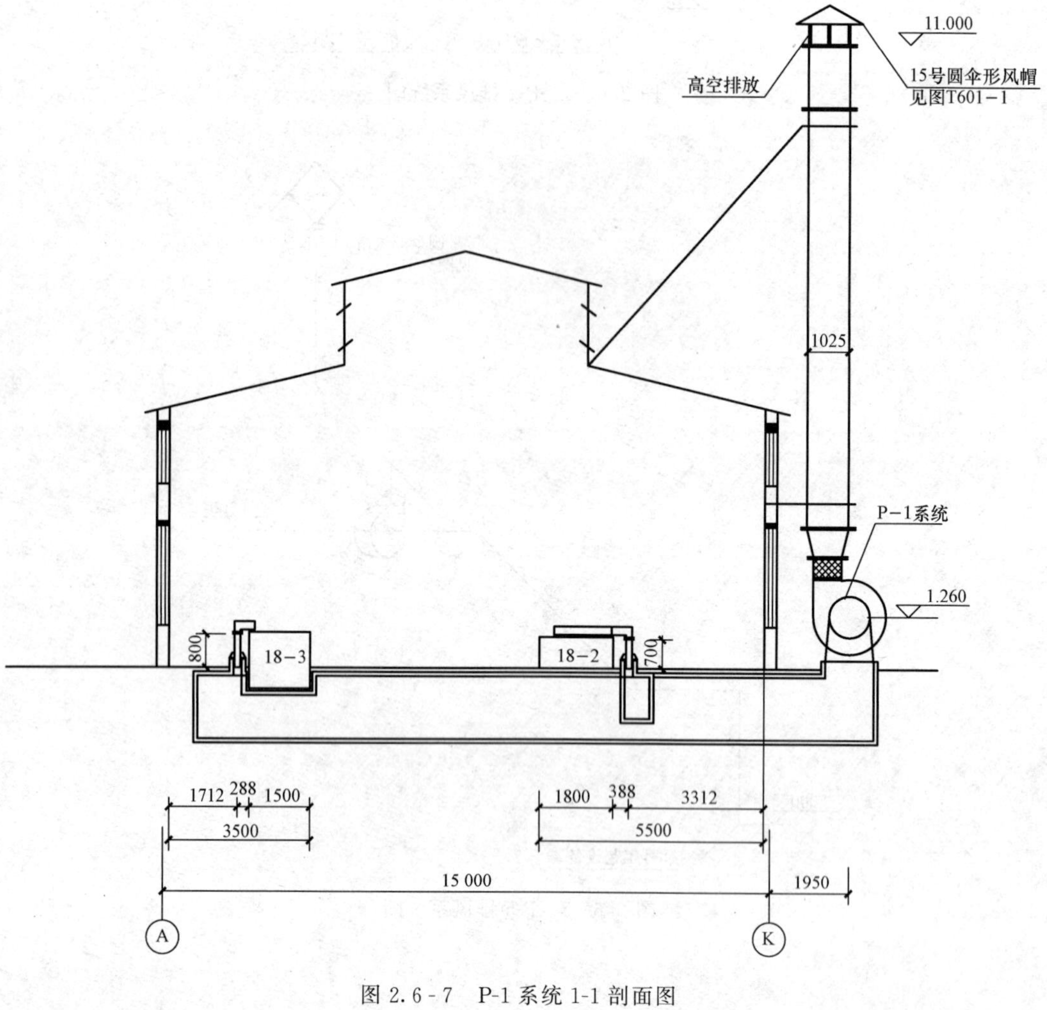

11.000
高空排放
15号圆伞形风帽
见图T601－1
1025
P－1系统
1.260
800
18－3
18－2
700
1712
288
1500
3500
1800
388
3312
5500
15 000
1950
A
K

图 2.6－7　P-1 系统 1-1 剖面图

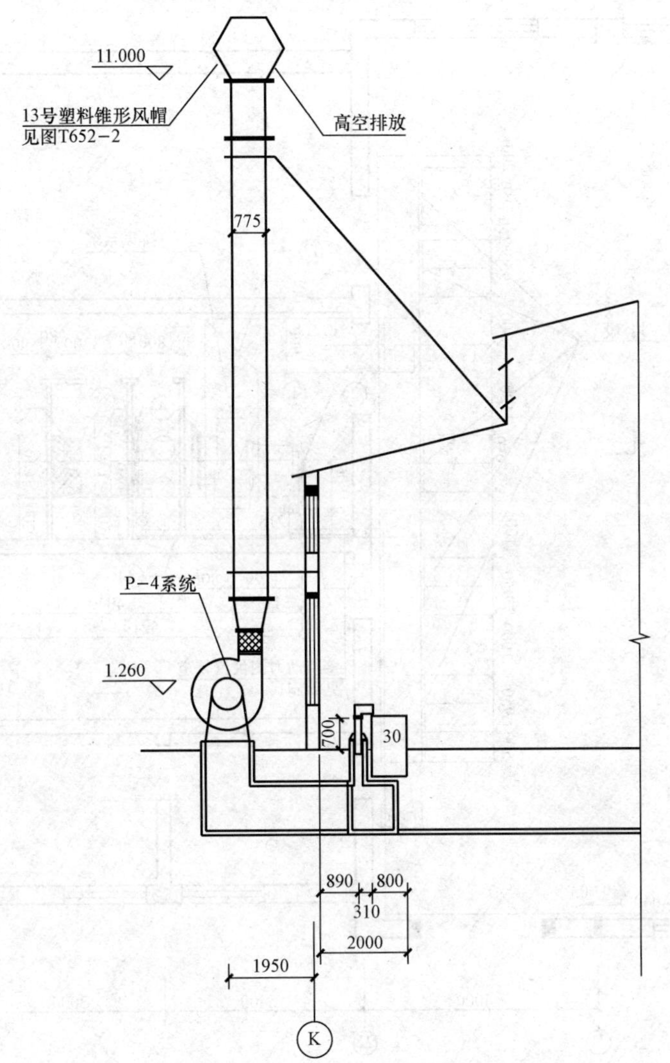

图 2.6-8　P-4 系统 2-2 剖面图

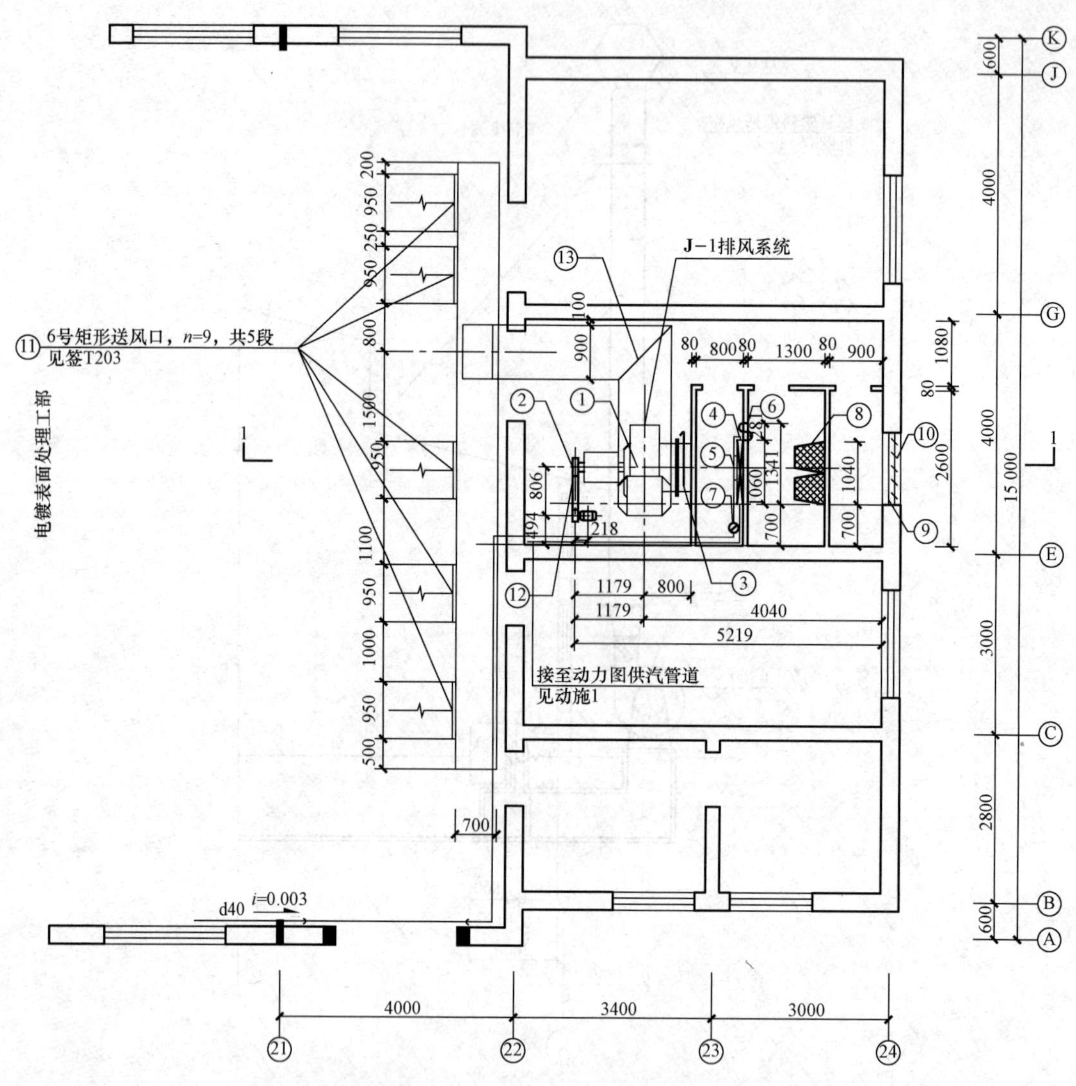

图 2.6-9 J-1 送风系统平面图

第 3 章　空气调节技术类型应用设计

【目的任务】

空气调节技术类型应用设计目的任务：运用空气调节技术，研究采取适当的方法和措施，用以消除来自内部和外部影响环境的主要干扰量，从而达到控制空气环境的目的，确保需要的室内环境空气参数，满足民用与工业建筑人居与生产环境的要求。

【方法要领】

空气调节技术类型应用设计方法要领：按空调节能设计规范标准要求，合理进行空调用房建筑热工设计，选取空调用房室内外计算温度；按不稳定传热计算空调建筑用房夏季各项冷、湿负荷量，按稳定传热考虑空调建筑用房冬季热、湿负荷量；结合空调用房送风在焓湿图上的空气处理过程及热湿比线，确定空调送风量；选择适宜的气流组织方式，选布送、回、排风口；根据空气处理方案，选取空气处理设备；根据建筑物的冷、热负荷量，选择冷、热源设备及监测控制设施；根据建筑物规模、用途、特点及空调类别标准选择布置空调风、水系统；风、水系统管道中流体流经管段的压力损失，一个是摩擦阻力损失，另一个是局部阻力损失，进行水力计算，同时确定管径；选择循环动力设备风机、水泵及附件；绘制施工图。

【主要环节与内容】

3.1　空调建筑热工设计与室内外参数确定

3.1.1　空调建筑热工设计

1. 围护结构热工特性的主要指标

（1）总传热阻

$$R_0 = R_n + R + R_w \tag{3.1-1}$$

总传热系数

$$K_0 = 1/R_0 \tag{3.1-2}$$

（2）热惰性指标（对多层围护结构）

$$D = D_1 + D_2 + \cdots + D_n = R_1 \cdot S_1 + R_2 \cdot S_2 + \cdots + R_n \cdot S_n \tag{3.1-3}$$

2. 空调房间围护结构建筑热工要求

（1）空调房间围护结构的经济传热系数 K 值，应根据建筑物用途、空调类别，通过技术经济比较确定。比较时应考虑室内外温差、恒温精度，保温材料价格与导热系数、空调制冷系统投资与运行维护费用等因素。

（2）工艺性空调建筑围护结构最大传热系数应符合表 3.1-1 规定。

表 3.1-1 **工艺性空调建筑围护结构最大传热系数** [W/(m²·℃)]

围护结构名称	工艺性空调		
	室内温度允许波动范围/℃		
	±0.1～0.2	±0.5	≥±1.0
屋顶	—	—	0.8
顶棚	0.5	0.8	0.9
外墙	—	0.8	1.0
内墙和楼板	0.7	0.9	1.2

注：1. 表中内墙和楼板的有关数值，仅适用于相邻房间的温度差大于3℃时。

2. 确定围护结构的传热系数时，尚应符合围护结构最小传热阻的规定。

(3) 工艺性空调区的外墙，外墙朝向及其所在楼层应符合下表要求：

表 3.1-2 **外墙、外墙朝向及所在楼层**

室温允许波动范围/℃	外墙	外墙朝向	楼层
≥±1.0	宜减少外墙	宜北向	宜避免在顶层
±0.5	不宜有外墙	如有外墙宜北向	宜底层
±(0.1～0.2)	不应有外墙	—	宜底层

(4) 工艺性空调房间，当室温允许波动范围≤±0.5时，其围护结构最小热惰性指标应符合下表要求：

表 3.1-3 **围护结构最小热惰性指标 *D* 值**

围护结构名称	室温允许波动范围/℃	
	±(0.1～0.2)	±0.5
外墙	—	4
屋顶	—	3
顶棚	4	3

(5) 舒适性空调建筑围护结构传热系数应满足《公共建筑节能设计标准》(GB 50189)及不同气候居住建筑节能设计标准的相关规定。

3.1.2 室内外计算参数确定

1. 室内计算参数确定

(1) 舒适性空气调节室内计算参数应符合表 3.1-4 的规定；

表 3.1-4 **舒适性空气调节室内计算参数**

参数	冬季	夏季
温度/℃	18～24	22～28
风速/(m/s)	≤0.2	≤0.3
相对湿度（%）	30～60	40～65

(2) 工艺性空气调节室内温度湿度基数及其允许波动范围，应根据工艺需要及卫生要求

确定。活动区的风速：冬季不宜大于 0.3m/s，夏季宜采用 0.2～0.5m/s；当室内温度高于 30℃时，可大于 0.5m/s。

2. 室外计算参数确定

(1) 夏季空气调节室外计算干球温度，应采用历年平均不保证 50h 的干球温度。

(2) 夏季空气调节室外计算湿球温度，应采用历年平均不保证 50h 的湿球温度。

(3) 夏季空气调节室外计算日平均温度，应采用历年平均不保证 5 天的日平均温度。

(4) 夏季空气调节室外计算逐时温度，可按下式确定：

$$t_{sh} = t_{wp} + \beta \Delta t_r \tag{3.1-4}$$

式中　t_{sh}——室外计算逐时温度（℃）；

t_{wp}——夏季空气调节室外计算日平均温度（℃）；

β——室外温度逐时变化系数，按规范查取；

Δt_r——夏季室外计算平均日较差，应按下式计算：

$$\Delta t_r = \frac{t_{wg} - t_{wp}}{0.52} \tag{3.1-5}$$

式中　t_{wg}——夏季空气调节室外计算干球温度（℃）。

其他符号同式（3.1-4）。

3.2 空调负荷计算

3.2.1 空调房间负荷与系统负荷的具体内容

(1) 房间负荷：发生在空调房间内的热、湿负荷称为房间负荷。

系统负荷：空调房间内的负荷与发生在空调房间外的新风负荷，风管传热造成的负荷等(它们不直接作用于室内，但最终也要空调系统来承担)，这两部分负荷合在一起称为系统负荷。

(2) 房间负荷主要包括：室内人员负荷、灯光照明负荷、围护结构传热负荷、太阳辐射热负荷及室内其他设备散热负荷等。

系统负荷主要包括：室内负荷、新风负荷、再热负荷、风管传热负荷、水管传热负荷、风机和水泵的温升负荷及其他各种冷热量损失。

3.2.2 空调夏季冷负荷计算

(1) 空调冷负荷计算应包含以下内容：①围护结构传热形成的冷负荷；②窗户日射得热形成的冷负荷；③室内热源散热形成的冷负荷；④附加冷负荷。

(2) 空调冷负荷各项计算确定（冷负荷系数法）

1) 用冷负荷温度计算围护结构传热形成的冷负荷

A. 围护结构非稳定温差传热形成的逐时冷负荷简化式：

$$CL_{Wq} = KF(t_{wlq} - t_n) \tag{3.2-1(a)}$$

$$CL_{Wm} = KF(t_{wlm} - t_n) \tag{3.2-1(b)}$$

$$CL_{Wc} = KF(t_{wlc} - t_n) \tag{3.2-1(c)}$$

式中　CL_{Wq}——外墙传热形成的逐时冷负荷，W；

CL_{Wm}——屋面传热形成的逐时冷负荷，W；

CL_{Wc}——外窗传热形成的逐时冷负荷，W；

K——外墙、屋面或外窗传热系数，W/(m²·℃)；

F——外墙、屋面或外窗面积，m²；

t_{wlq}——外墙的逐时冷负荷计算温度,℃；

t_{wlm}——屋面的逐时冷负荷计算温度,℃；

t_{wlc}——外窗的逐时冷负荷计算温度,℃；

t_n——夏季空调室内设计温度,℃。

其中 t_{wlq}、t_{wlm}、t_{wlc} 可按《民用建筑供暖通风与空气调节设计规范》(GB 50736) 中的附录 H 选用。

B. 可按稳定传热方法计算的空调区夏季冷负荷

室温允许波动范围大于或等于±1.0℃的空调区，其非轻型外墙传热形成的冷负荷，可近似按式 (3.2-2) 计算：

$$CL_{Wq} = KF(t_{zp} - t_n) \qquad [3.2\text{-}2(a)]$$

$$t_{zp} = t_{wp} + \frac{\rho J_p}{\alpha_w} \qquad [3.2\text{-}2(b)]$$

式中　CL_{Wq}、K、F、t_n 同式 (3.2-1)；

t_{zp}——夏季空调室外计算日平均综合温度,℃；

t_{wp}——夏季空调室外计算日平均温度（采用历年平均不保证 5 天的日平均温度),℃；

J_p——围护结构所在朝向太阳总辐射照度的日平均值，W/m²；

ρ——围护结构外表面对于太阳辐射热的吸收系数；

α_w——围护结构外表面换热系数，W/(m²·K)。

注：当屋顶处于空调区之外时，只计算屋顶传热进入空调区的辐射部分形成的冷负荷。

C. 空调区与邻室的夏季温差大于 3℃时，其通过隔墙、楼板等内围护结构传热形成的冷负荷可按式 (3.2-3) 计算：

$$CL_{Wn} = KF(t_{wp} + \Delta t_{ls} - t_n) \qquad (3.2\text{-}3)$$

式中　CL_{Wn}——内围护结构传热形成的冷负荷，W；

Δt_{ls}——邻室计算平均温度与夏季空调室外计算日平均温度的差值,℃，邻室计算平均温度可按工程实际取值。

舒适性空调区，夏季可不计算通过地面传热形成的冷负荷；工艺性空调区有外墙时，宜计算距外墙 2m 范围内地面传热形成的冷负荷。

2) 透过玻璃窗进入室内日射得热形成的逐时冷负荷简化式：

$$CL_C = C_{clC} C_Z D_{J,max} F_C \qquad [3.2\text{-}4(a)]$$

式中　C_Z——外窗综合遮挡系数，取值按式 [3.2-4 (b)] 计算：

$$C_Z = C_w C_n C_s \qquad [3.2\text{-}4(b)]$$

CL_C——透过玻璃窗进入的太阳辐射得热形成的逐时冷负荷，W；

C_{clC}——透过无遮阳标准玻璃太阳辐射冷负荷系数；

C_w——外遮阳修正系数；

C_n——内遮阳修正系数；

C_s——玻璃修正系数；

$D_{J,\max}$——夏季透过标准玻璃窗的最大日射得热因素；

F_C——玻璃窗净面积，m^2。

其中 C_{clC}、$D_{J,\max}$ 可按《民用建筑供暖通风与空气调节设计规范》（GB 50736）中的附录 H 选用。

3）室内热源散热形成的冷负荷表达式：

$$CL_{rt} = C_{cl_{rt}} \phi Q_{rt} \quad [3.2-5(a)]$$

$$CL_{zm} = C_{cl_{zm}} C_{zm} Q_{zm} \quad [3.2-5(b)]$$

$$CL_{sb} = C_{cl_{sb}} C_{sb} Q_{sb} \quad [3.2-5(c)]$$

式中　CL_{rt}——人体（或事物）散热形成的逐时冷负荷，W；

$C_{cl_{rt}}$——人体冷负荷系数（取决于人员在室内停留时间以及由进入室内时算起至计算时刻的时间），对于人员密集以及夜间停止供冷的场合，可取 $C_{cl_{rt}}=1$；

ϕ——群集系数，指因人员性别、年龄构成以及密集程度等情况的不同而考虑的折减系数；年龄性别不同，人员的小时散热量就不同，例如成年女子的散热量均为成年男子的 85%，儿童的散热量相当于成年男子散热量的 75%；

Q_{rt}——人体（或食物）全热散热量，W；

CL_{zm}——照明散热形成的逐时冷负荷，W；

$C_{cl_{zm}}$——照明冷负荷系数；

C_{zm}——照明修正系数；

Q_{zm}——照明散热量，W；

CL_{sb}——设备散热形成的逐时冷负荷，W；

$C_{cl_{sb}}$——设备冷负荷系数；

C_{sb}——设备修正系数；

Q_{sb}——设备散热量，W。

其中，$C_{cl_{rt}}$、$C_{cl_{zm}}$、$C_{cl_{sb}}$ 可按《民用建筑供暖通风与空气调节设计规范》（GB 50736）中的附录 H 选用。

3.2.3　空调湿负荷计算

室内各种散湿量形成的空调室内湿负荷如下：

1. 人体散湿量

计算时刻的人体散湿量 D_τ 可按下式计算：

$$D_\tau = 0.001 \phi n_\tau g \quad (3.2-6)$$

式中　D_τ——人体散湿量，kg/h；

ϕ——群集系数；

n_τ——计算时刻空调区内的总人数；

g——成年男子小时散湿量，g/(h·人)。

其中 ϕ 和 g 可按《实用供热空调设计手册》表 20.7-2 和表 20.7-3 选用。

2. 水体散湿量

（1）在常压下，暴露水面或潮湿表面蒸发的水蒸气量按下式计算：

$$G = (\alpha + 0.00013v) \cdot (P_{q \cdot b} - P_q) \cdot A \cdot \frac{B}{B'} \quad (3.2-7)$$

式中 G——散湿量，kg/h；

A——敞露水面的面积，m^2；

$P_{q\cdot b}$——水表面温度下的饱和空气水蒸气分压力，Pa；

P_q——室内空气的水蒸气分压力，Pa；

B——标准大气压，0.101 325MPa；

B'——当地实际大气压，MPa；

v——蒸发表面的空气流速，m/s；

α——周围空气温度为15～30℃时，在不同水温下的扩散系数，kg/(m^2·h·Pa)。

(2) 有水流动的地面，其表面蒸发水量可按下式计算：

$$G=\frac{G_1\cdot c\cdot(t_1-t_2)}{r} \tag{3.2-8}$$

式中 G——水分蒸发量，kg/h；

G_1——流量水量，kg/h；

c——水的比热，4.1868kJ/(kg·K)；

t_1——水的初温，℃；

t_2——水的终温，即排入下水管的水温，℃；

r——水的汽化潜热，平均取2450kJ/kg。

3. 食物散湿量

餐厅、宴会厅食物散湿量：11.5g/(h·人)。

3.2.4 空调冬季热负荷计算

空调区的冬季热负荷可按稳定传热计算，室外计算温度应采用冬季空调计算温度，计算时应扣除室内工艺设备等稳定散热量。空调系统的冬季热负荷应按所服务各空调区热负荷累计值确定，可不计入各项附加热负荷。

3.3 空气处理设备与空气状态变化过程

3.3.1 热湿处理设备分类

热湿处理设备根据接触方式，可分成两大类：

(1) 直接接触式热湿交换设备：特点是与空气进行热湿交换的介质直接与被处理的空气接触。比如：喷水室、蒸汽加湿器、局部补充加湿装置以及使用液体吸湿剂的设备都属于这一类设备。

喷水室可以根据水温的不同，可以实现“升温加湿过程”“等湿加湿过程”“降温升焓过程”“绝热加湿过程”“减焓加湿过程”“等温冷却过程”和“减湿冷却过程”等七种典型的空气状态变化过程。

(2) 表面式热湿交换设备：特点是与空气进行热湿交换的介质不与被处理空气直接接触，热湿交换是通过处理设备的金属表面进行的。在工程实际应用中，有时也将这两类设备组合起来使用，如喷水式表面冷却器。

常用的空气换热器包括空气加热器和表面冷却器两类，表冷式空气换热器处理空气时，只能实现“等湿加热过程”，“等湿冷却过程”和“减湿冷却过程”等三种空气状态变化过程。

3.3.2　常用空气处理设备风机盘管、组合式空调机组、整体式空调机组的特点及适用场所

（1）风机盘管（简称 FCU）：空调系统末端设备，由盘管（一般 2～3 排）和风机（前向多翼离心风机或贯流风机）组成，大多是与已处理过的新风相结合应用。它就地处理室内空气，冬季供热，夏季供冷，可采用风量调节或水量调节，达到房间空调温度。目前广泛用于宾馆客房、办公楼、商业建筑、工业辅助用房、娱乐场所等。

（2）组合式空气处理机组：是以冷、热水或蒸汽为媒质，完成对空气的过滤、加热、冷却、加湿、减湿、消声、热回收，新风处理和新、回风混合等功能的箱体组合而成的机组。它的特点是以功能段为组合单元，用户可根据空气处理的需要，任选各功能段来进行组合，有很大的自由度和灵活性。许多建筑功能的空调场所，为了满足温、湿度和新风量的需要，多采用分层或分区域进行集中空气处理，方便建筑物内的管理和系统节能。

（3）整体式空调机组：实际上是一个小型空调系统，机组形式主要有：冷水机组、风管机组、多联机组和屋顶机组。各种形式的机组根据不同功能的需要，还有细分的不同类型。它的特点是投资低，安装方便，使用灵活，现已成为广泛使用的一种空调产品。

3.4　空调房间送风量确定与气流组织及风口布置

3.4.1　工艺性空调与舒适性空调室内送风量确定的异同点

1. 确定室内送风量的方法步骤

（1）根据所设计空调房间的温度和湿度，在焓湿图上找出空调房间内的空气状态点 N；

（2）由计算出的空调房间冷负荷 Q，湿负荷 W，求出热湿比 ε；

（3）在焓湿图上过室内空气状态点 N 作过程线 ε；

（4）由选定的送风温差 Δt_0，算出送风温度 $t_0 = t_n - \Delta t_0$；

（5）由等温线 t_0 与过程线 ε 的交点，确定送风的初始状态点 O 的比焓 h_0 和含湿量 d_0；

（6）由公式 $G = Q/(h_n - h_0) = W/(d_n - d_0)$ 求出送风量，式中 h_n、d_n 分别为房间空气状态的比焓和含湿量；

（7）将送风量 G 折合成空调房间的换气次数 n，看是否满足该类型空调房间的换气要求，否则调整送风温差后，再计算。

2. 工艺性空调确定送风量

根据工艺要求，室温有一个允许波动值，应按室温允许波动值来确定送风温差，然后按此送风温差来求出送风量。再用所得的风量计算换气次数，来进行校核。

3. 舒适性空调确定送风量

应尽可能采用较大的送风温差，以减少送风量。通常采用的方法是：在焓湿图上作 ε 线，与 $\varphi=90\%\sim95\%$的相对湿度线相交于 L 点，L 点即为空气处理设备的机器露点，相应的焓值为 h_l，送风量为：$G = Q/(h_n - h_l)$ 或 $G = W/(d_n - d_l)$。一般情况送风温差不超过 15℃。

3.4.2　气流组织的基本形式及特点

（1）上送风下回风方式：送风在进入工作区前就已经与室内空气充分混合，易于形成均匀的温度场和速度场，故能采用较大的送风温差以减少送风量，如图 3.4-1 所示。

（2）上送风上回风方式：施工方便，但影响房间净空使用，如图 3.4-2 所示。

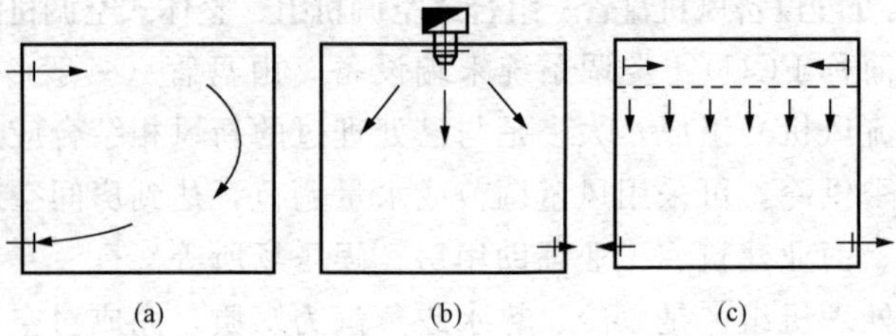

图 3.4-1 上送下回气流分布

(a) 侧送侧回；(b) 散流器送风；(c) 孔板送风

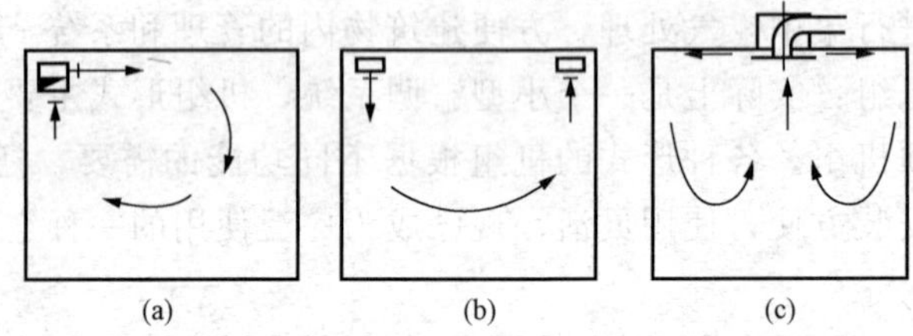

图 3.4-2 上送上回气流分布

(a) 单侧上送上回；(b) 异侧上送上回；(c) 散流器上送上回

(3) 中部送风方式：适用于高大空间，中部送风形式将房间下部作为空调区，上部作为非空调区，在满足工作区空调要求的前提下，有显著的节能效果，如图 3.4-3 所示。

(4) 下送风方式：常用于空调精度不高，人员暂时停留场所，如会堂、影剧院。考虑到人的舒适要求，下送风温差远小于上送风方式，因而送风面积增大，同时送风速度也不能大。它的优点是新鲜空气首先通过工作区，又是顶部排风，房间上部余热可以不进入工作区而被直接排走。由于下送风的送风温度较高，可以使用温度不太低的天然冷源，如深井水、地道风等，如图 3.4-4 所示。

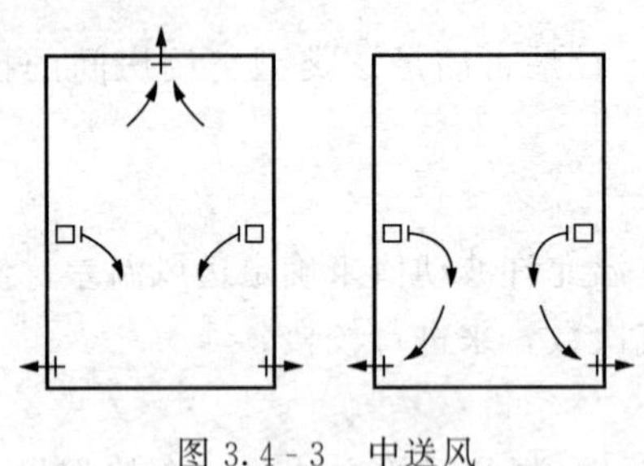

图 3.4-3 中送风

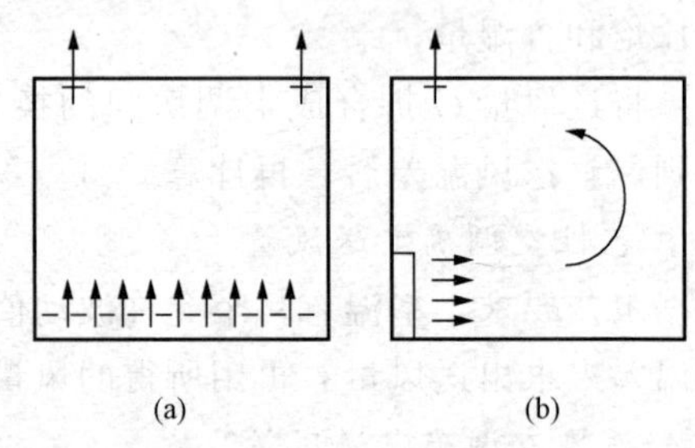

图 3.4-4 下送上回气流分布

(a) 地板下送；(b) 置换式下送

3.4.3 空调房间送风射流与送风口选型要求

(1) 空调房间的送风射流：空气经喷嘴向周围气体的外射流动称为射流，空调中遇到的射流均属于紊流非等温受限（或自由）射流。空调送风温差不大，射流速度变化规律沿用等温射流的速度变化规律。送风射流以一定的角度向外扩散，与周围气体不断进行动量、质量交换，周围空气不断被卷入，射流量不断增加，断面不断扩大，随着射程的增大，速度逐渐减少。射流轴心速度的计算式为：

$$\frac{v_x}{v_0}=\frac{0.48}{\frac{ax}{d_0}+0.147} \tag{3.4-1}$$

式中　x——射流断面至极点间的距离，m；

v_x——射程 x 处射流轴心速度，m/s；

v_0——射流出口速度，m/s；

d_0——送风口的直径或当量直径，m；

a——送风口的紊流系数。

回风气流则从四面八方流向回风口，流线向回风点集中形成点汇。实验结果表明，在回风气流作用区内，任意两点的流速变化与距点汇的距离平方成反比。所以沿远离回风口方向，点汇速度场的气流速度迅速下降，回风所影响的区域范围很小。由此可见，送风射流比回风气流的作用范围大得多，因此在空调房间中，气流流型主要取决于送风射流。

（2）送风口选型应符合下列要求：

1）采用百叶风口或条缝型风口侧送时，侧送气流宜贴附；

2）当有吊顶可利用时，应根据空调房间高度与使用场所对气流的要求，分别采用圆形，方形，条缝形散流器或孔板送风。当单位面积送风量较大，且人员活动区内要求风速较小或区域温差要求严格时，应采用孔板送风；

3）空间较大的公共建筑和室温允许波动范围≥±1.0℃的高大厂房，宜采用喷口送风，旋流风口送风或地板式送风；

4）变风量空调系统的送风末端装置，在风量改变时，应保证室内气流分布不受影响，并满足空调区的温度、风速的基本要求；

5）选择低温送风口时，应使送风口表面温度＞室内露点温度 1～2℃。

3.5　选择空调冷、热源设备与监测控制

3.5.1　空调冷热源设备选择依据与原则

（1）空调冷热源选择的依据：不仅包括系统自己的要求，而且要涉及工程所在地区的能源结构、价格、政策导向、环境保护等，是一个技术经济的综合比较过程。

（2）选择论证时应遵循的基本原则：

1）热源应优先采用城市区域供热或工厂余热。高度集中的热源能效高，便于管理，也有利于环保；

2）在有燃气供应时，尤其是实行分季计价，价格低廉地区，可采用燃气锅炉、机组等供冷供热；

3）当无上述热源和气源时，可采用燃煤、燃油锅炉供热，电动压缩式冷水机组供冷或燃油吸收式机组供冷供热；

4）具有多种能源的大型建筑，可采用复合能源供冷、供热；

5）夏热冬冷地区、干旱缺水地区的中小型建筑，可采用空气源热泵或地下埋管式地热源热泵冷（热）水机组供冷供热；

6）当有天然水等资源可利用时，可采用水源热泵冷（热）水机组供冷供热；

7）在峰谷电价差较大的地区，利用低谷电价时段蓄冷（热）有显著经济效益时，可采用蓄冷（热）系统供冷（热）；

8）在大型商业或公共建筑群，有条件时宜采用热、电、冷联产系统或集中供冷、供热站。

3.5.2 常用空调冷（热）水机组的性能特点及适用场所

（1）活塞式冷水机组：它是一种最早应用于空调工程中的机型，一般单机制冷量中，当需要较大制冷量时，采用配以多台压缩机，目前国内最多配置8台压缩机组，机组制冷量约900kW。制冷量大于116kW的水冷式机组性能系数（COP）不应低于3600W/kW；风冷机组性能系数不应低于2570W/kW。活塞式冷水机组制冷量调节是靠调节压缩机台数或压缩机气缸的上载或卸载来完成，它是有级调节。

（2）螺杆式冷水机组：这种机型目前在我国制冷空调领域内应用广泛，制冷量范围：700～1000kW。水冷式螺杆机组当制冷量大于230kW时，其性能系数不应低于3850W/kW，它的制冷效率比活塞机组高。机组的能量调节主要由压缩机的能量调节机构来实现，多机头机组的能量调节还可由增、减压缩机的运行台数来实现，控制程序可设定各压缩机的加载次序。

（3）离心式冷水机组：是大中型工程中应用得最多的机型，尤其是单机制冷量在1000kW以上时，设计宜选用离心式机组，它具有比螺杆式更高的性能系数。水冷式机组的制冷量大于1163kW时，其COP不应低于4700W/kW，是螺杆机组1.2倍以上。

（4）溴化锂双效吸收式冷（热）水机组：溴化锂吸收式冷（热）水机组是空调领域内使用较多的机型之一，它分为蒸汽型冷水机组，热水型冷水机组，直燃型冷（热）水机组。几种冷水机组机型的性能系数见于下表：

表3.5-1 几种冷水机组机型的性能系数比较表

机组形式	溴化锂双效吸收式机组		水冷电动型机组			风冷热泵型机组
	蒸汽型	直燃型	活塞型	螺杆型	离心型	
性能系数/(W/kW)	1050	1100	3600	3850	4700	2600

（5）风冷热泵型冷（热）水机组：热泵的种类很多，就工程应用而言，最常见的是风冷热泵型机组，其中获得冷水或热水的热泵，在我国夏热冬冷地区的中小型工程乃至大型工程都被广泛应用。它的应用特点：

1）使用方便，只需接上电源和空调水管，不需要水冷却系统；

2）不需要燃料输送管路和输送费用；

3）运行管理简单；

4）机组的价格较冷水型机组和相同容量的制热设备贵，它的合理选用取决于技术经济比较和工程具体的条件。

3.5.3 制冷空调系统的监测与控制

（1）制冷空调系统监测控制的参数：

制冷空调系统中需要监测控制的主要参数有：空气的温度、湿度、压力（压差）等。

（2）监测控制系统主要的功能内容：

1）自动控制系统要能够对这些参数进行自动调节，使之保持在设定值附近，对这些参数进行控制的同时，还要对主要参数进行集中显示、记录、打印，并能监测各设备的运行状态。

2）对于系统中具有代表性的参数，除了要进行集中显示以外，还应当在现场便于观察地点就地显示，随时向工作人员提供系统运行情况的数据。

3）在制冷空调系统中，一些设备的启动，停止具有特定的次序。自动控制系统要能够根据这些设备的特性和相互关系，以正确的次序启动及停止这些设备，并提供必要的电气联锁，防止误操作造成设备事故。

4）在季节转换时，自动控制系统要能够自动适应，相应转换运行状态。

5）在设备发生状况时，自动控制系统要能够自动显示并记录故障设备及其状态，及时隔离故障设备，停止其运行，做好设备的安全保护工作；同时启动备用设备，将故障的影响降至最小程度。

6）制冷空调系统的能耗在建筑能耗中占有相当的比例。自动控制系统要能显示各主要设备的能耗情况并进行记录，累积和打印，并提供多种查询方式。

3.6　室内空调风、水系统

3.6.1　室内空调风系统

1. 选择合理空调风系统应考虑的因素及遵循的原则

（1）在工程设计时，选定合理的空调系统应考虑下列因素：

应考虑建筑物的用途、规模、使用特点、热湿负荷变化情况、参数及温湿度调节和控制的要求，所在地区气象条件，能源状况以及空调机房的面积和位置，初投资和运行维修费用等多方面因素。

（2）选择空调系统时，应遵循下列基本原则：

1）对于使用时间不同的房间，空气洁净度要求不同的房间，温湿度基数不同的房间，空气中含有易燃易爆物质的空间，负荷特性相差较大，以及同时分别需要供热和供冷的房间和区域，宜分别设置空调系统。

2）空间较大，人员较多的房间，以及房间温湿度允许波动范围小，噪声和洁净度要求较高的工艺性空调区，宜采用全空气定风量空调系统。在一般情况下，全空气空调系统应采用单风管式。

3）当各房间热湿负荷变化情况相似，采用集中控制，各房间温湿度波动不超过允许范围时，可集中设置共用的全空气定风量空调系统；若采用集中控制，某些房间不能达到室温参数要求，而采用变风量或风机盘管等空调系统能满足要求时，不宜采用末端再热的全空气定风量空气系统。

4）当房间允许采用较大送风温差或室内散湿量较大时，应采用具有一次回风的全空气定风量空调系统。当要求采用较小送风温差，且室内散湿量较小，相对湿度允许波动范围较大时，可采用二次回风系统。

5）当负荷变化较大，多个房间合用一个空调系统，且各房间需要分别调节室内室温，尤其是需全年供冷的内区空调房间，在经济、技术条件允许时，宜采用全空气变风量空调系统。当房间允许温湿度波动范围小，或噪声要求严格时，不宜采用变风量空调系统。采用变风量空调系统，风机宜采用变速调节；应采取保证最小新风量要求的措施；当采用变风量末端装置时，应采用扩散性能好的风口。

6）空调房间较多，各房间要求单独调节，且建筑层高较低的建筑物，宜采用风机盘管加新风系统，经处理的新风宜直接送入室内。

7）中小型空调系统，有条件时可采用变制冷剂流量分体式空调系统。该系统不宜用于振动较大，产生大量油污蒸汽及电磁波等场所。

需要全年运行时，宜采用热泵式机组；同一空调系统中，当同时有需要分别供冷和供热的房间时，宜采用热回收式机组。

8）对全年进行空气调节，且各房间或区域负荷特性相差较大，尤其是内部发热量较大需同时分别供热和供冷的建筑物，经技术经济比较后，可采用水环热泵空调系统。

9）当采用冰蓄冷空调冷源或有低温冷媒可利用时，宜采用低温送风空调系统。

10）舒适性空调和条件允许的工艺性空调，可用新风作冷源时，全空气空调系统应最大限度使用新风。

2. 空调一次回风与二次回风系统各自优特点

（1）空调一次回风系统：是空调工艺中最常见的一种空调系统，它结合了直流式系统和封闭式系统的优点，它既能满足室内人员所需的卫生要求，向室内提供一定量的新鲜空气，又尽可能多地采用回风以节省能量。但是一次回风系统需要利用再热来解决送风温差受限制的问题，即为了保证必需的送风温差，一次回风系统在夏季有时需要再热，从而产生冷热抵消的现象。一次回风空调系统流程如图 3.6-1 所示。

（2）空调二次回风系统：则把回风分成两个部分，第一部分（也称为一次回风）与新风直接混合后经盘管进行冷、热处理；第二部分（也称二次回风）与经过处理后的空气进行二次混合。这样，二次回风系统通过采用二次回风减少了送风温差，无需再热，达到了节约冷量的目的，二次比一次回风空调系统更节能。流程如图 3.6-2 所示。

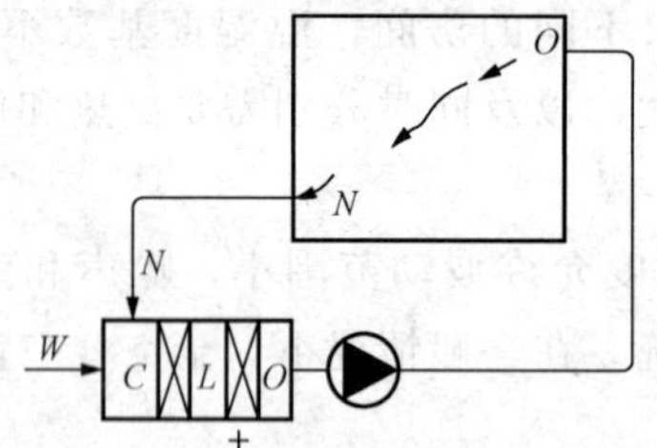

图 3.6-1　一次回风空调系统流程图

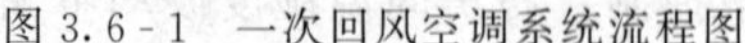

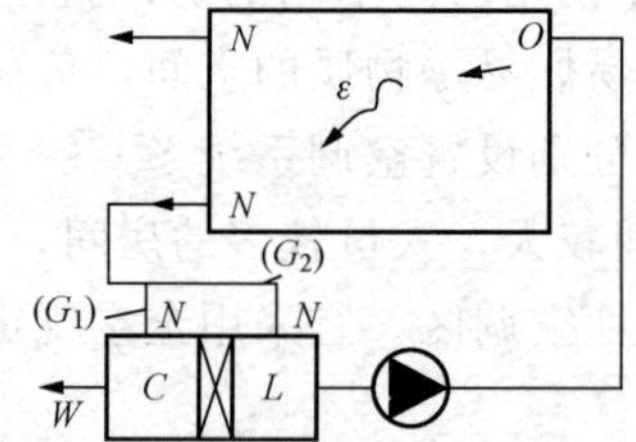

图 3.6-2　二次回风空调系统流程图

3. 变风量空调系统设计如何划分内外区与确定变风量末端装置形式及选择型号

（1）如何划分变风量空调系统的内外区：冬季需要供热的建筑物外围区域通常称为外区，除外区之外的室内其他区域则称为内区。内区很少受外围护结构的负荷影响，而人员、灯光、设备等产生的热量使得内区常年都处于需要供冷的状态。是否存在内区和如何划分内外分区，应依实际情况确定，设计人员需在认真计算围护结构冷、热负荷及合理选择空调末端装置的冷却加热能力后，合理地划分内、外区。对办公建筑而言，一般认可的分区范围是：靠近外围护结构 2～4.5m 以内的室内区域为外区，其余部分室内区域为内区。

(2) 变风量末端装置常见的形式：

变风量末端装置常见的形式有：风机动力型、节流型和旁通型。

1) 风机动力型（FPB）末端装置：它又可分成并联型和串联型的两种形式。并联型的风机能耗小于串联型。串联型一般使用于一次风低温送风空调系统或冰蓄冷空调系统中，始终以恒定风量运行，因此该变风量箱还可用于需要一定换气次数的场所，如民用建筑中的大堂，休息室，会议室，商场及高大空间等场所。

2) 节流型（VAV）末端装置：它可以使用在定风量空调系统中，也可设置在新风系统上或排风系统上来确保系统的新风送风量和排风量。

(3) 型号选择：变风量末端装置型号需要根据风量来选择。对于风机动力型（FPB）并联型末端装置，一次风最大送风量可以作为设计风量，其最小新风量加上增压风机风量一般不大于装置的设计风量。而对于串联型来说，在非低温送风系统中，一次送风量即为串联型 FPB 末端装置设计风量；在低温送风系统中，串联型 FPB 末端装置设计风量应大于一次风送风量。对于各种机型的节流型 VAV 末端装置，各生产厂家都提供了装置的名义风量，最大风量与最小风量的设定范围等参数。

3.6.2　室内空调水系统

1. 空调水系统的分类与各自特点

(1) 同程系统与异程系统：按照空调末端设备的水流程，可分为同程与异程系统。

1) 同程系统：指在水平同程，垂直同程或水平与垂直均同程的系统中，每一支路用户的水平或垂直的供、回水管路长度之和接近相等。它的特点是每个回路长度相等，水阻力容易平衡，如图 3.6-3。

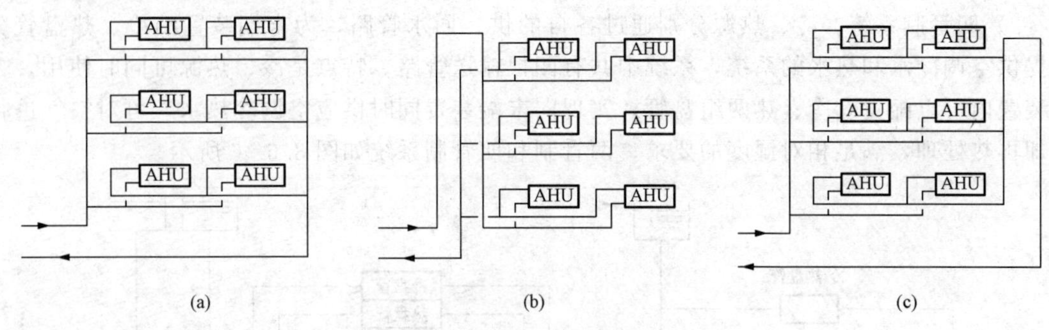

图 3.6-3　同程系统的几种形式

(a) 水平管路同程；(b) 垂直管路同程；(c) 水平与垂直管路同程

2) 异程系统：指系统水流经每一个用户回路的管路长度之和不相等。它的特点是平衡各回路水阻力的基础条件相对较差，通常需要更为合理的选择管径和配置相关的阀门，如图 3.6-4。

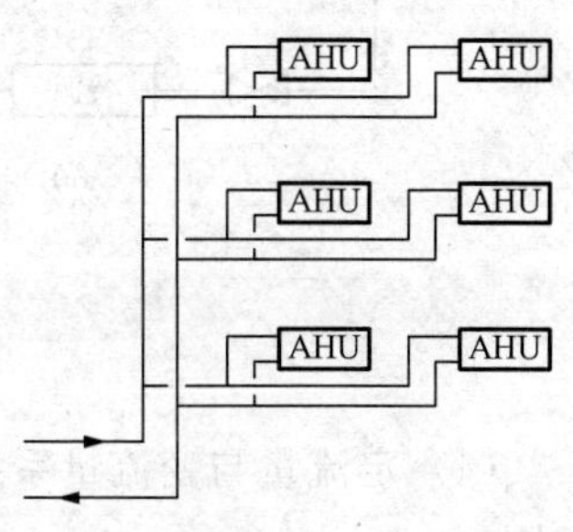

图 3.6-4　异程系统形式

(2) 开式系统与闭式系统：按系统水压特征，可分为开式与闭式系统。

1) 开式系统：指管路系统与大气相通，循环水泵从开式水箱中吸入系统回水，经冷水机组冷却后供给空调系统，然后再回到水箱中。系统运行时，水泵的扬程不仅需要克服管道的阻力，还要克服将水从水箱水面提升到管路最高点的高程差。

2）闭式系统：是指管路系统通常不与大气接触，是一个封闭回路，有时在系统最高点设置膨胀水箱。系统运行时，水泵的扬程只需要克服水流动的阻力，与系统高度无关。强调一点：不能认为膨胀水箱是开式的就误称为系统是开式系统。开式系统和闭式系统如图 3.6-5。

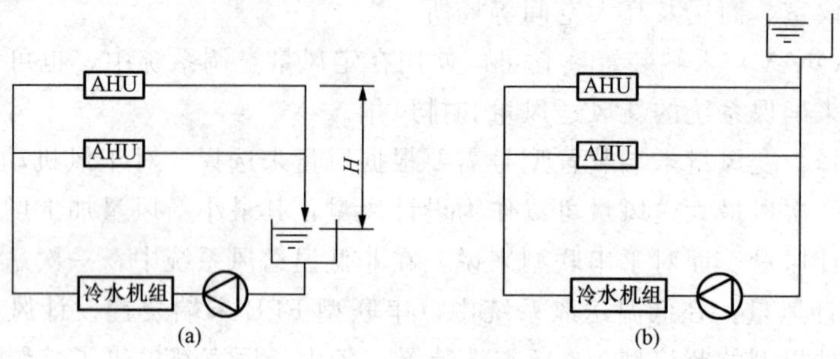

图 3.6-5 开式系统与闭式系统

（a）开式系统；（b）闭式系统

（3）两管制系统与四管制系统：按照冷、热管道的设置方式，可分为两管制与四管制系统。

1）两管制系统：冷、热源利用一组供、回水管为末端装置的盘管提供空调冷水或热水的系统，它只有两根输送管路。特点是冷、热源交替使用（季节切换），不能同时向末端装置供冷水和热水，适用于建筑物功能较单一，舒适性要求相对较低的场所。

2）四管制系统：冷、热源分别通过各自的供、回水管路，为末端装置的冷、热盘管分别提供空调冷水和热水的系统，系统中共有四根输送管路。特点是冷、热源可同时使用，末端装置内可以配置有冷、热两组盘管，实现向末端装置同时供应空调冷热水，可对空气进行冷却再热处理，满足相对湿度的要求。两管制和四管制系统如图 3.6-6 所示。

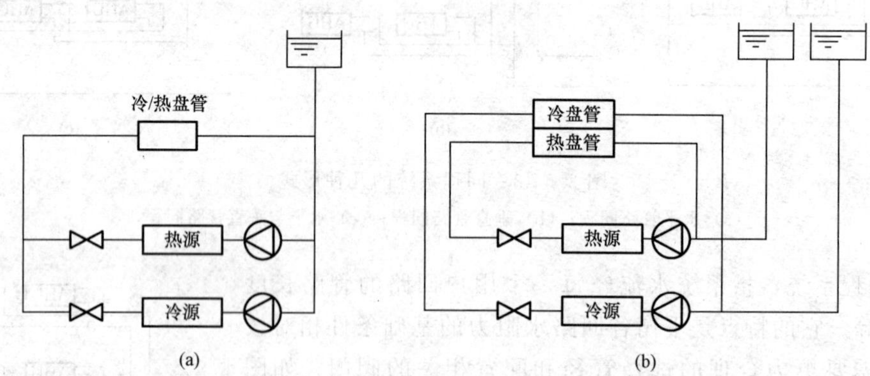

图 3.6-6 两管制与四管制系统

（a）两管制系统；（b）四管制系统

（4）定流量与变流量系统：按照末端用户侧水流量的特征，可分为定流量系统与变流量系统。

1）定流量系统：是指空调水系统中输配管路的流量保持恒定。空调房间的温度只能依靠改变末端装置的风量或者通过三通阀改变进入末端装置的水量（而不能实现改变输配管路水流量）等手段来进行控制。

2）变流量系统：在变流量系统中，输配管路的水流量随着末端装置流量的调节而实时变化。定流量系统与变流量系统如图 3.6 - 7 所示。

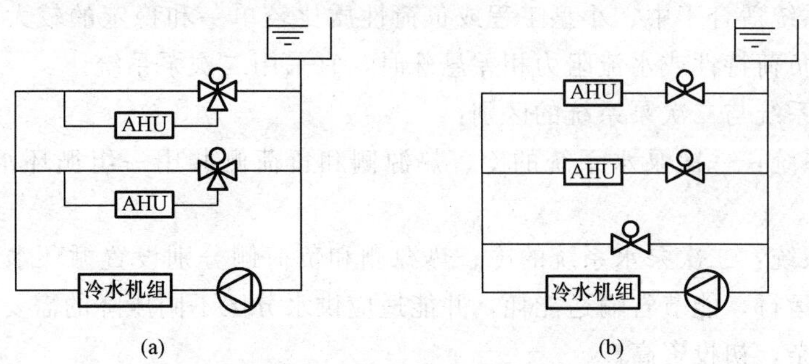

图 3.6 - 7　定流量与变流量系统

（a）定流量系统；（b）变流量系统

2. 定流量与变流量水系统的设计原则及一次泵系统与二次泵系统的区别

（1）定流量与变流量水系统的设计原则：

1）定流量系统适合于冷水机组的总台数不超过两台的小型空调系统。对于有两台以上冷水机组和对应的水泵组成的定流量系统，在运动过程中，低负荷时停止部分机组和水泵运行，必然造成正在运行的水泵出现超流量的过载状态。同时，由于水路没有相应的流量控制措施，还可造成建筑低负荷状态时，系统总水量低于设计流量，而末端设备仍按照初次调试的分配比例来分配，使得部分处于较高负荷需求的末端供水量不满足，导致该区域温度等参数失控。

2）水泵与冷水机组的设置与连接方式：一般冷水机组与水泵在数量上采用一对一的设置方式。通常有两种连接方法，如图 3.6 - 8 所示。

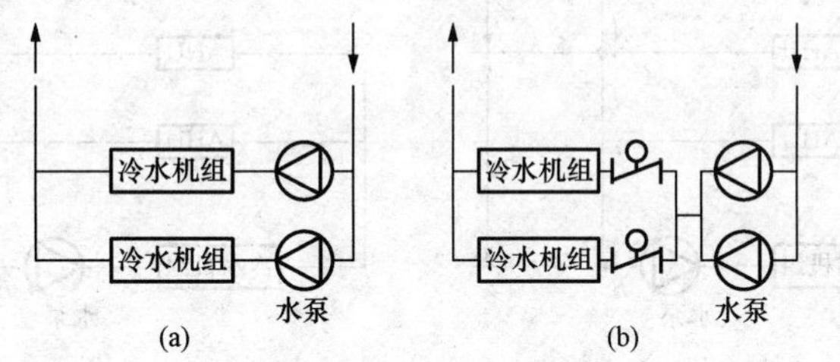

图 3.6 - 8　冷水机组与水泵的连接方式

（a）一一对应连接；（b）通过母管连接

A. 一对一连接（又称为“先串后并”）设计中应优先考虑这种方式，优点是各机组相互影响较小，运行管理方便、合理。

B. 通过母管连接（又称为“先并后串”），优点是管道布置整洁、有序。采用这种方式时，必须在每台冷水机组支路上增加电动蝶阀，才能保证冷水机组与水泵一一对应运行。

3）一次泵变流量系统必须设置压差控制的旁通电动阀，以保证冷水机组安全运行的最低水流量要求。

4）二次泵系统的盈亏管上不能设置任何阀门。其一次泵和二次泵的扬程必须通过精确的计算确定。

5）当二次泵采用台数控制方式时，二次泵系统的用户侧回路通常应设置压差旁通阀，此旁通阀与一次泵系统的功能相同（平衡用户侧需水量与二次泵组供水量）。

6）一次泵系统适合于中、小型工程或负荷性质比较单一和稳定的较大型工程；如果系统较大，各环路负荷特性或水流阻力相差悬殊时，宜采用二次泵系统。

（2）一次泵系统与二次泵系统的区别：

1）一次泵系统：一次泵水系统的冷、热源侧和负荷侧共用一组循环水泵，系统简单，节省初投资。

2）二次泵系统：二次泵水系统的冷、热源侧和负荷侧分别设置循环水泵，可以实现负荷侧水泵变流量运行，能节省输送能耗，并能适应供水分区不同压降的需要，系统总的压力低。但系统较复杂，初投资高。

一般中、小工程宜采用一次泵系统。系统大、阻力较高，各环路压差相差悬殊（100kPa 以上）时，宜采用二次泵系统，其二次泵宜设置变频调速装置。

3. 空调水系统常用的定压设备与空调水系统定压点及压力确定

（1）空调水系统常用的定压设备主要有：开式膨胀水箱和闭式气体定压罐。它们的有效水容积计算与供暖系统相同。

（2）空调水系统定压点的位置确定：所谓定压点就是定压设备与水系统的连接点。定压点位置确定的最主要的原则是：保证系统内任何一点不出现负压或者热水的汽化。

（3）空调水系统定压点的压力分析：空调水系统定压点的压力与定压点的位置有密切的关系。如图 3.6-9 所示闭式水系统的定压。一般图（a）的方式最常见，特点是稳定可靠，这时对最低定压压力的要求为：$P_{Amin}=5kPa$；图（b）的方式也常见，这时对最低定压压力的要求为：$P_{Bmin}=H+5-\Delta H_{AB}$（kPa）。

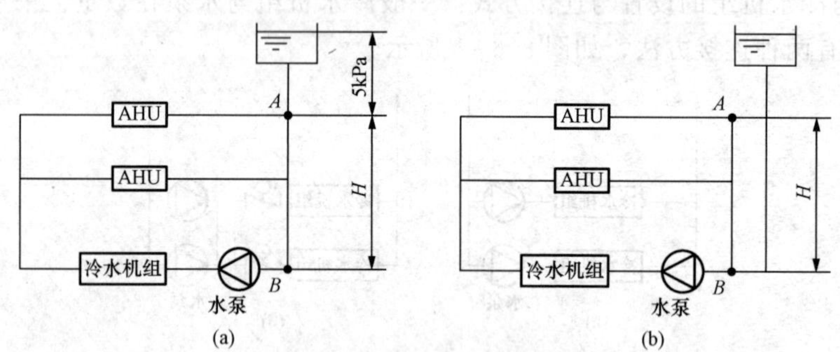

图 3.6-9 闭式水系统的定压

（a）定压点设于系统顶部；（b）定压点设于水泵入口

4. 空调水系统的水力计算与动力设备选择

（1）闭式空调水系统的阻力组成，试计算 100m 高层建筑空调循环水泵所需扬程。

如图 3.6-10 典型空调水系统所示，闭式空调水系统的阻力组成包括：

1）冷水机组阻力，一般为 60～100kPa；

2）管路阻力（包含摩擦阻力和局部阻力），目前设计冷水管路比摩阻宜控制在 100～

300Pa/m 范围；

3）空调末端装置阻力，此项阻力一般在 20～50kPa 范围内；

4）调节阀阻力，水系统设计时要求阀权度 $S>0.3$，于是二通调节阀的允许压力降一般不小于 40kPa。

（2）根据上述，100m 高层建筑空调水系统压力损失，循环水泵所需的扬程概算如下：

1）冷水机组阻力：取 80kPa（8m 水柱）。

2）管路阻力：取机房内的除污器，集水器，分水器及管路等阻力为 50kPa；取输配侧管路长度 300m 与比摩阻 200Pa/m，则摩擦阻力为：300 × 200 = 60 000Pa = 60kPa；考虑输配侧局部阻力为摩擦阻力的 50%，则局部阻力为：6kPa×0.5=30kPa。

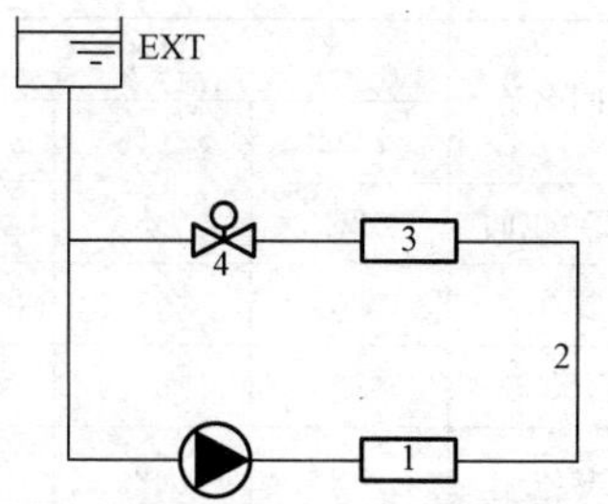

图 3.6-10　典型空调水系统
1—冷水机组阻力；2—管路阻力；
3—空调末端装置阻力；4—调节阀阻力

系统管路的总阻力为：50kPa+60kPa+30kPa=140kPa（14m 水柱）。

3）空调末端装置阻力：组合式空调器的阻力一般大于风机盘管，取前者的阻力为 45kPa（4.5m 水柱）。

4）二通调节阀阻力：取 40kPa（4.0m 水柱）。水系统各部分阻力之和为：80+140+45+40=305kPa（30.5m 水柱）。

5）水泵扬程取 10% 的安全系数，则扬程 $H=30.5\text{m}\times1.1=33.55\text{m}$ 水柱。

3.7　沈阳南山科技大厦中央空调设计

1. 工程概况

沈阳南山科技大厦在功能上是集宾馆、办公、学术报告厅、多功能厅、娱乐餐饮、商务等为一体的综合性公共建筑。建筑特征：面向科技园右侧为宾馆，地下 1 层，地上 12 层，一层层高 4.5m，二、三层层高 4.2m，其余层高均为 3.3m，酒店总高为 49m；左侧为办公楼，一层高 4.2m，五层高 3.9m，其余 2～4 层高 3.6m，共五层；正面中部大厅楼分为两层，一层高 4.5m，二层高 6m。建筑总面积 15 000m^2。

2. 设计条件

（1）围护结构如下表：

围护结构名称	围护结构做法	传热系数 K /[W/(m^2·K)]
外墙	从外至内：抹面胶浆 6mm+聚苯板 40mm+砖墙 370mm+水泥砂浆 15mm；壁厚 431mm，保温层 40mm	0.63
外窗	塑钢中空玻璃窗	2.60
	PVC 框+Low-E 中空玻璃窗	2.40
屋面	从上至下：碎石软石混凝土 2200mm，25mm 厚，通风层 200mm，防水层 5mm，水泥砂浆 20mm，保温层（水泥膨胀珍珠岩）100mm，隔汽层 5mm，水泥砂浆 20mm，钢筋混凝土空心板 240mm，内粉刷 20mm	0.59

(2) 室内设计参数列表如下：

房间名称	夏季			冬季			新风量	噪声级
	t/℃	φ (%)	v/(m/s)	t/℃	φ (%)	v/(m/s)	L/[m³/(h·p)]	G/[Nc (dB)]
KTV包间	26	55	≤0.25	20	50	≤0.15	30	45
餐厅	26	55	≤0.25	18	50	≤0.15	30	45
会议室	26	65	≤0.25	18	50	≤0.15	30	45
客房	26	55	≤0.25	20	50	≤0.15	30	45
办公室	26	55	≤0.25	20	45	≤0.15	30	45
精品屋	26	65	≤0.25	18	50	≤0.15	20	50
商务中心	26	65	≤0.25	20	50	≤0.15	20	45
宾馆大堂	26	65	≤0.25	16	50	≤0.15	20	45
报告厅	26	65	≤0.25	16	50	≤0.15	20	45
休息室	26	65	≤0.25	20	50	≤0.15	20	45

(3) 室外气象参数如下：

1) 室外计算干球温度：冬季空调－22℃；冬季通风－12℃；

夏季空调 31.4℃；夏季通风 26℃。

夏季空调室外计算湿球温度：25.4℃。

2) 室外计算相对湿度：最热月月平均 78%；最冷月月平均 64%。

3) 室外风速：冬季平均 3.1m/s；夏季平均 2.9m/s。

(4) 动力与能源资料

1) 动力：工业动力用电；

2) 能源：热媒为 95～70℃热水，由外网供给；冷媒为 7～12℃冷水，由自备集中冷冻机房供给。

3. 冷负荷计算与末端设备选型

根据暖通空调技术措施，按建筑物空调房间面积估算冷负荷及其末端设备选型，见下表：

建筑部位	楼层与房间编号	面积 层高	楼层体积	冷指标/[W/(m²·h)]	冷负荷/(W/h)	新风量/(m³/h)	新风机组型号与台数	风机盘管型号与台数			
								FP-02	FP-03	FP-04	FP-06
左部办公楼	五层办公 501～508	1137 3.9	4434	73	83 001	3244	ZK30 1台	2	7	21	0
	四层办公 401～412	1137 3.6	4093	48	54 534	3228	ZK30 1台	5	17	6	0
	三层办公 301～310	1137 3.6	4093	48	54 534	3228	ZK30 1台	5	17	6	0

续表

建筑部位	楼层与房间编号	面积层高	楼层体积	冷指标/[W/(m²·h)]	冷负荷/(W/h)	新风量/(m³/h)	新风机组型号与台数	风机盘管型号与台数			
								FP-02	FP-03	FP-04	FP-06
左部办公楼	二层办公 201～212	1137 3.6	4093	50	56 474	3228	ZK30 1台	5	19	4	0
	一层办公 101～112	1098 4.2	4611	77	84 696	3665	ZK30 1台	0	11	7	9
	左部合计	5646		59	333 239	16 593		17	71	44	9
右部宾馆楼	12层客房 1201～1217	670 3.3	2211	53	35 451	1026	XK-02 1台	0	17	0	0
	11层客房 1101～1117	663 3.3	2188	45	29 585	1026	XK-02 1台	17	0	0	0
	10层客房 1001～1017	663 3.3	2188	45	29 585	1026	XK-02 1台	17	0	0	0
	9层客房 901～917	663 3.3	2188	45	29 585	1026	XK-02 1台	17	0	0	0
	8层客房 801～817	663 3.3	2188	45	29 585	1026	XK-02 1台	17	0	0	0
	7层客房 701～717	663 3.3	2188	45	29 585	1026	XK-02 1台	17	0	0	0
	6层客房 601～617	663 3.3	2188	45	29 585	1026	XK-02 1台	17	0	0	0
	5层客房 501～517	663 3.3	2188	45	29 585	1026	XK-02 1台	17	0	0	0
	4层客房 401～417	705 3.3	2326	28	20 043	1026	XK-02 1台	17	0	0	0
	3层客房 301～317	1102 4.2	4628	53	58 321	6362	XK-03 1台	4	16	0	4
	2层客房 201～212	1197 4.2	5027	98	117 737	7230	XK-06 1台	0	10	13	10
	1层客房 101～109	1236 4.5	5562	105	129 437	3978	XK-02 1台	2	1	8	20
	右部合计	9551		64	568 084	26 804		142	44	21	34

续表

建筑部位	楼层与房间编号	面积 层高	楼层体积	冷指标 /[W/(m²·h)]	冷负荷 /(W/h)	新风量 /(m³/h)	新风机组型号与台数	风机盘管型号与台数			
								FP-02	FP-03	FP-04	FP-06
中部大厅及房间	2层大厅及房间201～205	930 4.5	4185	145	134 487	6570	ZK20				
	1层大厅及房间101～105	930 6	5580	148	137 866	6698	ZK30				
	中部合计	1860		146.4	272 353	13 268					
全楼合计		17 057		68.8	1 173 676	56 665					

4. 空调方案分析与选定

空调方案选择要根据建筑物的功能用途、规模、结构特征、连续或间歇使用等因素来分析综合确定。本建筑物由宾馆楼、办公楼、中部大厅三部分组成。

(1) 宾馆、办公两部分建筑空调方案。

由间隔不大的多个房间单元体组成，空间也不大，使用时间有一定的连续性，这两部分适合于采用风机盘管系统＋新风机组系统的方案，这种方案风机盘管安设在空调房间内直接制冷与制热。

宾馆四～十二层上下客房对应，有管道竖井，空调水管路适合采用垂直双管或单管形式布置；宾馆楼一～四层与办公楼一～五层相对楼层高，上下房间不对应，空调水管路适合采用水平双管形式布置，在各层楼梁下敷设。

本设计采用单设新风机组系统独立送风供给室内，新风机组安设在各楼层走廊内，通过管道向各房间送新风。这种方案又分两种情况：一种是新风负担室内负荷，另一种是新风不负担室内负荷，结合情况对各房间风机盘管与新风机进行负荷分配，本设计采用新风不负担室内负荷。

(2) 中部大厅及房间空调方案。

一层入口大厅、过厅、多功能厅及附属房间，二层学术报告厅及附属房间，总体二层具有厅房面积大、空间大，使用间歇较长，使用时人员聚集的特点，这部分建筑适合于采用全空气系统的方案。这种方案的室内负荷全由处理过的空气负担，空气比热、密度小，需要的空气量多，风道断面大，输送耗能大。这种全空气系统又分几种：混合式、一次回风与二次回风系统，结合情况采用，本设计采用一次回风系统。

5. 主要空调设备选型与布置

(1) 空调冷热源设备选型与布置：根据空调负荷量，有关设备选型如下：

1) 2台高效水冷螺杆冷水机组，其型号规格参数为：LSBLG7601，$Q_{冷}=757kW$，$N=160kW$；

2) 冷冻水循环泵 TQL100-1600 (I) A，$G=140m^3/h$，$H=25m$；

3) 冷却水循环泵 TQL150-315A，$G=1871m^3/h$，$H=22m$；

4）螺旋盘管水－水换热器，公称直径 DN＝300，G＝69.65t/h，Q＝0.81MW；

5）热水循环泵 TQR100-160A，G＝65.4m^3/h，H＝28m；

6）分水器 DN＝250mm，L＝2630mm；

7）集水器 DN＝250mm，L＝2630mm；

主要的冷热源设备安装于宾馆楼地下室冷热源机房内。

8）低噪声集水型逆流玻璃钢冷却塔 2 台，DBNL3J-350，$G_{水}$＝395m^3/h；$L_{风}$＝187 400m^3/h，N＝11kW；

9）膨胀水箱：方形尺寸：1400×1400×1600（高）。

（2）组合式空调机组选型与布置：根据中部一、二层大厅及附属房间空调负荷，分别机组选型如下：

1）ZK30 机组一台，$G_{风}$＝30 000m^3/h，6 排管，$Q_{冷}$＝233kW，$Q_{热}$＝334kW，$H_{全}$＝970Pa，N＝18.5kW；布置在中部大厅一楼机房 1 内。

2）ZK20 机组一台，$G_{风}$＝20 000m^3/h，6 排管，$Q_{冷}$＝180.8kW，$Q_{热}$＝223kW，$H_{全}$＝930Pa，N＝9kW；布置在中部大厅三楼机房 2 内。

（3）空调末端设备的选型与布置：

1）风机盘管选型与布置见大厦房间楼层负荷与末端设备负荷概算选型表。

2）新风机组选型与布置见大厦房间楼层负荷与末端设备负荷概算选型表。

6. 空调水系统走向流程与敷设

空调冷热源设备主要设置安装在宾馆楼地下室机房内，冷源靠 2 台冷水机组的制冷系统，供回水温度 7～12℃；热源靠一台水－水换热器的制热系统，供回水温度 60～50℃；在机房内夏、冬季进行冷、热水切换，供给整个大厦三部分楼空调水、风系统的空调冷、热负荷，实现大厦各处室内空调的制冷制热效果。

机房内夏季制冷系统产生的冷源水，冬季制热系统产生的热源水都是通过分水器各供水管路流向大厦各处，进行空调制冷制热，确保全年的室内空调温、湿度；然后将大厦各处已释放过空调冷、热能量的回水通过回水管路回到机房集水器，再回到制冷或制热系统，进行循环制冷制热，确保大厦各处房间所需要的温湿度。

大厦由右部宾馆楼、中部大厅楼、左侧办公楼组成，从宾馆楼地下室机房分、集水器出来的供回水管路共分四大环路，第一环路与宾馆楼 1～3 层供回水总管路相连接 DN150，第二环路与宾馆楼 12～4 层供回水总管路相连接 DN125；第三环路与中部大厅空调机房 1 和空调机房 2 的 2 台组合式空调机组总管路相连接 DN125；第四环路与左侧办公楼 1～5 层供回水总管路相连接 DN150，敷设尽量利于竖井，梁下吊顶内，室内地沟等，结合实际进行敷设。

7. 主要设计图

（1）空调水、风平面图，见图 3.7-1～图 3.7-7。

（2）空调制冷机房平面图、系统图，见图 3.7-8 和图 3.7-9。

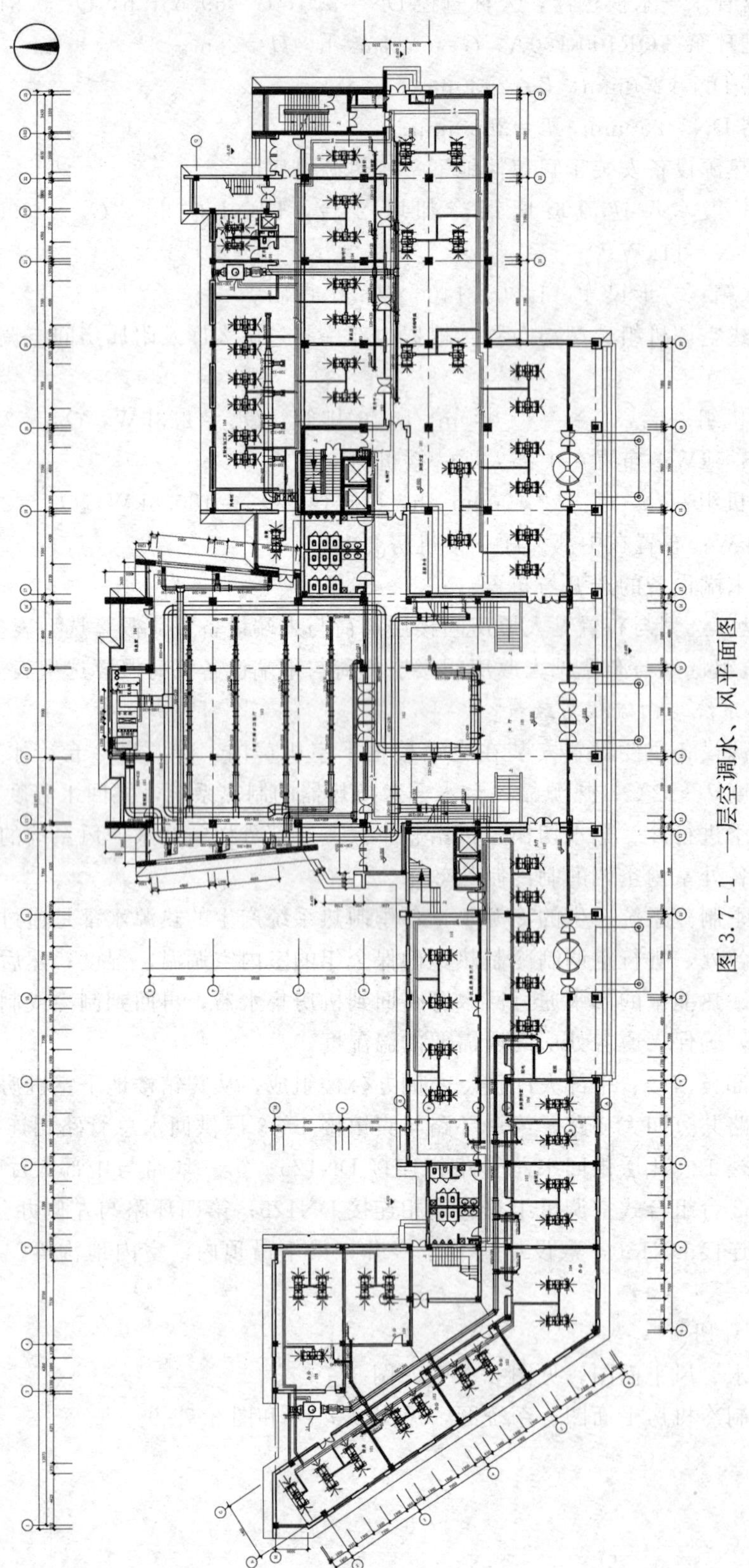

图 3.7-1 一层空调水、风平面图

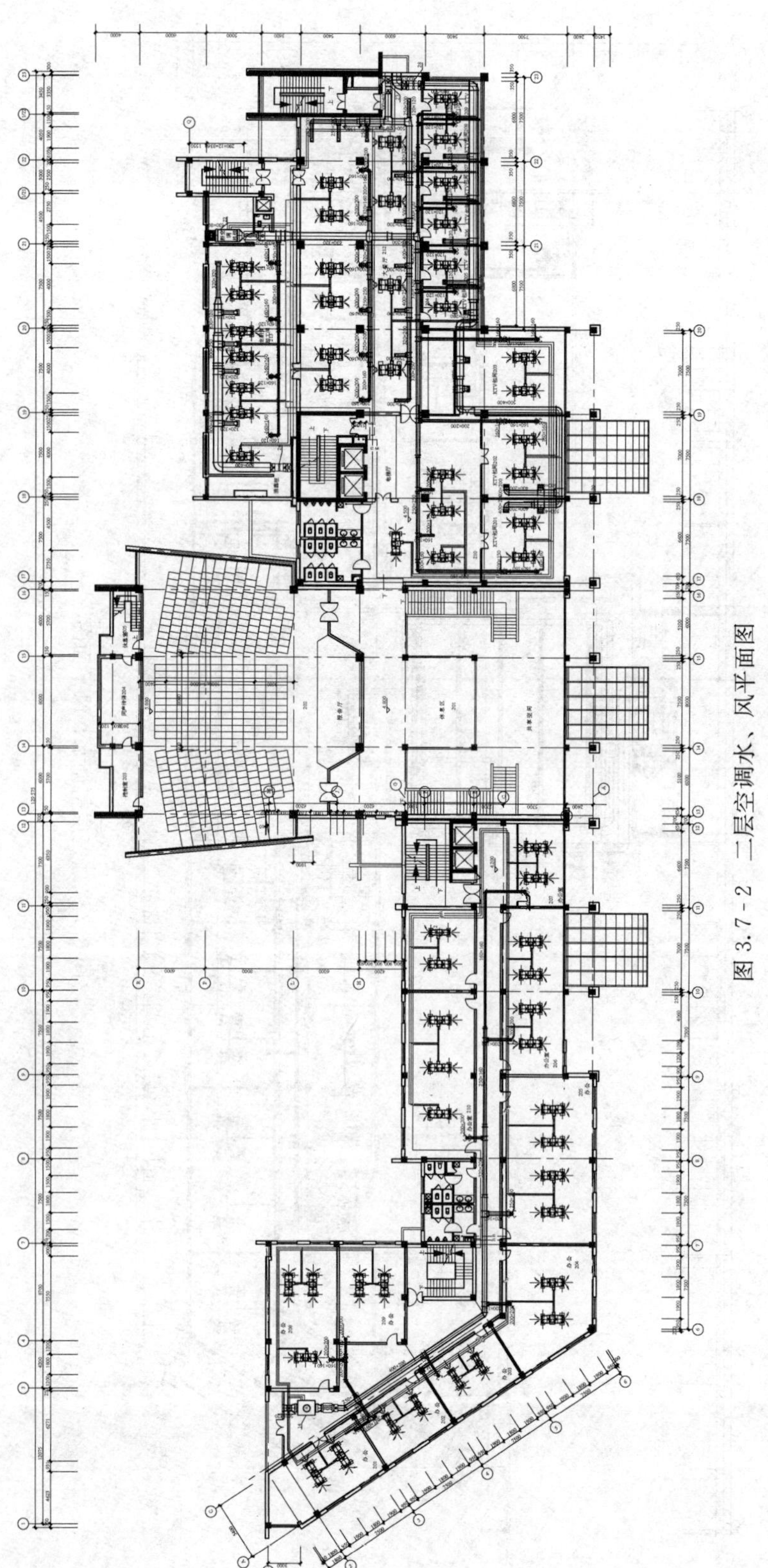

图 3.7-2　二层空调水、风平面图

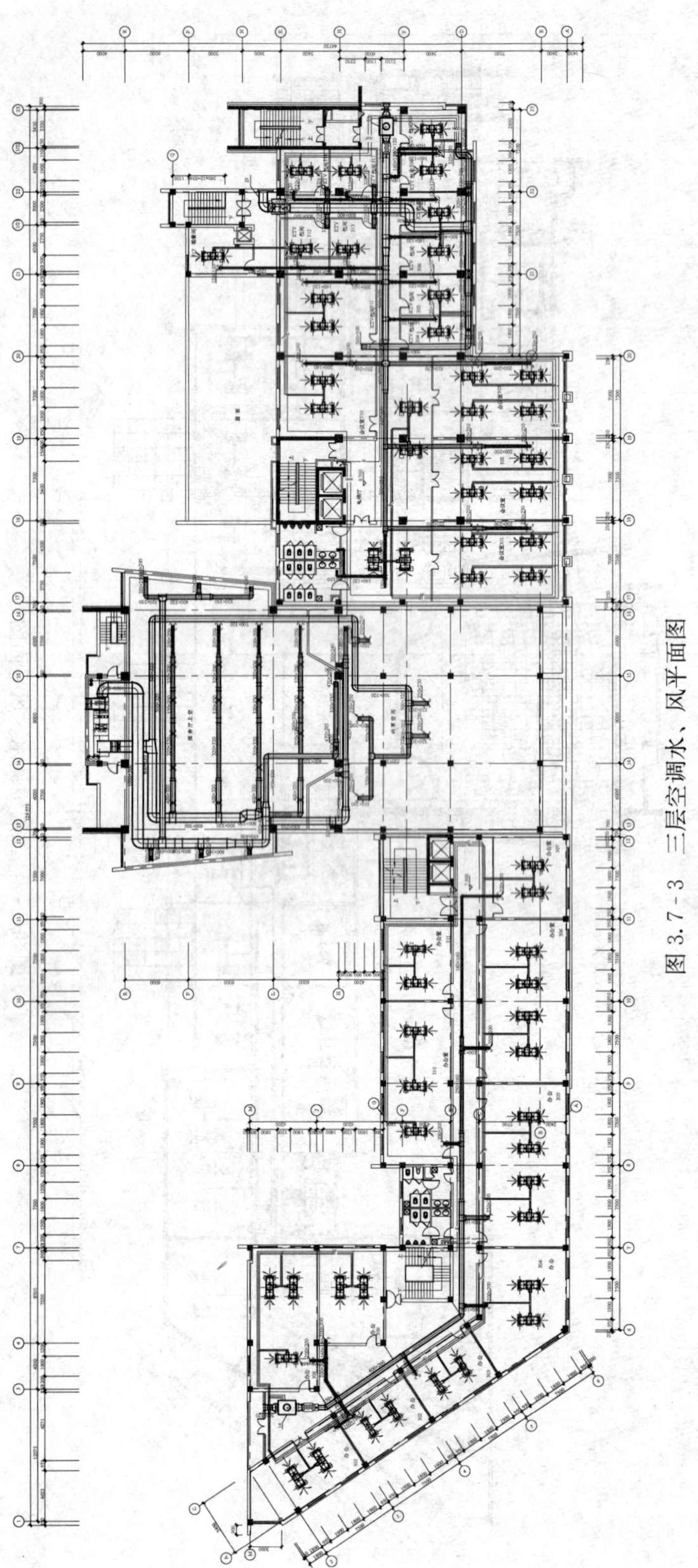

图 3.7-3 三层空调水、风平面图

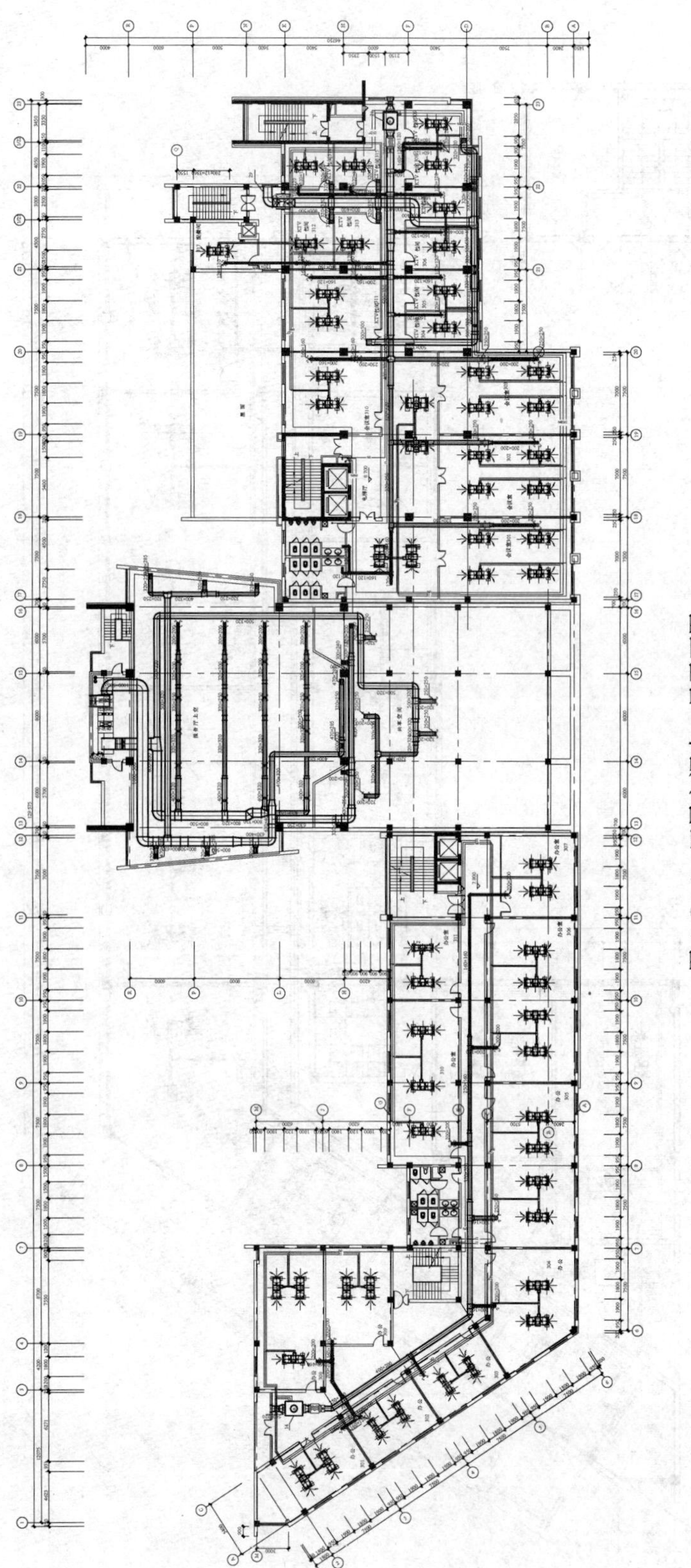

图 3.7-4　四层空调水、风平面图

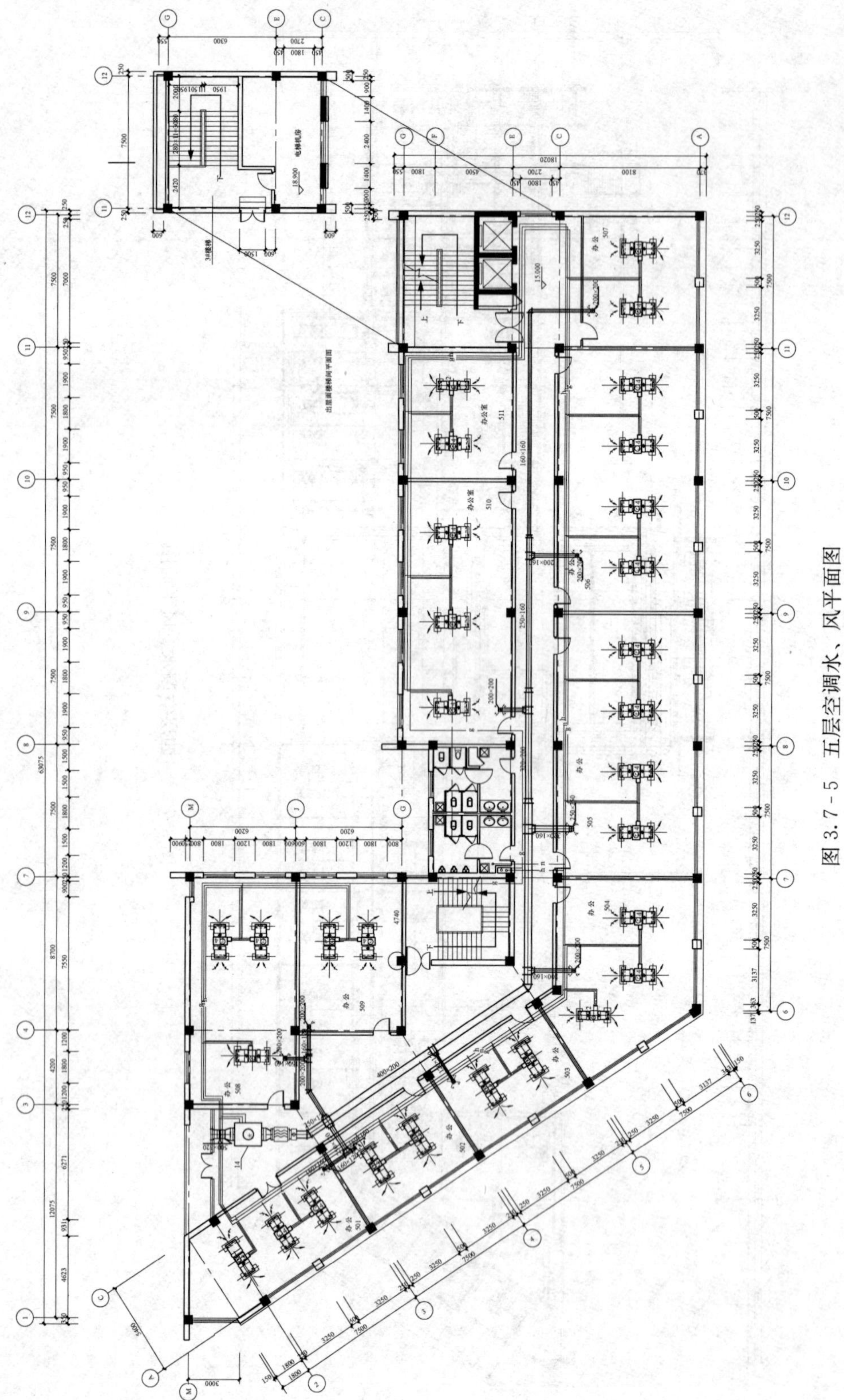

图 3.7-5 五层空调水、风平面图

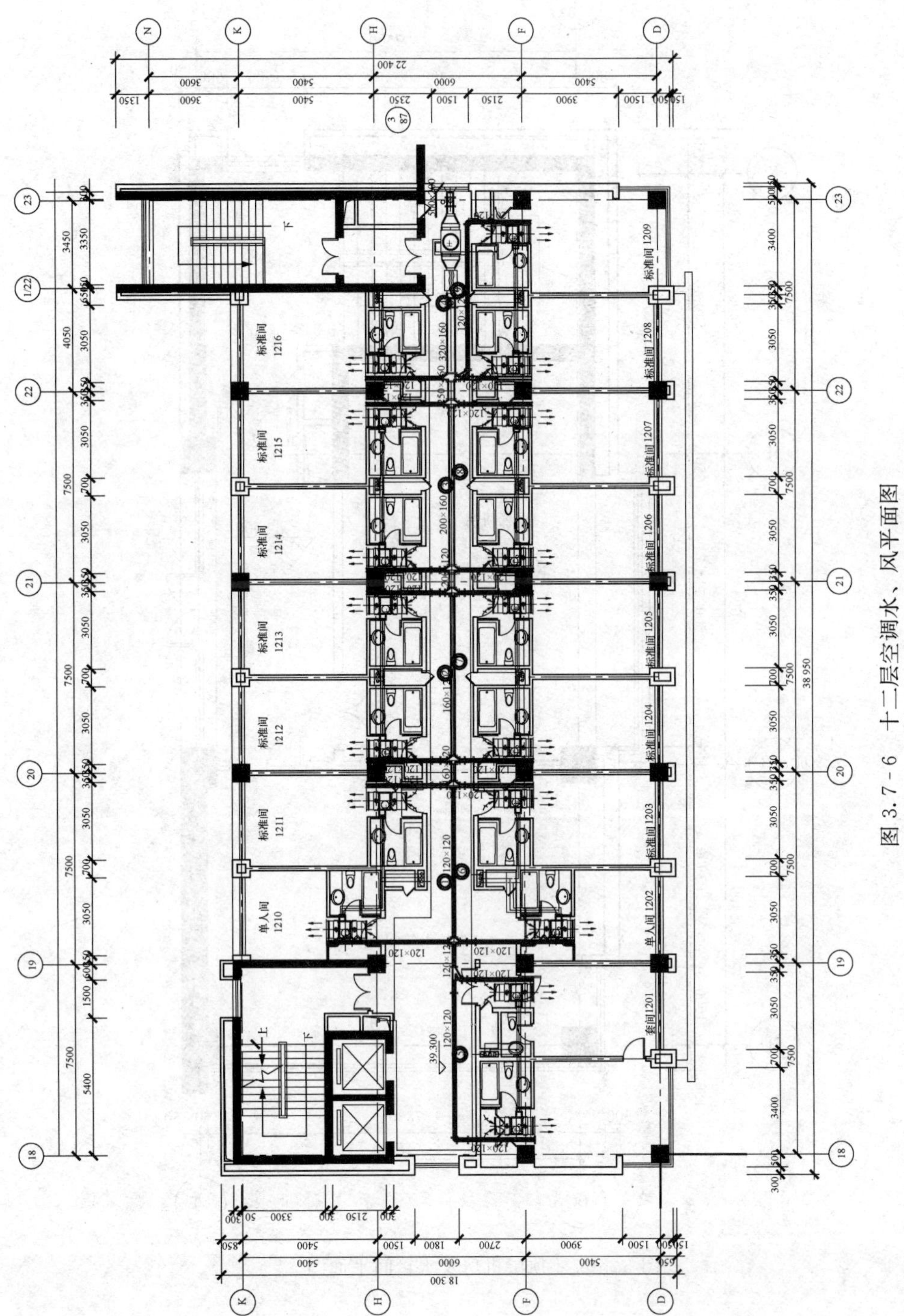

图 3.7-6　十二层空调水、风平面图

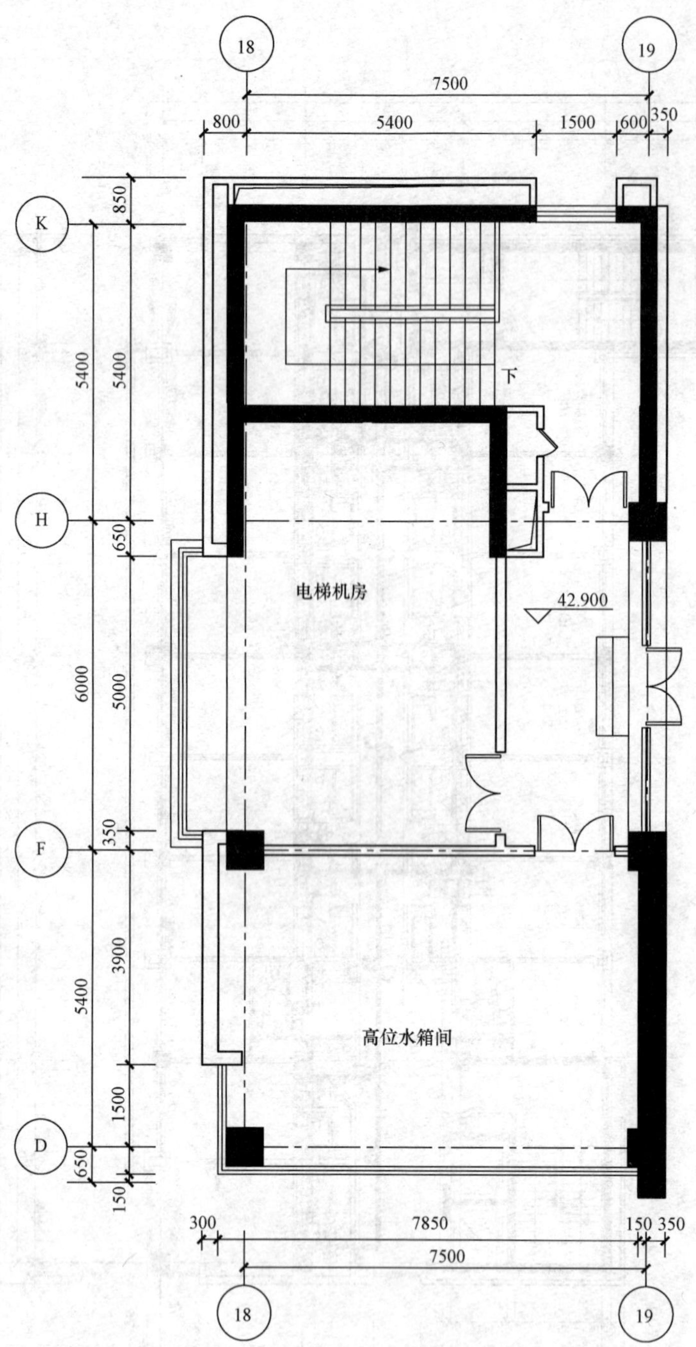

图 3.7-7 顶层机房及水箱间平面图

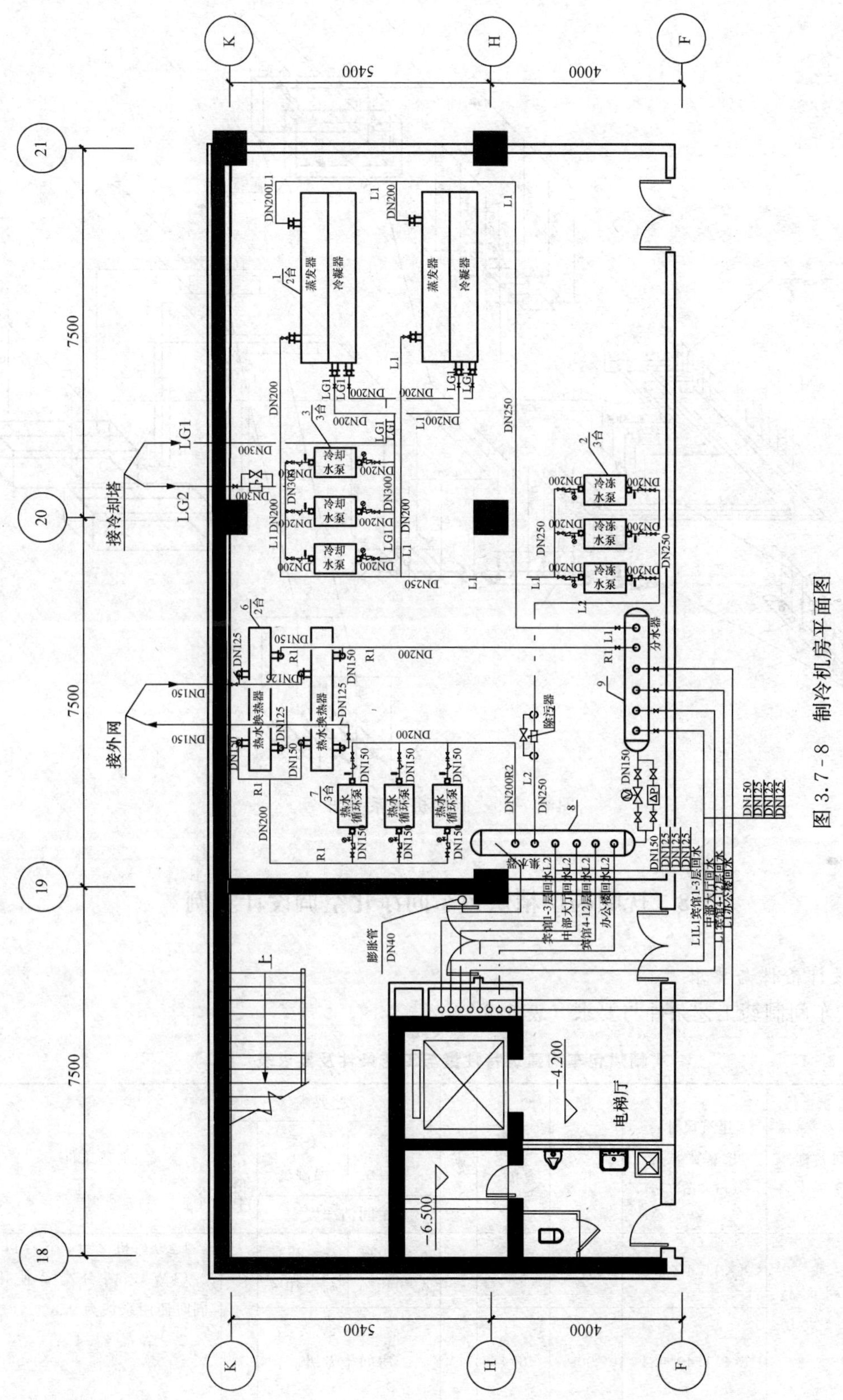

图 3.7-8　制冷机房平面图

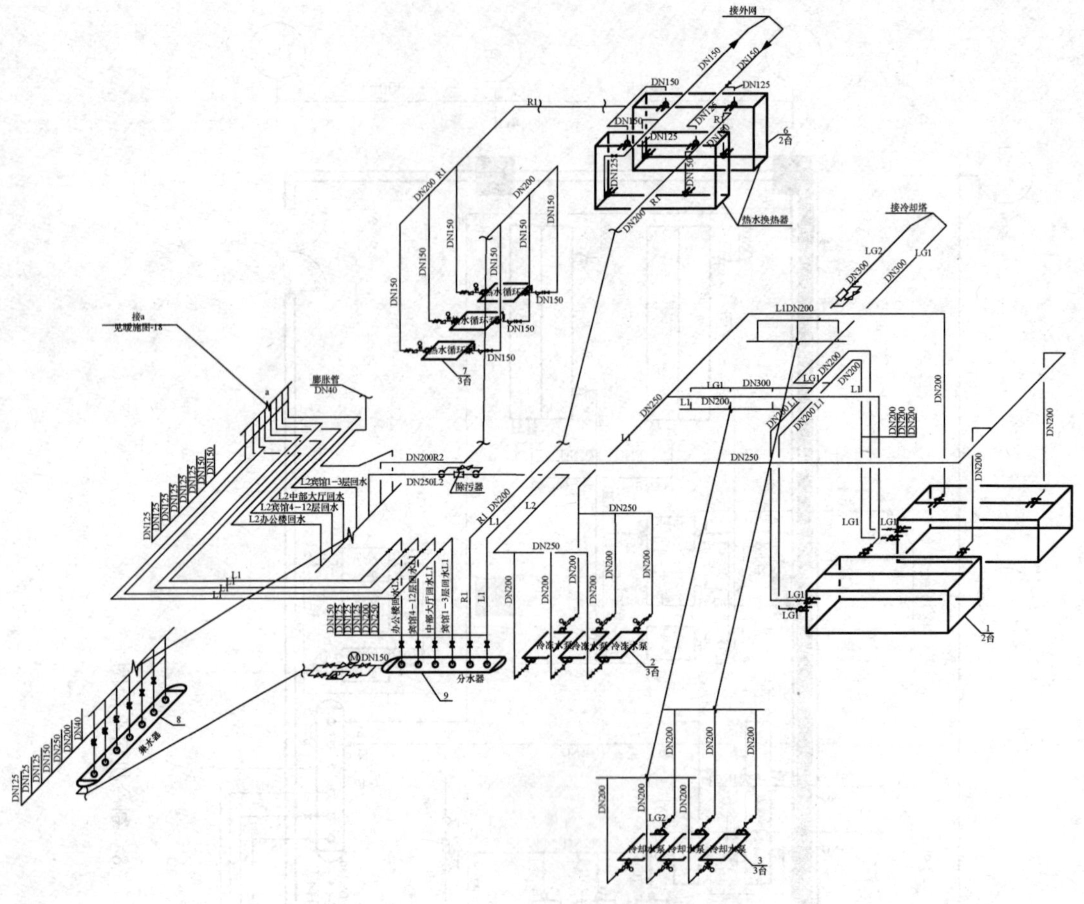

图 3.7-9　制冷机房系统图

3.8　抚顺药厂精烘包车间净化空调设计实例

1. 设计条件与要求

(1) 车间制药工艺条件与要求（表 3.8-1）

表 3.8-1　　精烘包车间建筑特性量与工艺条件及要求表

房间编号	房间名称	建筑尺寸：长×宽×高/(m×m×m)	面积/m²	体积/m³	人数	工艺要求			工艺条件
						冬季温湿度	夏季温湿度	正压值/Pa	
						房间洁净度			
1	系列产品岗位（大房间）	8×11.4×6.5	91.2	593	2	$t_n=20℃$ $\phi_n<40\%$	$t_n=25℃$ $\phi_n=40\%$	＋	1. 分离机 2 台，$N=11\times2$ (kW)，两台交替使用，同时使用系数为 0.5。 2. 结晶器 4 台，$N=3\times4$kW 3. 冷凝器，接收器各 4 台
		8×11.4×6.4	90	584		房间十万级			

续表

房间编号	房间名称	建筑尺寸：长×宽×高/(m×m×m)	面积/m^2	体积/m^3	人数	工艺要求 冬季温湿度	工艺要求 夏季温湿度	正压值/Pa	工艺条件
						房间洁净度			
2	系列产品岗位（小房间）	8×7.0×6.5	56	364	2	$t_n=20℃$ $\phi_n<40\%$	$t_n=25℃$ $\phi_n=40\%$	+	1. 分离机 2 台，$N=11\times2$（kW），两台交替使用，同时使用系数为 0.5。2. 结晶缶 4 台，$N=3\times4$kW 3. 冷凝器，接收缶各 2 台
		8×7.0×6.4（对应走廊）	56	358					
		8×2×3	16	48		房间十万级			
3	混合干燥岗位（大房间）	4.5×11.4×4.2	51.3	215	2	$t_n=20℃$ $\phi_n<40\%$	$t_n=25℃$ $\phi_n=40\%$	+	1. 干燥剂 1 台，$N=11\times1$kW 2. 干燥机外表面一天连续使用 6h 温度 $t=40℃$
		4.5×11.4×4	51	204		房间十万级			
4	混合干燥岗位（小房间）	4.5×7.6×4.2	34	143	2	$t_n=20℃$ $\phi_n<40\%$	$t_n=25℃$ $\phi_n=40\%$	+	1. 干燥剂 1 台，$N=11\times1$kW 2. 干燥机外表面一天连续使用 6h 温度 $t=40℃$
		4.5×7.6×4（对应走廊）	34	136					
		4.5×2×3	9	27		房间十万级			
5	特检室（大房间）	3×11.4×3	34.2	103	2	$t_n=18℃$ $\phi_n=50\%$	$t_n=26℃$ $\phi_n=60\%$	++	
						房间十万级			
6	特检室（小房间）	2.7×7.6×3（对应走廊）	21	63	2	$t_n=18℃$ $\phi_n=50\%$	$t_n=26℃$ $\phi_n=60\%$	++	
		2.7×2×3	5.4	16		房间十万级			
7	内包装室	4.8×11.4×3	55	165	2	同上		++	1. 包装机 2 台，$N=1.5\times2$kW 2. 颗粒机 1 台，$N=4$kW
8	药器具清洗，器具存放，洗衣房缓冲，手消毒，女二更	6.54×7.6×3（对应走廊）	50	150				++	
		6.54×2×3	13	39					
9	外包装间	8×8.9×3	71.2	214	6			+	捆扎机 1 台，$N=1$kW
10	内包材存放清理间	2.7×8.2×3	22	66				+	
11	外包材存放清理间	3.5×8.9×3	31	93				+	

续表

房间编号	房间名称	建筑尺寸：长×宽×高/(m×m×m)	面积/m²	体积/m³	人数	工艺要求		正压值/Pa	工艺条件
						冬季温湿度	夏季温湿度		
						房间洁净度			
12	男一更，洗手，二更	5.5×7.0×3（对应走廊）	38.2	115		同上		＋	
12	女一更，洗手，换鞋	5.5×2×3	11	33		同上		＋	
13	男浴室	3.5×4.0×3（对应走廊）	14	42		供暖室温 $t_n=25℃$ 全室排风换气			
13	女浴室	4.9×3×3	14.7	44					
14	换鞋及内廊	1.44×6.4×3	9.2	28		供暖室温 $t_n=25℃$ 全室排风换气			
14	男女厕所	3.4×7×3	24	72					
15	门厅、走廊	3.4×14×3	47.6	190		供暖室温 $t_n=25℃$			
15		3.4×7×3	15	60					
16	真空泵间	4×8×4	32	128					
17	空调机组间	4×8×4	32	128					

（2）车间建筑彩钢板装修与工艺人流图及物流图（图 3.8-1）

（3）车间室外空调气象参数

1）室外计算干球温度：冬季空调－23.8℃；冬季通风－13.5℃；

夏季空调 31.5℃；夏季通风 27.8℃。

夏季空调室外计算湿球温度：24.8℃。

2）室外计算相对湿度：冬季空调 68%；夏季通风 65%。

3）室外风速：冬季平均 2.3m/s；夏季平均 2.2m/s。

2. 车间净化空调房间与系统冷、热、湿负荷计算

车间净化空调房间分两个部分：A 部分包括：系列产品岗位大、小房间，混合干燥岗位大、小房间，共 4 间，工艺挥发物易燃易爆，采用净化空调直流系统；B 部分包括：特价室大、小房间，内包装间，药器具清洗、存放等数间，为一般净化空调系统。下面空调房间冷、热、湿负荷及送、回、排风量计算。

以系列产品岗位（大房间）为例，分别计算如下：

（1）系列产品岗位（大房间）冷、热、湿负荷计算

1）围护结构外墙、屋顶传热与玻璃窗日射得热形成的冷（热）负荷

采用指标法：

$$Q_{夏}=qF=150\text{W}/(\text{m}^2\cdot\text{h})\times91\text{m}^2=13\ 650\text{W}=13.65\text{kW}$$

$$Q_{冬}=qF=120\text{W}/(\text{m}^2\cdot\text{h})\times91\text{m}^2=10\ 920\text{W}=10.92\text{kW}(冬季负值)$$

2）房间分离机散热形成的冷负荷

$$Q_2=1000n_1n_2n_3\frac{N_m}{\eta}C_{CL\cdot M}=1000\times0.5\times0.7\times0.5\times\frac{11\times2}{0.8}\times1=4813\text{W}=4.813\text{kW}$$

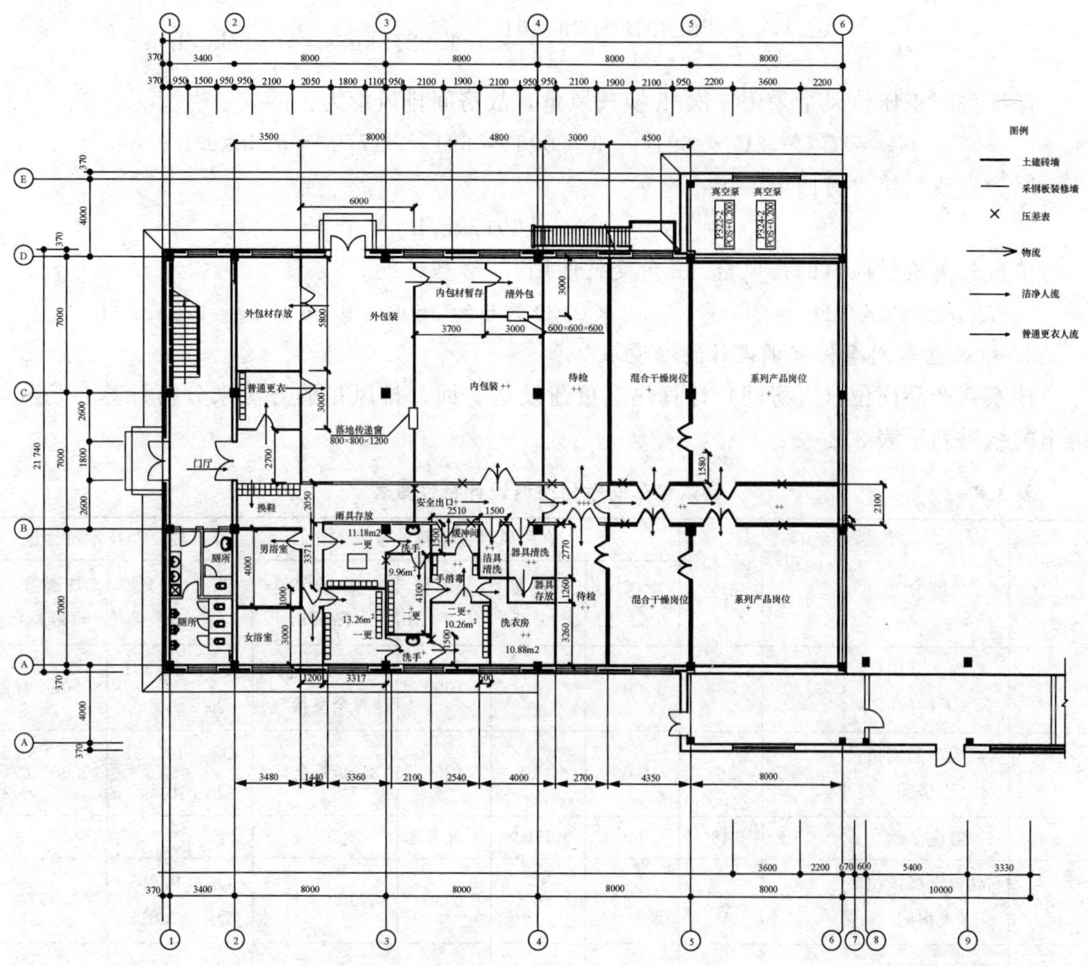

图 3.8-1　精烘包厂房彩钢板装修与工艺人流、物流图与压差图

3）房间结晶缶散热形成的冷负荷

$$Q_3 = 1000 n_1 n_2 n_3 \frac{N_{\mathrm{m}}}{\eta} C_{\mathrm{CL \cdot M}} = 1000 \times 1 \times 0.8 \times 0.5 \times \frac{3 \times 4}{0.8} \times 1 = 6000\mathrm{W} = 6\mathrm{kW}$$

4）房间照明散热形成的冷负荷（防爆灯）

$$Q_4 = N_1 n_1 n_2 C_{\mathrm{CLC}} = 3600 \times 0.8 \times 0.7 \times 1 = 2016\mathrm{W} = 2.016\mathrm{kW}$$

5）人体散热形成的冷负荷

$$Q_5 = n \cdot (q_1 \cdot C_{\mathrm{CL \cdot r}}) \cdot C_{\mathrm{r}} = 2 \times (100 \times 1 + 111) \times 1 = 422\mathrm{W} = 0.422\mathrm{kW}$$

6）人体散湿量

$$W_{\mathrm{r}} = n \cdot W \cdot C_{\mathrm{r}} = 2 \times 45 \times 10^{-3} = 0.09\mathrm{g/s} = 0.000\,09\mathrm{kg/s}$$

房间不确定因素散湿量：0.18g/s＝0.000 18kg/s

（2）系列产品岗位（大房间）总的热湿负荷量，热湿比值线 ε，有关风量确定

$$\varepsilon = \frac{\sum Q}{\sum W} = \frac{13.65 + 4.813 + 6 + 2.016 + 0.422}{0.000\,09 + 0.000\,18} = \frac{26.901}{0.000\,27} = 99\,633$$

通过作送风空气处理过程图（取送风温差 $\Delta t_{送} = 10℃$）查得：

$$G_{总}=\frac{\sum Q}{h_n-h_o}=\frac{26.901}{45-31}=\frac{26.901}{14}=1.9215\text{kg/s}=6917\text{kg/h}$$

保证房间正压值风量采用3次/h换气风量，故房间排风量为：

$$G_{排}=G_{总}-3V=6917-3\times593=6917-1779=5138\text{kg/h}$$

因为直流系统没有回风，故：

$$G_{新}=G_{送}=6917\text{kg/h}$$

单台分离机排风口的排风量（2台交替使用）

$$L_{单机排}=3600Fv=3600\times(0.2\times0.3)\times6=3600\times0.06\times6=1296\text{m}^3/\text{h}$$

3. 精烘包车间净化空调设计特性量表

按系列产品岗位（大房间）计算热湿负荷及送、回、排风量的方法来分析计算各房间，得出的结果列于表3.8-2：

表3.8-2 精烘包车间净化空调设计特性量表

房间编号	房间名称	面积/m^2	体积/m^3	有关风量技术特性量				冷（热）湿技术特性量	
				送风量/(m^3/h)	回风量/(m^3/h)	新风量/(m^3/h)	排风量/(m^3/h)	热（冷）量/kW	加湿量/(kg/s)
1	系列产品岗位（大房间）	91.2	593	7000	0	7000	5200（分离机局排与全室换气）	$Q_{冷}$：26.901 $Q_{热}$：1.237	0.000 27
2	系列产品岗位（小房间）	56	364	4200	0	4200	3100局全排	$Q_{冷}$：16.357 $Q_{热}$：1.237	0.000 19
2a	对应洁廊	16	48	300	150	系统考虑	0		
3	混合干燥岗位（大房间）	51.3	215	2980	0	2980	2300全排	$Q_{冷}$：9.953 $Q_{热}$：2.813	0.000 09
4	混合干燥岗位（小房间）	34	143	2400	0	2400	1970全排	$Q_{冷}$：8.376 $Q_{热}$：3.616	0.000 09
净化空调直流系统汇总		249	1363	16 880	150	16 580	12 570	$Q_{冷}$：61.857 $Q_{热}$：8.903	0.000 64
5	特检室（大房间）	34.2	103	1450	900	系统考虑	0	$Q_{冷}$：3.582 $Q_{热}$：−1.206	0.000 09
6	特检室（小房间）	21	63	940	600	系统考虑	0	$Q_{冷}$：2.362 $Q_{热}$：−0.578	0.000 09
7	内包装间	55	165	3700	1700	系统考虑	1200（颗粒机局排）	$Q_{冷}$：8.574 $Q_{热}$：0.247	0.000 09
8	药器具清洗，器具存放，洗衣房缓冲，手消毒，女二更	50	150	2500	1750	系统考虑	0	$Q_{冷}$：5.698 $Q_{热}$：−1.302	0.000 09
9	外包装间	71.2	214	3400	2780	系统考虑	0	$Q_{冷}$：8.278 $Q_{热}$：−1.690	0.000 27

续表

<table>
<tr><th rowspan="2">房间编号</th><th rowspan="2">房间名称</th><th rowspan="2">面积/m^2</th><th rowspan="2">体积/m^3</th><th colspan="4">有关风量技术特性量</th><th colspan="2">冷（热）湿技术特性量</th></tr>
<tr><th>送风量/(m^3/h)</th><th>回风量/(m^3/h)</th><th>新风量/(m^3/h)</th><th>排风量/(m^3/h)</th><th>热（冷）量/kW</th><th>加湿量/(kg/s)</th></tr>
<tr><td>10</td><td>内包材存放清理间</td><td>22</td><td>66</td><td>400</td><td>200</td><td>系统考虑</td><td>0</td><td>$Q_{冷}=1.403$
$Q_{热}=-0.051$</td><td>0.000 045</td></tr>
<tr><td>11</td><td>外包材存放清理间</td><td>31</td><td>93</td><td>1260</td><td>970</td><td>系统考虑</td><td>0</td><td>$Q_{冷}=2.864$
$Q_{热}=-1.476$</td><td>0.000 045</td></tr>
<tr><td>12</td><td>男一更，洗手，二更女一更，洗手，换鞋</td><td>38.2</td><td>115</td><td>1500</td><td>1160</td><td>系统考虑</td><td>0</td><td>$Q_{冷}=3.530$
$Q_{热}=-1.818$</td><td>0.000 08</td></tr>
<tr><td rowspan="2">12b</td><td>对应内洁廊</td><td>38.2</td><td>115</td><td>700</td><td>350</td><td>系统考虑</td><td>0</td><td>$Q_{冷}=2.546$
$Q_{热}=-0.718$</td><td>0.000 09</td></tr>
<tr><td>一次换鞋及内廊</td><td>9.2</td><td>28</td><td></td><td></td><td></td><td></td><td></td><td></td></tr>
<tr><td colspan="2">净化空调系统汇总</td><td>370</td><td>1112</td><td>15 850</td><td>10 410</td><td></td><td>0</td><td>$Q_{冷}=38.837$
$Q_{热}=-8.592$</td><td>0.000 89</td></tr>
<tr><td rowspan="2">13</td><td>男浴室</td><td>14</td><td>42</td><td></td><td></td><td></td><td></td><td></td><td></td></tr>
<tr><td>女浴室</td><td>14.7</td><td>44</td><td></td><td></td><td></td><td></td><td></td><td></td></tr>
<tr><td>14</td><td>男女厕所</td><td>24</td><td>72</td><td></td><td></td><td></td><td></td><td></td><td></td></tr>
<tr><td rowspan="2">15</td><td rowspan="2">门厅、走廊</td><td>47.6</td><td>190</td><td></td><td></td><td></td><td></td><td></td><td></td></tr>
<tr><td>15</td><td>60</td><td></td><td></td><td></td><td></td><td></td><td></td></tr>
<tr><td>16</td><td>真空泵间</td><td>32</td><td>128</td><td></td><td></td><td></td><td></td><td></td><td></td></tr>
<tr><td>17</td><td>空调机组间</td><td>32</td><td>128</td><td></td><td></td><td></td><td></td><td></td><td></td></tr>
</table>

4. 主要设备与部件选型

表 3.8-3　　主要设备与部件选型表

序号	设备编号	设备名称	型号规格参数	用电量/kW	台数
1	4	水冷螺杆机组	LSBDG340	74.2	1
2	5	冷冻水泵	80-160A	5.5×2	2
3	6	冷却水泵	100-160A	11×2	2
4	7	玻璃钢冷却水塔	DBNL3J-80	2.2	1
5	1	净化空调直流组合机组	JZH150	9	1
6	2	净化空调组合机组	JZH170	11	1
7	3	新风换热机组	XPHR150		1
8	11	膨胀水箱	1400×1000×1400		1
9	8	防排烟风机	GPF-Ⅲ（HTFC）-I-No. 8	4	1
10	9	中效排风箱	PF140	0.45	1

续表

序号	设备编号	设备名称	型号规格参数	用电量/kW	台数
11	10	加压送风机	HL3-2A-No. 5A	1.1	1
12		高效过滤器送风口	GB-01 额定风量 1000m³/h		21
13		高效过滤器送风口	GB-02 额定风量 500m³/h		25
14		双层百叶送风口	800×400		1
15		电动保温对开多叶调节阀	F2 800×1250		1
16		电动保温对开多叶调节阀	F5 500×800		1
17		防火阀	F1 630×720 (70℃自动关闭)		1
18		防火阀	F4 1200×500 (70℃自动关闭)		1
19		防火阀	F6 1000×450 (70℃自动关闭)		1
20		防火阀	F3 630×630 (70℃自动关闭)		1
21		排烟阀	300×300 (70℃自动开启)		2
22		排烟阀	400×300 (70℃自动开启)		1
23		排烟阀	300×300 (70℃自动开启)		2
24		板式排烟口	350×350 (70℃自动开启)		1

5. 主要设计图

(1) 精烘包厂房房间送风平面布置图(图 3.8-2)

(2) 精烘包厂房房间排风回风平面布置图、剖面图(图 3.8-3)

(3) 空调机房冷水管道平面布置图(图 3.8-4)

(4) 机组 2 空调送风系统图(图 3.8-5)

(5) 机组 1 空调送风系统图(图 3.8-6)

(6) 机组 1 空调排风系统图(图 3.8-7)

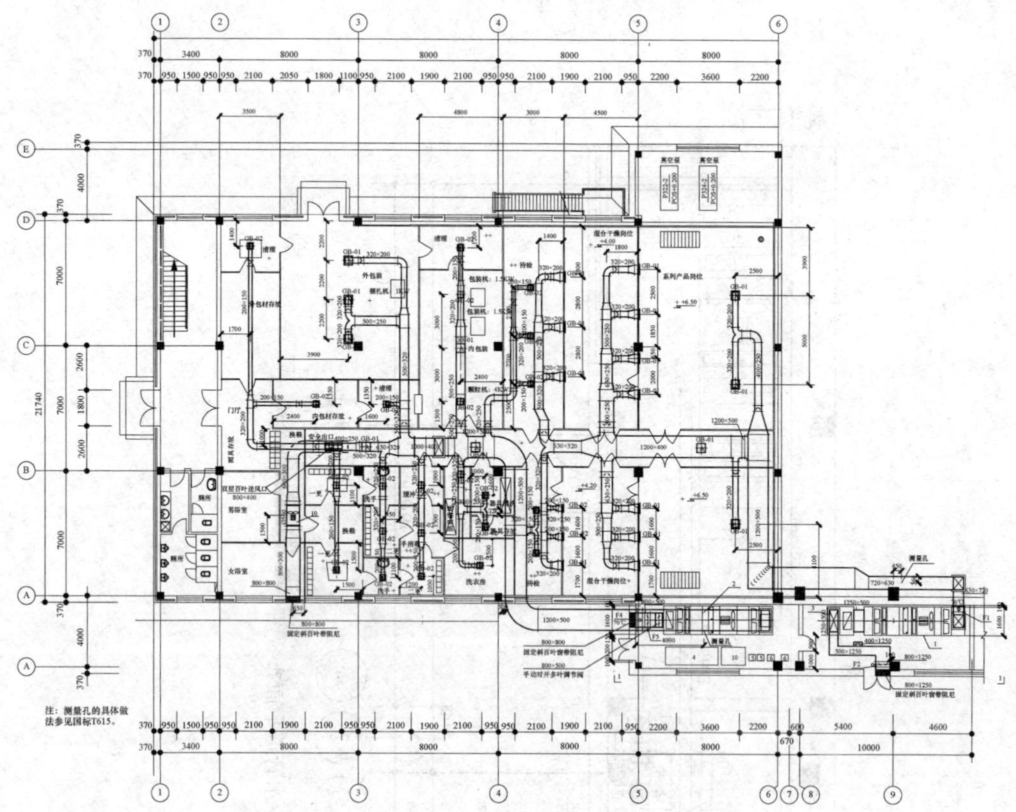

图 3.8-2　精烘包厂房房间送风平面布置图

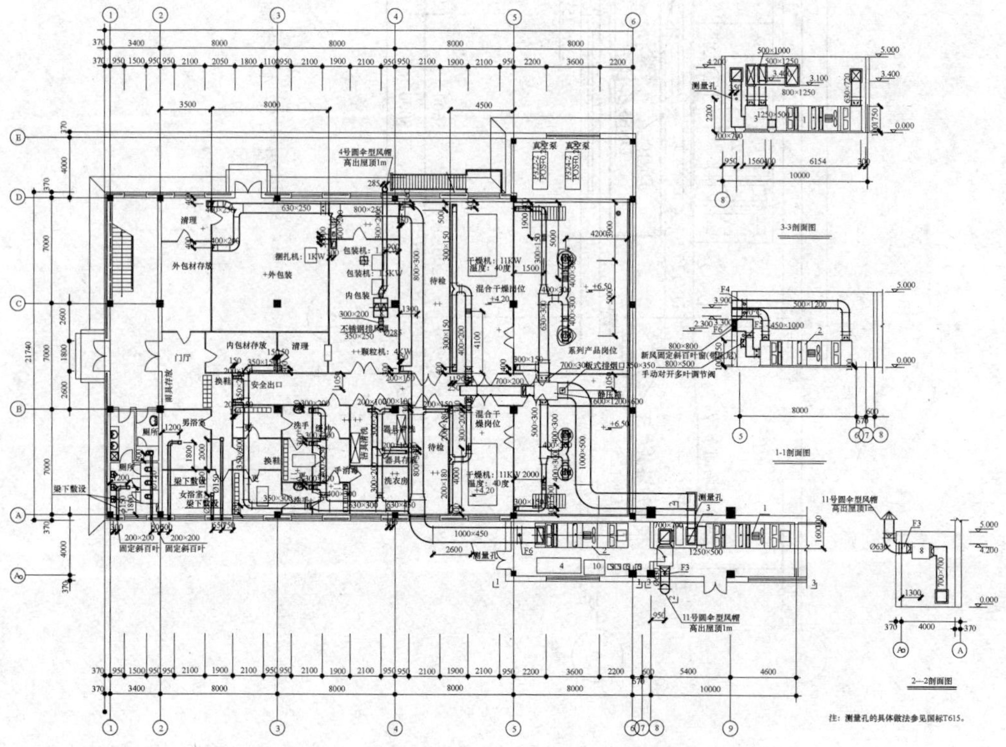

图 3.8-3　精烘包厂房房间排风回风平面布置图、剖面图

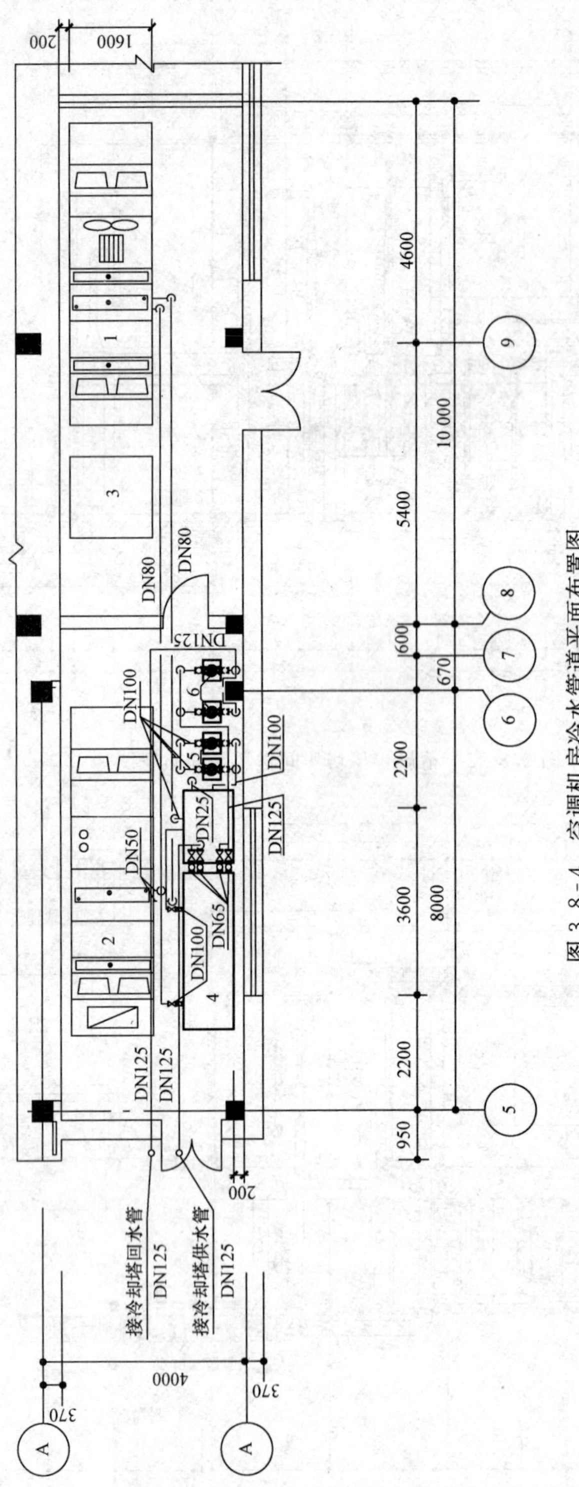

图 3.8-4 空调机房冷水管道平面布置图

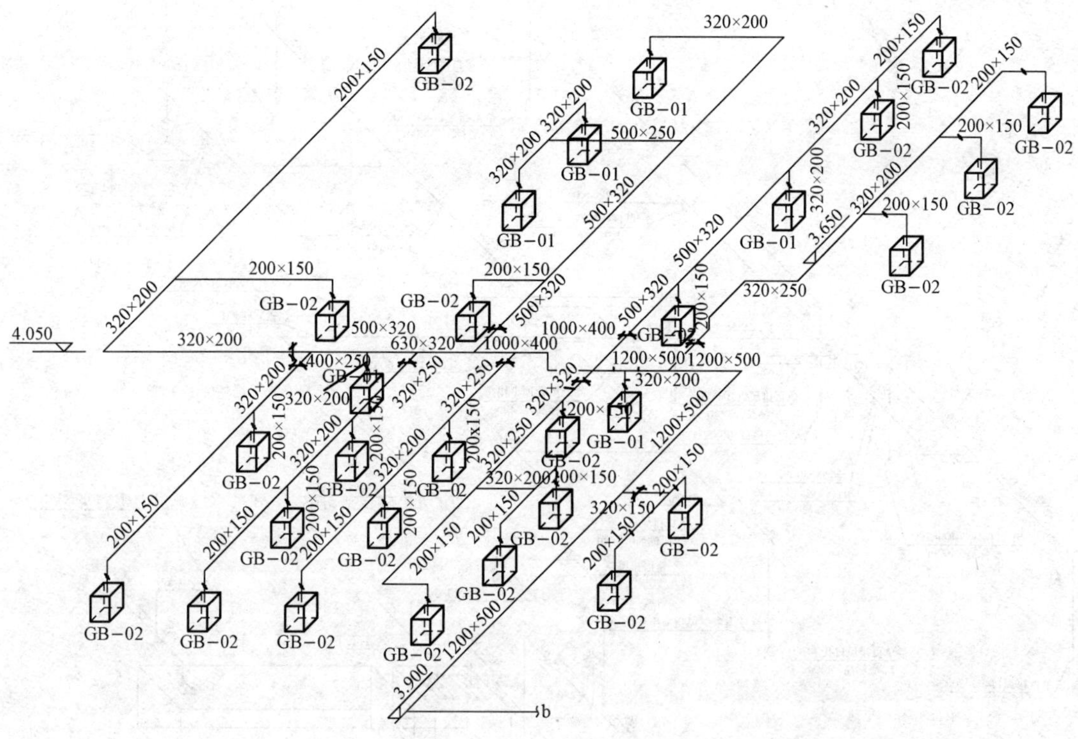

图 3.8-5　机组 2 空调送风系统图

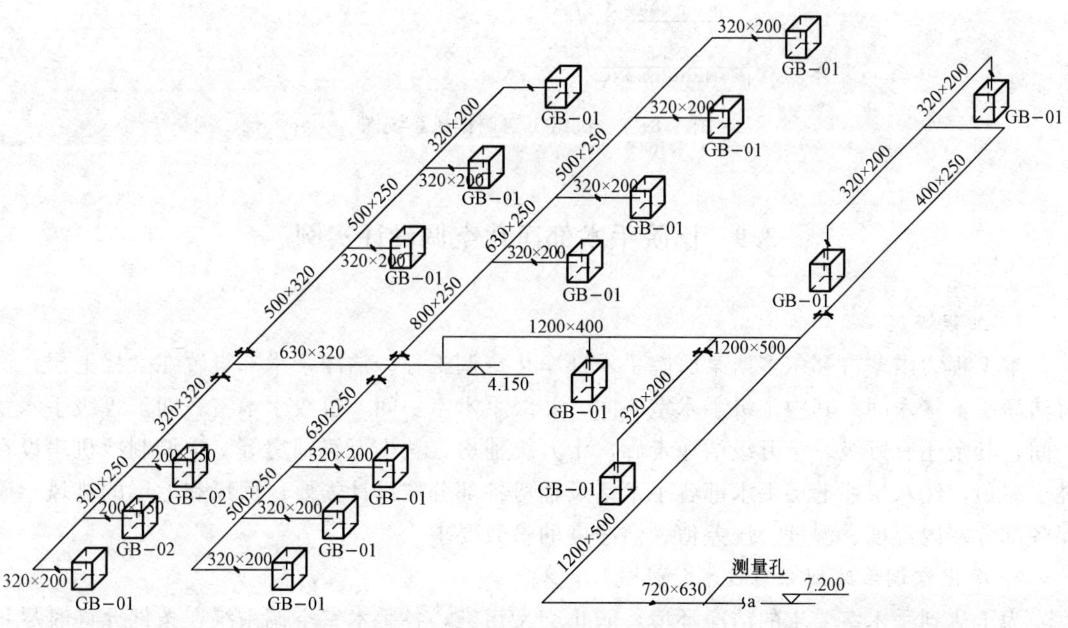

图 3.8-6　机组 1 空调送风系统图

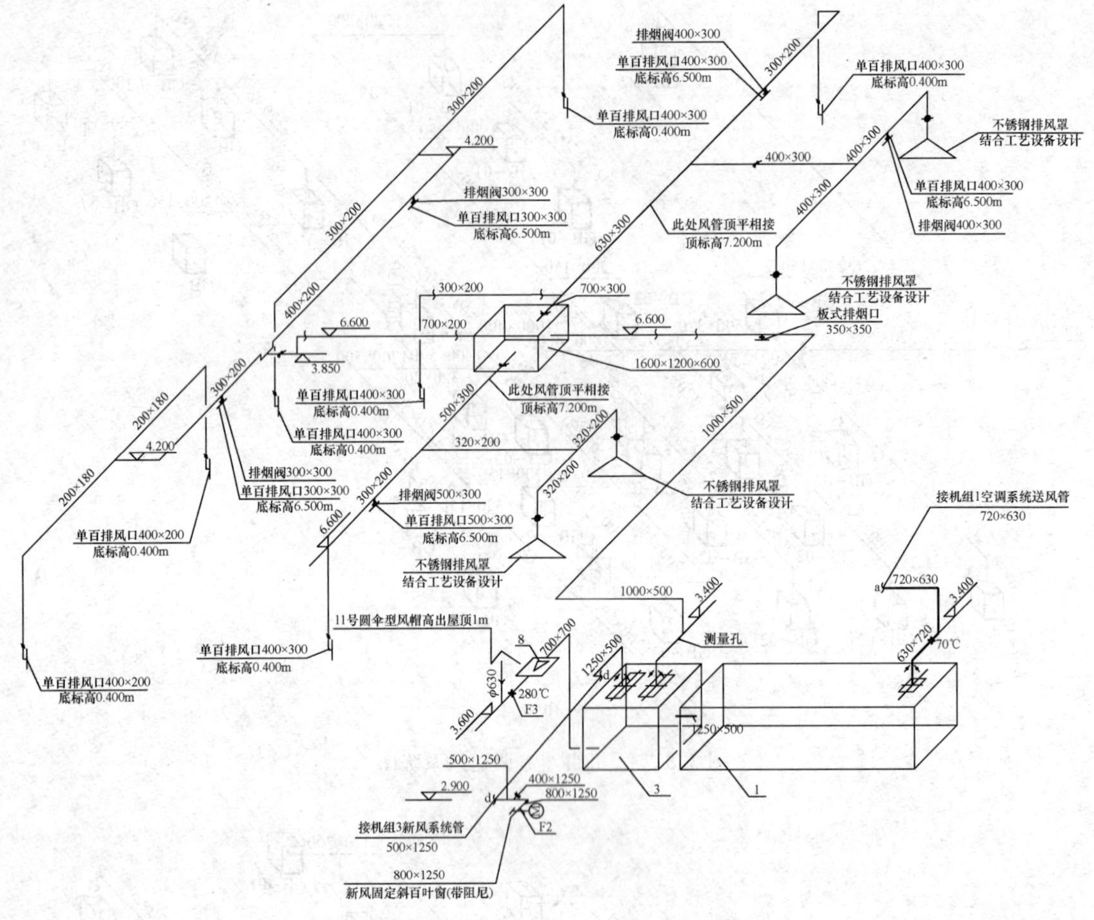

图 3.8-7　机组 1 空调排风系统图

3.9　医院手术部净化空调设计实例

1. 工程概况

本工程为内蒙古鄂尔多斯某医院手术部净化空调工程。洁净手术部设置在大楼七层，共有洁净手术室六间。其中Ⅰ级手术室一间，Ⅱ级手术室一间，Ⅲ级手术室三间，Ⅳ级手术室一间，其余还有万级、十万级洁净走廊，十万级辅房，三十万级辅房等。空调制冷机房设在九层屋顶，经八层往七层手术部各手术室及辅房各部分按设计需要送回风和七层的排风。确保各部分室内温度、湿度、压差值、洁净度的参数要求。

2. 净化空调系统划分与技术特性量

为了达到手术室要求的洁净环境，防止交叉污染，各手术室空调系统在条件允许时尽量独立，互不干扰。结合本工程的实际情况，采用如下方案：百级手术室一间单独设一个系统 JK-1；千级手术室一间单独设一个系统 JK-2；万级手术室三间设一个系统 JK-3；Ⅳ级手术室一间与洁净辅房和走廊设一个系统 JK-4，共四个空调系统。新风集中设置一个新风空调系统 XK-5。

表 3.9-1　　洁净区净化空调系统技术特性量表

系统编号	洁净级别	循环送风量/(m^3/h)	新风量/(m^3/h)	排风量/(m^3/h)	冷负荷/kW	服务区域
JK-1	百级	11 280	1000	400	23.50	Ⅰ级手术室（百级间）
JK-2	千级	4540	800	400	17.10	Ⅱ级手术室（千级间）
JK-3	万级	5830	2400	300	30.50	Ⅲ级手术室（万级间）
				300		
				300		
JK-4	万级 十万级 三十万级	9120	2100	1630	50.90	Ⅳ级手术室（一间），万级走廊，十万级走廊，十万级级房（四间），三十万级辅房
XK-5			6550		34.00	供给各空调机组新风

3. 净化空调系统形式

本设计采用全空气处理系统，其形式为：净化空调机组送出的风经各房间棚顶的末端设备，即净化送风天花或末端高效过滤器，过滤后送入室内；同时室内空气通过设置在手术室两长边下侧的可调侧壁式百叶回风口（带中效过滤器）回风到组合式空调机组。经过净化空调机组的新回风混合段、初效过滤段、表冷（加热）段、加湿段、风机段、杀菌段、中效过滤段、出风段等功能段的处理后，再次送入室内。净化空调的新风系统统一设置，新风净化集中处理。各手术室单独排风，排风经过中效过滤器过滤后，再排至室外。

4. 净化空调的技术指标控制

(1) 手术室的温湿度保证措施

夏季空气处理过程为：新风与室内回风混合后，经空调机组的表冷段进行冷却降温，以达到要求的送风状态。冬季空气处理过程为：新风与室内回风混合后，经空调机组的加热段进行加热，然后经过加湿器加湿，以达到要求的送风状态。手术室内温湿度可通过设置在每台空气处理机冷热媒管路上的电动阀和执行器调节阀门的开度，精确控制表冷段（加热段）的冷却量（加热量），以及加湿量，以达到要求的送风温湿度。

(2) 手术室的正压保证措施

为了防止室外污染物侵入，只有保持无菌区域的正压值才是最好的选择。手术部各房间洁净级别不同，维持整个手术部有序的压力梯度，才能保证各房间之间正压气流的定向流动。每间手术室对应的净化空调系统均有循环送风、回风、新风和排风系统，维持房间合理的正压差值是通过对密闭房间控制新风量与排风量之差来实现的。同时在排风管上应设置止回阀和中效过滤器，防止室内空气污染室外和室外空气倒灌入室内。

(3) 手术室的空气洁净度保证措施

送入手术室的循环送风：首先新风部分在新风机组中经过了初效和中效二级过滤；回风部分在手术室风口后经过了中效过滤，然后回到组合净化空调机组的混合段中，二部分混合后又经过中效或亚高效过滤，最后在送风管路末端又经过高效过滤器，送入手术室的空气洁净度是可以得到保证的。

（4）手术室细菌浓变保证措施

空调设备部件及管路系统要保证气密性好，内表面应光洁不易积尘和滋生细菌；采用表面冷却器时，通过盘管气流速变 $v \leqslant 2m/s$；冷凝水排出口应能防倒吸并能顺利排出冷凝水，凝结水管不与下水道相连；在加湿过程中不应出现水滴，水质卫生；系统材料应抗腐蚀，防止微生物二次污染。通过自动控制系统，在空调系统停止运行后，将表冷器及过滤器吹干，以免滋生细菌。在组合式空调机组中增设杀菌功能措施。

5. 空调冷热源设置

空调冷源在九层空调制冷机房独立设置，采用风冷冷水机组一台，$Q_{冷}=156kW$。由冷水系统分水器分别给四台空调机组和一台新风空调机组的表冷器提供冷源水，与空调机组的空气换热，空气降温，冷源水升温后回到系统集水器中。再由系统循环水泵抽集水器中的冷源水压入冷水机组蒸发器换热管中，经制冷，冷源水降温后再压入冷冻水系统分水器中，这样循环制冷。空调热源水由甲方医院提供，热水供水管与空调机房水系统的分水器预留管头相连接，热水回水管与机房水系统循水泵压出管段预管头相连，压入甲方医院设置的热源换热器，热源水升温后压入空调机房水系统分水器，后到空调机组换热器，空气升温，水降温后回到集水器，再经循环水泵压入甲方医院热源换热器，这样循环制热。

6. 主要设备部件选型

表 3.9-2　主要设备部件选型明细表

序号	设备名称与型号	技术性能规格参数	单位	数量	备注
1	风冷冷水机组 YCAB160SC $Q_{冷}=156kW$	压缩机 2 台，$N=25.9kW\times2$ 冷凝风机 3 台，$N=1.1kW\times3$ $L_{风}=15876\times3m^3/h$ 蒸发器水流量 $G=27m^3/h$	台	1	九层空调机房 冷源机
2	医卫型组合式空调器 ZK3060（10 功能段）	$L_{风}=11\ 280m^3/h$，$H=1350Pa$ $Q_{热冷}=25kW$，$v_{盘管风}=2m/s$	台	1	用Ⅰ级手术室（一间） JK-1 系统主机组
3	医卫型组合式空调器 ZK2040（10 功能段）	$L_{风}=4540m^3/h$，$H=1350Pa$ $Q_{热冷}=15kW$，$v_{盘管风}=2m/s$	台	1	用Ⅱ级手术室（一间） JK-2 系统主机组
4	医卫型组合式空调器 ZK2050（10 功能段）	$L_{风}=5830m^3/h$，$H=1350Pa$ $Q_{热冷}=30kW$，$v_{盘管风}=2m/s$	台	1	用Ⅲ级手术室（三间） JK-3 系统主机组
5	医卫型组合式空调器 ZK3050（9 功能段）	$L_{风}=9120m^3/h$，$H=1350Pa$ $Q_{热冷}=50kW$，$v_{盘管风}=2m/s$	台	1	用于Ⅳ级手术室（一间） 辅房及洁走廊 JK-4 系统
6	新风组合式空调器 ZK2050（6 功能段）	$L_{风}=6550m^3/h$，$H=500Pa$ $Q_{热冷}=30kW$，$v_{盘管风}=2.5m/s$	台	1	为四台组合空调器 提供新风量
7	冷热水循环泵 TQR50-160（I）B	$G=28m^3/h$，$H=20.6M$ $N=2.2kW$，$n=2900r/min$	台	2	九层机房冷源机配套用
8	分、集水器	$U=159mm$，$L=1800mm$	台	2	九层机房空调水系统用
9	膨胀水箱	$V=1000\times600\times1000$	个	1	九层机房空调水系统用
10	UDK 电接触液位控制补水装置		套	1	九层机房空调水系统用

续表

序号	设备名称与型号	技术性能规格参数	单位	数量	备注
11	JK-1 系统				
11-1	送风天花	2600×2400×680	套	1	用于Ⅰ级手术室（一间）
11-2	高效过滤器 GK-01 非标	800×620×220	套	6	用于Ⅰ级手术室（一间）
11-3	竖向可调百叶回风口	600×400×50	个	8	带设回风中效过滤层
11-4	排风箱（排风机与中效过滤器组合箱体）	$L=400m^3/h$，$H=200\sim250Pa$ 中效过滤面积 $F\geqslant0.42m^2$	台	1	用于Ⅰ级手术室排风管上
11-5	室内可调百叶排风口	320×250	个	1	用于Ⅰ级手术室棚面
11-6	排风室外百叶风口	400×300	个	1	用于 JK-4 排风系统
11-7	排风管止回阀	200×160	个	1	用于 JK-4 排风系统
11-8	排风管电动阀	200×160	个	1	电动阀与送风机连锁
12	JK-2 系统				
12-1	送风天花	2600×1800×680	套	1	用于Ⅱ级手术室（一间）
12-2	高效过滤 GK-01	484×484×220	套	6	用于Ⅱ级手术室（一间）
12-3	竖向可调百叶回风口	500×320×50	个	6	带设回风口中效过滤层
12-4	排风箱（排风机与中效过滤器组合箱体）	$L=400m^3/h$，$H=200\sim250Pa$ 中效过滤面积 $F\geqslant0.42m^2$	台	1	用于Ⅱ级手术室排风系统
12-5	排风室外百叶风口	400×300	个	1	用于Ⅱ级手术室排风系统
12-6	室内可调百叶排风口	320×250	个	1	用于Ⅱ级手术室棚面
12-7	排风管止回阀	200×160	个	1	用于 JK-2 排风系统
12-8	排风管电动阀	200×160	个	1	电动阀与送风机连锁
13	JK-3 系统				
13-1	送风天花	2600×1400×680	套	3	用于Ⅲ级手术室（三间）
13-2	高效过滤 GK-03	630×630×220	套	6	用于Ⅲ级手术室（三间）
13-3	竖向可调百叶回风口	400×320×50	个	12	带设回风口中效过滤层
13-4	排风箱（排风机与中效过滤器组合体）	$L=300m^3/h$，$H=200\sim250Pa$ 中效过滤面积 $F\geqslant0.42m^2$	台	3	用于Ⅲ级手术室（三间） 每间单设一个排风系统
13-5	室内可调百叶排风口	320×250	个	3	用于（三间）棚面
13-6	排风室外百叶风口	400×300	个	3	用Ⅲ级手术室排风系统
13-7	排风管止回阀	200×160	个	3	用于Ⅲ级手术室 （三间）排风管上
13-8	排风管电动阀	200×160	个	3	用于Ⅲ级手术室 （三间）排风管上
14	JK-4 系统				
14-1	GB-01 高效过滤送风装置	484×484×220	套	2	用于Ⅳ级手术室
14-2	GB-02 高效过滤送风装置	320×320×260	套	3	用于万级洁净走廊

续表

序号	设备名称与型号	技术性能规格参数	单位	数量	备注
14-3	GB-01 高效过滤送风装置	484×484×220	套	4	用于十万级辅房
14-4	GB-01 高效过滤送风装置	484×484×220	套	3	用于十万级走廊外缓冲
14-5	GB-02 高效过滤送风装置	320×320×260	套	4	用于三十万级辅房
14-6	GB-01 高效过滤送风装置	484×484×220	套	1	用于三十万级换车
14-7	GB-02 高效过滤送风装置	320×320×260	套	2	用于三十万级男女更衣
14-8	可调风量百叶回风口	500×320	个	9	与 GB-01 送风口对应
14-9	可调风量百叶回风口	400×250	个	7	与 GB-02 送风口对应
14-10	送风总管防火阀	900×500	个	1	用于 JK-4 送风系统
14-11	送风总管多叶调节阀	900×500	个	1	用于 JK-4 送风系统
14-12	送风总管消声器	900×500×1000	个	2	用于 JK-4 送风系统
14-13	回风总管防火阀	800×500	个	1	用于 JK-4 回风系统
14-14	回风总管多叶调节阀	800×500	个	1	用于 JK-4 回风系统
14-15	回风总管消声器	800×500×1000	个	2	用于 JK-4 回风系统
14-16	排风箱（排风机与中效过滤器组合箱体）	$L=1600$，$H=250\sim350$Pa 中效过滤面积 $F\geqslant0.9\text{m}^2$	台	1	用于 K-4 排风系统多部分共用（见图）
15	XK-5 系统统				
15-1	新风室外固定百叶窗口	1100×600	个	1	作防雨斜百叶窗口
15-2	新风防冻密闭电动阀	800×500	个	1	与本送风机连锁
15-3	新风总管多叶调节阀	800×500	个	1	室外进风总管段
15-4	新风总管多叶调节阀	800×500	个	1	室内出风总管段
15-5	新风支管密闭调节阀	320×250	个	1	连 JK-1 系统新风管
15-6	新风支管电动阀	320×250	个	1	与 JK-1 系统送风机连锁
15-7	新风定风量阀	$1000\text{m}^3/\text{h}$	个	1	与 JK-1 系统送风机连锁
15-8	新风支管多叶调节阀	320×250	个	1	连 JK-2 系统新风管
15-9	新风支管电动阀	320×250	个	1	与 JK-2 系统送风机连锁
15-10	新风定风量阀	$800\text{m}^3/\text{h}$	个	1	与 JK-2 系统送风机连锁

7. 主要设计图

（1）七层工艺平面图（图 3.9-1）。

（2）七层净化空调总平面图（图 3.9-2）。

（3）净化空调系统原理图（图 3.9-3）。

（4）九层空调机房水管路平面图（图 3.9-4）。

（5）九层空调机房基础平面布置图（图 3.9-5）。

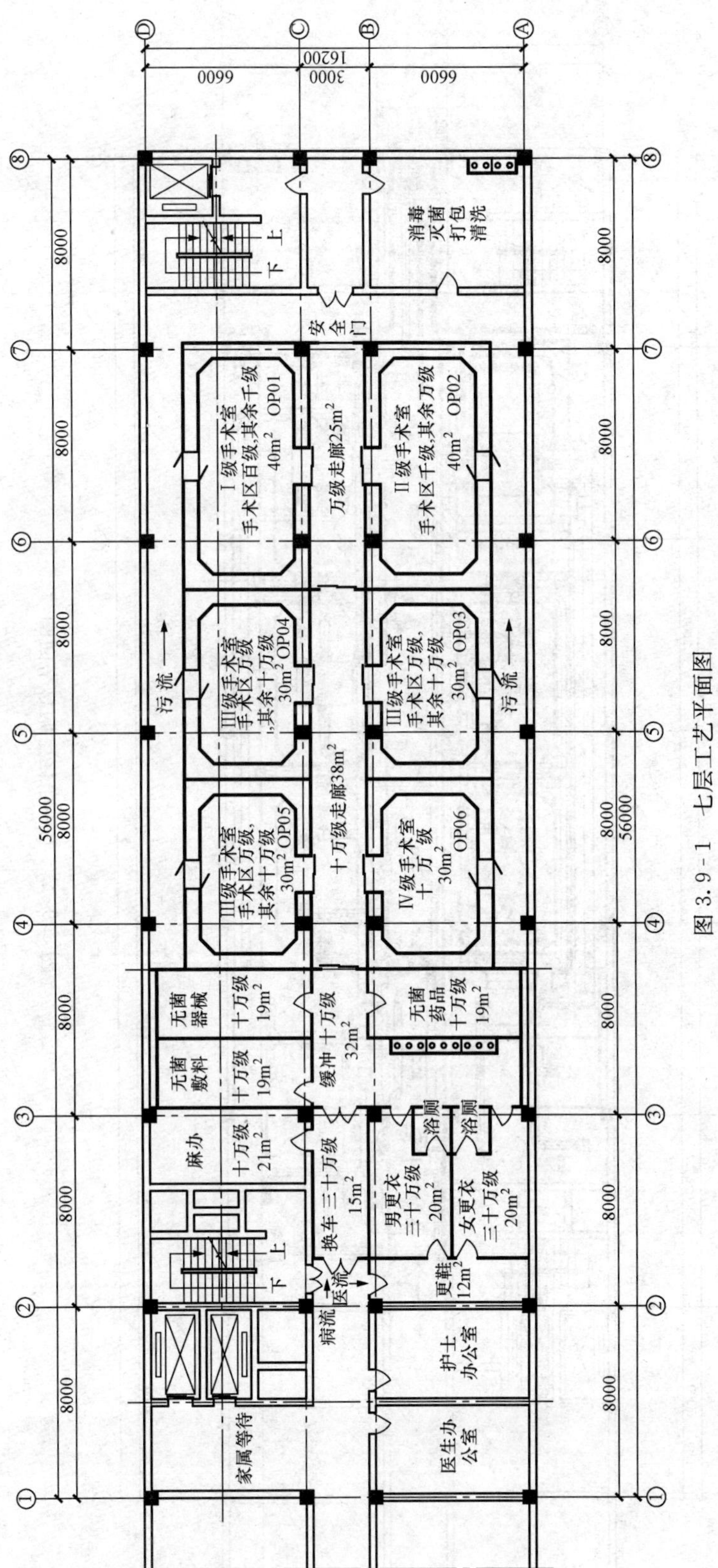

图 3.9-1　七层工艺平面图

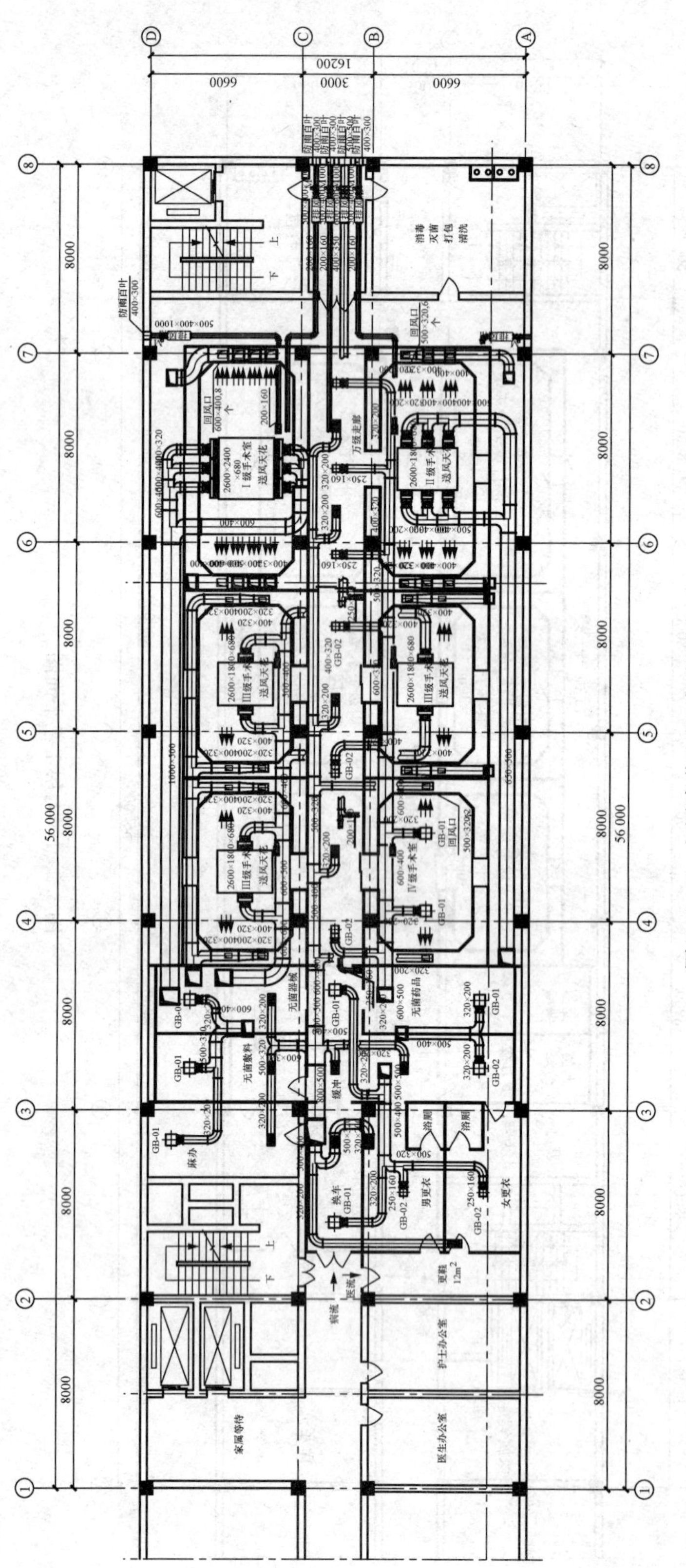

图 3.9-2 七层净化空调总平面图

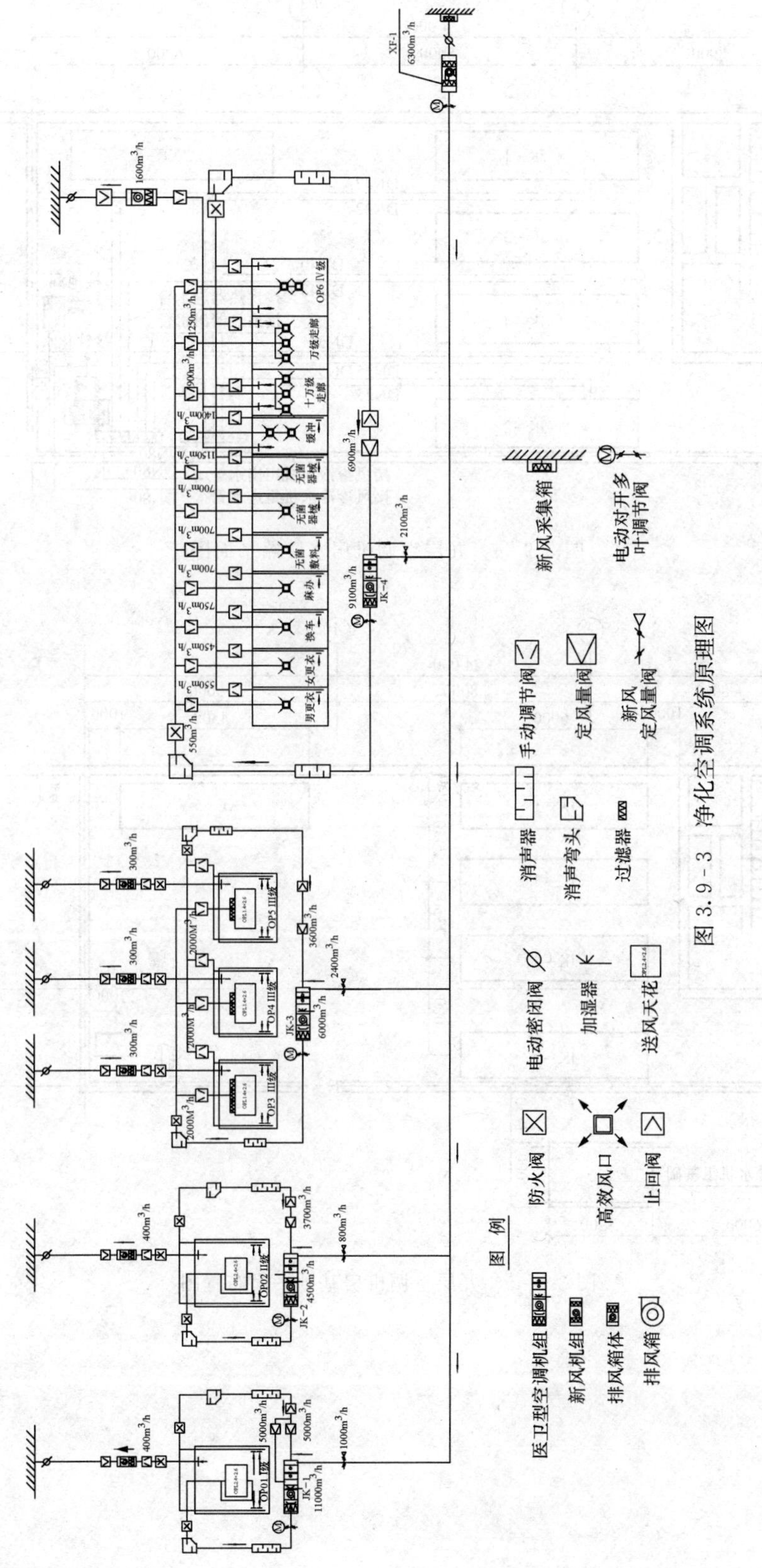

图 3.9-3 净化空调系统原理图

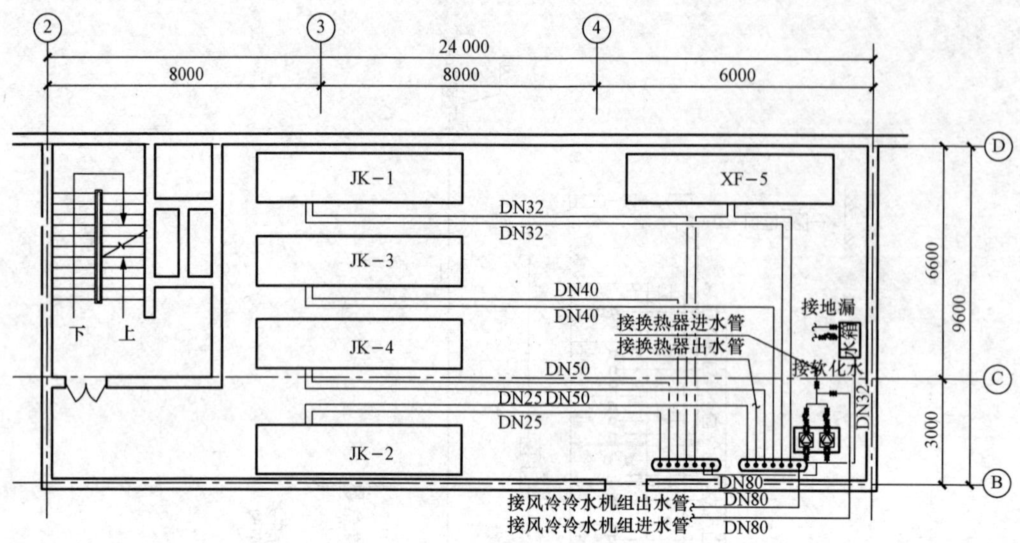

图 3.9-4 九层空调机房水管路平面图

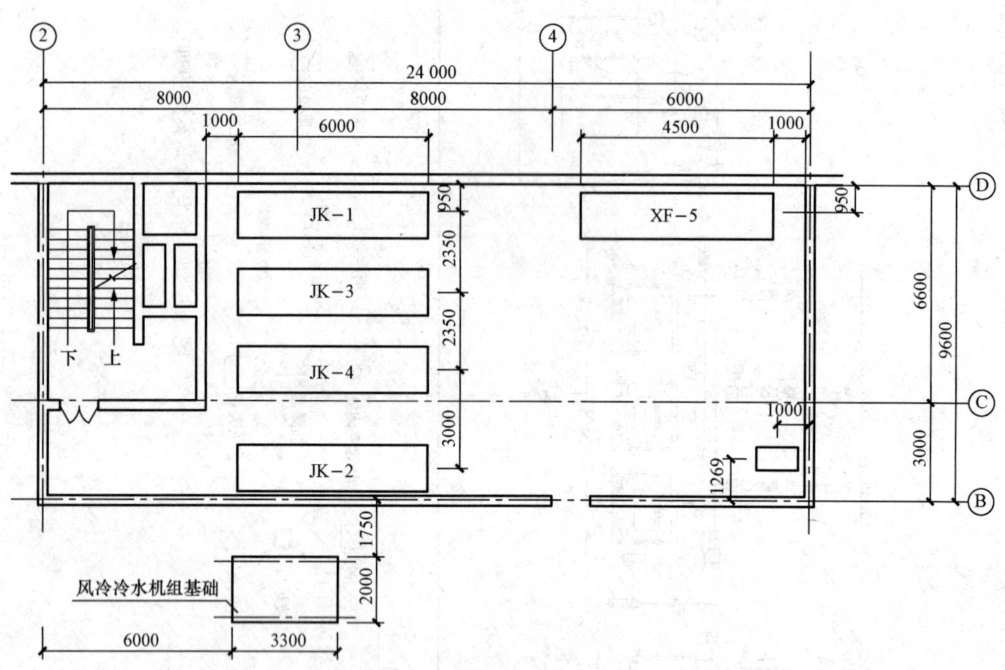

图 3.9-5 九层空调机房基础平面布置图

第4章　制冷技术类型应用设计

4.1　空调冷源技术类型应用设计

【目的任务】

空调冷源技术类型应用设计目的与任务：首先根据空调冷源服务对象的冷负荷规模、供冷参数、冷源分布状况及环境供冷条件，综合比较确定设计建立集中冷源站或是分散制冷机房，采用冷机类型；根据项目具体的空调冷源负荷量、介质参数要求、冷机类型等，进行冷机及配套设备具体选型；合理进行冷源站或制冷机房的设备与系统管路设计布置，选择循环泵及相关部件，监测控制设备，确保空调冷源系统正常运行。

【方法要领】

空调冷源技术类型设计方法与要领：运用空调冷源技术设计知识，首先弄清空调冷源服务对象的分布位置、参数要求、需求冷负荷量及环境供冷条件；综合比较确定设计建立集中冷源站或是分散制冷机房，确定采用冷机类型；根据项目的空调冷源负荷量、介质参数要求、冷机类型，进行冷机及配套设备具体选型；合理进行冷源站或制冷机房的设备与系统管路设计布置，水力计算，确定管径，选择循环泵及相关部件，监测控制设备等，确保空调冷源系统正常运行和冷源用户的要求。

【主要环节与内容】

4.1.1　空调冷源设计综述

4.1.1.1　空调冷源的分类与选择的原则

1. 空调冷源的种类及特点

空调冷源包括天然冷源和人工冷源。天然冷源利用自然界存在的冰、深井水等来制冷；人工冷源是应用现代制冷技术来制冷。目前常用的空调人工冷源设备有电动压缩式冷水机组，溴化锂吸收式冷水机组两大类，其特点列于下表：

表4.1-1　**人工冷源种类及特点**

冷源设备	电动压缩式冷水机组	溴化锂吸收式冷水机组
制冷机工作形式	涡旋式、往复式、螺杆式、离心式	热水型、蒸汽型、直燃型
特点	体积小、重量轻	制冷机环保性好、耗电量小、可利用余热

2. 空调冷源选择的基本原则

(1) 空调冷源首先考虑选用天然冷源。在无条件采用天然冷源时，可采用人工冷源。

(2) 冷水机组选型应根据建筑物空调规模、用途、冷负荷、所在地区的气象条件、能源结构、政策、价格及环保规定等情况，按下列原则通过综合论证确定：

1) 冷水机组选型应作方案比较，宜包括电动压缩式冷水机组和溴化锂吸收式冷水机组的比较；

2）如果有余热可以利用，应考虑采用热水型或蒸汽型溴化锂吸收式冷水机组供冷；

3）具有多种能源地区的大型建筑，可采用复合式能源供冷；当有合适的蒸汽源热源时，宜用汽轮机驱动离心式冷水机组，其排汽作为蒸汽型溴化锂吸收式冷水机组的热源，使离心式冷水机组与溴化锂吸收式冷水机组联合运行，提高能源的利用率。

4）对于电力紧张或电价高，但有燃气供应的情况，应考虑采用燃气直燃型溴化锂吸收式冷水机组；

5）夏热冬冷地区、干旱缺水地区的中、小型建筑，可考虑采用风冷式或地下埋管式地源冷水机组供冷；

6）有天然水等资源可以利用时，可考虑采用天然水作冷水机组的冷却水；

7）全年需要进行空调，且各房间或区域负荷特性相差较大，需长时间向建筑物同时供冷和供热时，经技术和经济比较后，可考虑采用水环热泵空调系统供冷、供热；

8）在执行分时电价，峰谷电价差较大的地区，空调系统采用低谷电价时段蓄冷能取得明显的综合经济效益时，应考虑蓄冷空调系统供冷。

（3）需设空调的商业或公共建筑群，有条件适宜采用热、电、冷联产系统或设置集中供冷站。

（4）下列情况宜采用分散设置的风冷、水冷式或蒸发冷却式空调机组：

1）空调面积较小，采用集中供冷系统不经济的建筑；

2）需设空调的房间布置过于分散的建筑；

3）设有集中供冷系统的建筑中，使用时间和要求不同的少数房间；

4）需要增设空调，而机房和管道难以设置的原有建筑；

5）居住建筑。

4.1.1.2 几种常见制冷机房设计的原则要求及应注意的问题

1. 制冷机房土建设计原则及要求

（1）机房的位置应尽可能靠近冷负荷中心，以缩短输送管道；机房宜设置在建筑物的地下室；对超高层建筑，可设置在设备层或屋顶。

（2）机房宜设置观察控制室，维修间及洗手间。

（3）机房内的地面和设备基座应采用易于清洗的面层。

（4）机房应考虑预留可用于机房内最大设备运输，安装的空洞和通道；最好在机房上部预留起吊最大部件的吊钩或设置电动起吊设备。

（5）机房的净高（地面到梁底）应根据冷水机组的种类和型号而定。

2. 氨制冷机房应满足下列要求

（1）机房应单独设置，净高≥4.8m且远离建筑群；

（2）机房应有良好的自然通风条件；

（3）机房的自动控制室或操作人员值班室应与机器间隔开，并设置固定密封观察窗；

（4）机房应有两个或两个以上出入口，其中一个出入口的宽度≥1.5m；

（5）机房内严禁采用明火供暖；

（6）设置事故排风装置，换气次数≥8次/小时，排风机选用防爆型；

（7）制冷机泄压口应高于周围50m范围内最高建筑屋脊5m，并采取防止雷击，防止雨水或杂物进入泄压管的措施；

(8) 设置紧急泄氨装置，在紧急情况下，能将机组氨液溶于水中（每 1kg/min 的氨至少提供 17L/min 的水）排至经有关部分批准的贮罐或水池。

3. 燃气直燃型溴化锂吸收式冷（热）水机组机房的设计原则及要求：

(1) 机房应设置独立的燃气表间。

(2) 机房，燃气表间应分别独立设置防爆排风机，燃气浓度报警器，并有进风措施；防爆排风机与燃气浓度报警器连锁，当燃气浓度达到爆炸下限 1/4 时报警并启动风机排风。

(3) 燃气管上应设能自动关闭，现场人员开启的自动切断阀。

(4) 机组排放烟气的烟道宜单独设置；当两台或两台以上机组需合用一个总烟道时，应在每台机组的排烟支管上设置截断阀；排烟管道应考虑热膨胀补偿；水平烟道应有 0.01 坡向机组的坡度。

(5) 燃气管道上应设置放散管，取样口和吹扫口；放散管应引到室外，放散管管口应高出屋脊 1m 以上，并采取防止雨雪进入管道和吹扫放散物进入房间的措施。

4. 溴化锂吸收式冷（温）水机组机房布置应注意的问题：

(1) 机房位置：机房应尽量靠近用冷地点。其位置有独立设施；地面一层；建筑物地下层；建筑物最高层；建筑物裙房屋顶；主楼的中间设备层。机房设于地下层时，应考虑通风与排水问题，还应考虑吊装，预留口及吊装方案。

(2) 机房尺寸：机房首先应满足机组本身的要求，并留出维修空间。机房内主要通道≥1.5m；与配电柜的距离≥1.5m；机组于机组或其他设备之间的净距≥1.2m；机组端部应留有蒸发器，冷凝器或低温发生器长度的维修距离；机组与其上方管道，烟道或电缆桥架的净距不应小于 1.0m；机组与墙之间的净距≥1.0m。

(3) 机房吊装孔口：考虑机组安吊装方便，机房侧墙或楼板上应预留吊装孔口。

(4) 溴化锂溶液贮液器：在溴化锂吸收式制冷机房中。宜设置贮液器，其容积应按贮存制冷系统中的全部溴化锂溶液计算。

(5) 贮油罐与室内日用油箱：

1) 室外贮油罐的安装有直埋和地下油库两种方式，都具有隐蔽节省占地的优点，直埋检查修理不方便，地下油库必须≥6 次/时，通风装置。

2) 室内油箱也称中间油箱和运转油箱，一般用钢板做成密闭式，设透气管通向室外。

(6) 燃气供应方式及配管：

1) 燃气供应方式：

A. 低压供应方式；家用常为这种方式，燃气压力在 0.98～1.96kPa（100～200mm）范围；

B. 中低压供应方式：从中压管分出，要在用户所在地安装专用的压力调节器。这种供气方式有 A 和 B 两种，A 为有专门设施，B 为无专门设施，供气压力范围在 3.29～9.8kPa（400～1000mm）范围内；

C. 中压供应方式：从中压管分出后，不安装日用压力调节器，直接供入直燃型溴化锂吸收式冷（温）水机。燃气压力在 78.4～98kPa（8000～10 000mm）范围内。

2) 燃气配管：

A. 燃气进入机房的压力≥3kPa，使用范围 5～15kPa。压力>15kPa 应设减压装置。

B. 室内中低压燃气管道应采用镀锌钢管，焊接或法兰连接。

C. 燃气管道上应设置放散管，作为充气启动机检修时将燃气排至室外之用，其管径DN＞20mm，管口应高出屋脊1m以上。

(7) 机房消防安全措施：

1）应保证全部燃气管路，管接头及燃烧器的严密性，消除一切泄露燃气的隐患。

2）机房内应在适当位置设置高性能，高灵敏度的燃气报警器。

3）机房设置机械送、排风系统，保证通风良好。排风机应与燃气报警器联动，当燃气泄漏报警时，能启动强制排风。

4）机房和贮油间应有气体灭火装置。

5）机房内的机动设备要求采用防爆型，不起火花。冷水泵和冷却水泵应单独隔开。

6）所有燃气设施经过的密闭室均设通风，换气及报警装置。

7）机房与变配电间不得相邻设置。

8）设在地下层的机房，其泄爆（压）面积≥直燃型机组占地（包括机组前后，左右检修场地）面积的10%，且泄压口应避开人员密集场所。

4.1.1.3 常用制冷机的特性及适宜的单机容量

详见下表：

表4.1-2 常用制冷机的特性及适宜的单机容量

种类		特性及用途	适宜单机名义制冷量/kW
蒸汽压缩式	离心式	通过叶轮离心力作用吸入气体和对气体进行压缩、容量大、体积小、可实现多级压缩，以提高效率和改善调节性能，适用于大容量的空调制冷系统，不宜用于高压缩比场合	≤2000
	螺杆式	双螺杆通过转动的两个阴阳螺旋形转子相互啮合，单螺杆通过一个螺旋形转子与两个星轮啮合而吸入气体和压缩气体，利用滑阀调节气缸的工作容积来调节负荷。转速高，适合于高压缩比场合，排气压力脉冲性小，容积效率高，适用于制冷装置及大、中型空调制冷系统和热泵系统	＞580
	活塞式	通过活塞的往复运动吸入气体和压缩气体，适用于中、小容量的空调制冷与热泵系统	＜580
	涡旋式	由静涡盘和动涡盘组成，气态制冷剂从静涡盘的外部吸入，在静涡盘与动涡盘所形成的月牙形空间中压缩，被压缩的高压气态制冷剂，从静盘中心排出，完成吸气与压缩过程，与活塞式相比，容积效率与绝热效率均提高了，噪声振动降低了，体积缩小了，重量减轻了，单机容量小，适合小型热泵系统	＜116
吸收式	直燃型	利用燃烧重油、煤气或天然气等作为热源。分为冷水、冷温水机组两种。原理与蒸汽热水型相同。由于减少了中间环节的热能损失，效率提高。冷温水机组可一机两用、一机三用，节约机房面积，有条件的场所均可使用	单机容量可达23290kW
	蒸汽型	适于有集中供热，特别是有余热和废热利用的场所	最大容量可达11 630kW

4.1.1.4 各类制冷机的名义工况条件

制冷机主要有两类：蒸汽压缩循环冷水（热泵）机组和直燃型溴化锂吸收式冷（温）水机组。它们的名义工况条件详见表4.1-3与表4.1-4中的数值。

表4.1-3 蒸汽压缩循环冷水（热泵）机组名义工况条件

<table>
<tr><th rowspan="3" colspan="2">项目</th><th colspan="2">使用侧</th><th colspan="6">热源侧（或放热侧）</th></tr>
<tr><th colspan="2">冷、热水</th><th colspan="2">水冷式</th><th colspan="2">风冷式</th><th colspan="2">蒸发冷却时</th></tr>
<tr><th>进口水温</th><th>出口水温</th><th>进口水温</th><th>出口水温</th><th>干球温度</th><th>湿球温度</th><th>干球温度</th><th>湿球温度</th></tr>
<tr><td colspan="2">制冷/℃</td><td>12</td><td>7</td><td>30</td><td>35</td><td>35</td><td>—</td><td>—</td><td>24</td></tr>
<tr><td colspan="2">热泵制热/℃</td><td>40</td><td>45</td><td>15</td><td>7</td><td>7</td><td>6</td><td colspan="2">—</td></tr>
<tr><td colspan="2">污垢系数/(m^2·K/kW)</td><td colspan="2">0.086</td><td colspan="2">0.086</td><td colspan="2">—</td><td colspan="2"></td></tr>
<tr><td rowspan="2">额定电压</td><td>单相交流</td><td colspan="8">220V 50Hz</td></tr>
<tr><td>三相交流</td><td colspan="8">380V、3000V、6000V、或10 000V 50Hz</td></tr>
<tr><td colspan="2">大气压力/kPa</td><td colspan="8">101</td></tr>
</table>

表4.1-4 直燃机溴化锂吸收式冷（温）水机组名义工况条件

<table>
<tr><th rowspan="2">类型</th><th colspan="2">加热源</th><th rowspan="2">冷水出口温度/℃</th><th rowspan="2">冷水出口温差/℃</th><th rowspan="2">冷却水进口温度/℃</th><th rowspan="2">冷却水出口温度/℃</th><th rowspan="2">单位制冷量加热源耗量/[kg/(h·kW)]</th></tr>
<tr><th>蒸汽饱和压力/MPa</th><th>热水/℃</th></tr>
<tr><td>蒸汽单效型</td><td>0.1</td><td rowspan="7"></td><td>7</td><td rowspan="8">5</td><td rowspan="8">30 (32)</td><td>35 (40)</td><td>2.35</td></tr>
<tr><td rowspan="6">蒸汽双效型</td><td>0.25</td><td>13</td><td rowspan="7">35 (38)</td><td rowspan="2">1.40</td></tr>
<tr><td rowspan="2">0.4</td><td>7</td></tr>
<tr><td>10</td><td rowspan="2">1.31</td></tr>
<tr><td rowspan="2">0.6</td><td>7</td></tr>
<tr><td>10</td><td rowspan="2">1.28</td></tr>
<tr><td>0.8</td><td>7</td></tr>
<tr><td>热水型</td><td></td><td>[th_1进口/th_2出口]</td><td></td><td>—</td></tr>
<tr><td>污垢系数/(m^2·K/kW)</td><td colspan="7">冷水、冷却水侧均为0.086</td></tr>
<tr><td>电流</td><td colspan="7">三相交流、额定电压为380V，50Hz</td></tr>
</table>

4.1.1.5 水源热泵空调系统设计与冷水（热泵）机组选用注意的问题

（1）水源热泵空调系统设计时，应注意如下问题：首先要注意的是水源热泵（机组）有两类，水/空气热泵和水/水热泵；其次要强调水源热泵本身只是一种设备，但可组成不同的水源热泵系统。水源热泵空调系统设计时应注意以下问题：

1）水源热泵机组采用地下水，地表水时，机组所需水源的总水量应按冷（热）负荷，水源温度，机组和板式换热器的性能综合确定；水源供水应稳定，满足所选机组供冷，供热时对水温和水质的要求，当水源水质不能满足要求时，应相应采取有效的过滤，沉淀，灭藻，除垢和防腐措施；采用集中设置机组时，应根据水源水质条件确定。采用是直接供水还是间接供水，但采用分散小型的单元式机组（多为水—空气热泵机组）时，应采用板式换热的间接供水方式。

2）水源热泵机组采用地下水为水源时，地下水应全部回灌，并确保回灌水不得对地下水资源造成污染。

3）采用地下埋管换热器和地表水盘管换热器的地源热泵时，其埋管和盘管的形式，规格与长度应按冷（热）负荷，土地面积，土壤结构，土壤温度，水体温度的变化规律和机组性能等因素确定。

（2）冷水（热泵）机组选用时应注意以下问题

1）水冷电动压缩式冷水机组的机型应按其制冷量范围，经性能价格比较进行选择。

2）冷水（热泵）机组在进行设计选型时应校核所选的冷水（热泵）机组名义工况下的制冷性能系数，同时考虑满负荷与部分负荷因素。

3）风冷冷水机组和风冷热泵冷热水机组的耗电量较大，价格也高，在选型时还应注意以下几点：

A. 应优先选机组性能系数较高的产品，以降低投资和运行成本；

B. 应进一步了解机组的除霜方式，通过比较判断后，选用高效可靠化霜控制机组；

C. 应选用运行噪声较低，对周边环境不会导致噪声污染的机型；

D. 在冬季寒冷潮湿地区，需连续运行或对室内温度有较高要求的空调系统，应按当地平衡点温度（即空气源热泵供热量等于建筑耗热量时的室外计算温度）确定机组的容量和辅助加热设备的容量，以避免机组选择过大，造成初投资增加，运行效率降低；

E. 风冷冷水机组和风冷热泵冷热水机组在设计选型时，还应根据机组的安装位置和运输或吊装条件，选用合适的外形尺寸和质量的机组。

4.1.2 空调冷源设计与计算

4.1.2.1 单级制冷理论循环计算与制冷压缩机主要性能参数确定

1. 空调制冷单级蒸汽压缩式制冷理论循环计算

蒸汽压缩式制冷理论循环的计算步骤简述如下：

（1）循环温度工况点的确定：包括蒸发温度 t_0，冷凝温度 t_k，液体过冷温度 $t_{r.c}$（或过冷度 $\Delta t_{r.c}$），压缩机的吸气温度 t_1（或过热度 Δt_{sh}）。

（2）应用制冷剂的 $\lg P-h$ 图，画出制冷循环，并从图或制冷剂的热力性质表上查出各状态点焓（h）及压缩机吸气比容 υ_1。

（3）热力计算：

1）单位质量制冷量 q_0；

2）单位容积制冷量 q_v；

3）制冷剂的质量流量 M_R 和体积流量 V_R；

4）冷凝器单位质量换热量 q_K 和热负荷 Q_K；

5）压缩机单位质量耗功量 W_{th}和理论耗功率 P_{th}；

6）理论制冷系数 ε_{th}；

计算结果应符合热平衡热检验，即：$\phi_K=\phi_0+P_{th}$或 $q_K=q_0+W_{th}$

2. 制冷压缩机的主要性能参数确定

(1) 实际输气量 V_R：是在一定工况下压缩机在单位时间内吸入的吸气状态下工质气体的体积流量。

(2) 理论输气量（或理论排气量）V_h：是指单位时间内制冷压缩机最大可吸入的体积流量，它与压缩机的转数和气缸的结构尺寸，数目有关。

(3) 容积效率 η_v：是指制冷压缩机实际输气量 V_R 与理论输气量 V_h 的比值。即

$$\eta_v = V_R / V_h \tag{4.1-1}$$

它随排气压力的增高和吸气压力的降低而减小。

(4) 制冷量 ϕ_0：是指在一定工况下制冷机所能供应的制冷量，它反映制冷压缩机的工作能力。单位为 W 或 kW。

制冷压缩机在一定工况下的制冷量 ϕ_0 为：

$$\phi_0 = M_Q(h_1 - h_5) = \frac{\eta_v V_h}{v_2}(h_1 - h_5) = \eta_v V_h q_v \tag{4.1-2}$$

式中 M_Q——制冷剂质量流量 kg/s；

h_1、h_5——蒸发器出口与进口制冷剂比焓，kJ/kg；

η_v——制冷压缩机的容积效率；

V_h——制冷压缩机的理论输气量，m^3/s；

v_2——制冷压缩机入口气态制冷剂的比容，m^3/kg。

制冷压缩机在铭牌上的制冷量是在相关标准规定的名义工况下测得的制冷量。

(5) 制热量 ϕ_h：当压缩机用于热泵系统工作，在一定工况下所能供应的热量 ϕ_h。单位为 W 或 kW。压缩机在一定热泵工况下的制热量 ϕ_h 为：

$$\phi_h = m_R(h_3 - h_4) \tag{4.1-3}$$

式中 h_3——压缩机出口气态制冷剂的比焓，kJ/kg；

h_4——冷凝器出口液态制冷剂的比焓，kJ/kg。

压缩机制热量也随工况不同而发生变化，其名义制热量应是相关标准规定的名义工况下测得的制热量。

(6) 制冷压缩机的耗功率：

1) 指示功率 P_i 和指示效率 η_i：在一定工况下，单位时间内压缩机气态制冷剂所消耗的功率称为制冷压缩机的指示功率；指示效率为压缩机的理论耗功率与指示功率之比。

2) 轴功率 P_e：由原动机传到制冷压缩机主轴上的功率为轴功率，单位为 kW。它消耗在两个方面，一部分用于压缩气态制冷剂，另一部分用于克服制冷压缩机运动部件之间的摩擦及压缩机润滑油消耗的功率，其表达式为：

$$P_e = P_i + P_m = P_{th} / \eta_e \tag{4.1-4}$$

式中 P_i——制冷压缩机的指示功率，即压缩气态制冷剂所消耗的功率，kW；

P_m——制冷压缩机的摩擦功率，kW；

P_{th}——制冷压缩机的理论压缩功率，kW；

η_e——轴效率，制冷压缩机主轴输入功率利用的完善程度，也是开式压机等熵效率。

3) 电机输入功率 P_{in}：指从电源输入的驱动制冷压缩机电机的功率。

4) 制冷压缩机配用电动机的功率 P：开启式制冷压缩机配用的电动机功率 P 为：

$$P = (1.10 \sim 1.15) P_e / \eta_d \qquad (4.1\text{-}5)$$

式中 η_d——传动效率，直连时为1。采用三角皮带连接时为0.9～0.95；1.10～1.15裕量附加系数。

(7) 性能系数COP：

1) 制冷性能系数COP：

A. 开启式制冷压缩机的制冷性能系数COP：是指某一工况下，制冷压缩机的制冷量 ϕ_0 与同一工况下制冷压缩机的轴功率 P_e 的比值。

即：

$$\mathrm{COP} = \phi_0 / P_e \quad (\mathrm{W/W})\text{或}(\mathrm{kW/kW}) \qquad (4.1\text{-}6)$$

B. 封闭式制冷压缩机的制冷性能系数COP：是指某一工况下，制冷压缩机的制冷量 ϕ_0 与同一工况下制冷压缩机电机的输入功率 P_m 的比值。

即：

$$\mathrm{COP} = \phi_0 / P_m \quad (\mathrm{W/W})\text{或}(\mathrm{kW/kW}) \qquad (4.1\text{-}7)$$

2) 制热性能系数 $\mathrm{COP_h}$

A. 开启式压缩机在热泵循环中的制热性能系数 $\mathrm{COP_h}$：是指某一工况下，压缩机的制热量 ϕ_h 与同一工况下压缩机轴功率 P_e 的比值。

即：

$$\mathrm{COP_h} = \phi_h / P_e \quad (\mathrm{W/W})\text{或}(\mathrm{kW/kW}) \qquad (4.1\text{-}8)$$

B. 封闭式压缩机在热泵循环中的制热性能系数 $\mathrm{COP_h}$：是指在某工况下压缩机的制热量 ϕ_h 与同一工况下压缩机的制热量与压缩机电机输入功率 P_m 的比值。

即：

$$\mathrm{COP_h} = \phi_h / P_m \quad (\mathrm{W/W})\text{或}(\mathrm{kW/kW})$$

4.1.2.2 制冷剂管道系统设计原则与制冷剂管道直径的确定

(1) 制冷剂管道系统中输送气体或液体管段的设计原则：

1) 按工艺流程合理、操作、维修、管理方便、运行可靠的原则进行管道配置；

2) 必须保证供给蒸发器适量的制冷剂，并且能够顺利地实现制冷系统的循环；

3) 管径选择合理，不允许有过大的压力降产生，以防止系统制冷能力和制冷效率不必要的降低；

4) 根据制冷系统的不同特点和不同管段，气体或液体管段必须设计有一定的坡度和坡向；

5) 输送气体管段，除特殊要求外，不允许设计成“U”字形管段，以及形成阻碍流动的液囊；

6) 输送液体管段，除特殊要求外，不允许设计成倒“U”字形管段，以免形成阻碍流动的气囊；

7) 必须防止润滑油积聚在制冷系统的其他无关部分；

8) 制冷系统在运行中，如发生有部分停机或全部停机时，必须防止液体进入制冷压缩机；

9) 必须按照制冷系统的不同制冷剂特点，选用管材，阀门和仪表等。

(2) 制冷剂管道直径的选择应按其压力损失相当于制冷剂（饱和蒸发温度）的变化值确定；有相应的选用图表可供使用。制冷剂（饱和蒸发温度）的变化值，应符合以下要求：

1）氟利昂吸气管，不应大于 1℃；氟利昂排气管，宜采用 0.5～1℃；

2）氨吸气管，排气管和液体管，不宜大于 0.5℃。

4.1.2.3　R22 与 R717 制冷剂管道系统设计特点及注意的问题

（1）R22 制冷剂能溶解一定数量的润滑油，管道系统的设计应当使得润滑油在系统内形成良好的循环为关注点；而氨有毒性，有爆炸危险，同时润滑油不能溶解于氨液中，故氨制冷剂管道系统的设计应当高度重视安全性，并处理好润滑油的排放与回收。

（2）R22 管道系统的设计主要包括以下设备与附属装置管道的设计：

1）R22 制冷压缩机吸气管道的设计；

2）R22 制冷压缩机排气管道的设计；

3）冷凝器与贮液器之间的管道设计；

4）冷凝器或贮液器至蒸发器之间的管道设计。

（3）R717 管道系统的设计主要包括以下设备与附属装置管道的设计：

1）R717 制冷压缩机吸气管道设计；

2）R717 制冷压缩机排气管道设计；

3）冷凝器与贮液器之间的管道设计；

4）冷凝器或贮液器至洗涤式氨油分离器之间的管道设计；

5）不凝气体分离器（空气分离器）的管道设计；

6）贮液器与蒸发器之间的管道设计；

7）安全阀的管道设计。

4.1.2.4　冷却水系统设计原则及冷却水泵的选择与开式冷却水系统的补水量及补水位置确定

（1）冷却水系统设计的基本原则：是冷却水系统的冷却水应循环使用。冷却水的热量宜回收利用，如夏季可作为生活热水的预热，冷季宜利用冷却塔作为冷源设备。

（2）冷却水泵的选择：

1）对集中设置的制冷装置，冷却水泵的台数和流量应与制冷装置相对应。

2）冷却水泵的流量：在冷却水的温升确定后，根据制冷机的冷凝负荷来确定冷却水的流量。

3）冷却水泵的扬程：按下式计算

$$H_p = 1.1 \times (H_f + H_d + H_m + H_s + H_0) \tag{4.1-9}$$

式中　H_f，H_d——冷却水管路系统的沿程阻力和局部阻力，MPa；

H_m——冷凝器冷却水侧阻力，MPa；

H_s——冷却塔中水的提升高度（从冷却塔底部水池到喷淋器的高差 m）×0.0098MPa；

H_0——冷却塔布水器喷头的喷雾压力，MPa，引风式玻璃钢冷却塔约等于 0.02～0.05MPa，水喷射冷却塔约等于 0.08～0.15MPa。

（3）开式冷却水系统的补水量确定：

开式冷却水系统的补水量：它包括蒸发损失、飘逸损失、排污损失和泄漏损失。当选用逆流式冷却塔或横流式冷却塔时，空调冷却水的补水量应为：电制冷 1.2%～1.6%，溴化锂吸收式制冷 1.4～1.8%。

补水位置：不设集水箱的系统，应在冷却塔底盘补水；设集水箱的系统，应在集水箱处补水。

4.1.2.5 吸收式制冷与蒸汽压缩式制冷的异同点与溴化锂吸收式制冷机的主要性能参数

（1）吸收式制冷与蒸汽压缩式制冷相同之处：都是利用液态制冷剂在低压低温下气化来达到制冷的目的；都需要补偿能量。吸收式制冷与压缩式制冷的不同之处：

1）能量补偿方式不同：按照热力学第二定律，把低温物体的热量传递给高温物体需要消耗一定的外界能量来作为补偿。蒸汽压缩式制冷靠消耗电能转变成为机械功来作为能量补偿；而吸收式制冷是靠消耗热能来完成这种能量补偿。

2）使用的工质不同：蒸汽压缩式制冷使用的工质，除了混合工质外，一般均属单一物质，如R717、R134a等。吸收式制冷采用的是两种沸点不同的物质组成的二元混合物。在混合物中，低沸点的物质是制冷剂，高沸点的物质称为吸收剂，通常称之为制冷剂-吸收剂工质对，常用的有氨（制冷剂）-水（吸收剂）工质对、溴化锂（吸收剂）-水（制冷剂）工质对等。

（2）溴化锂吸收式制冷剂的主要性能参数：

1）名义制冷量（ϕ_0）：是指溴化锂吸收式制冷机在名义工况下进行试验时，测得的由循环冷水带出的热量，单位为kW。

2）名义供热量（ϕ_h）：是指直燃型溴化锂冷（温）水机组在名义工况下进行试验时，测得的通过循环温水带出的热量，单位为kW。

3）名义加热源耗量：是指机组在名义工况下进行试验时，机组所消耗的加热源或燃料的流量，单位为kg/h或m^3/h。

4）名义加热源耗热量（ϕ_g）：是指名义加热源耗量换算式的热量值，单位为kW。当加热源为燃气或燃油时，以低位热值计。

5）名义消耗电功率（P）：是指机组在名义工况下进行实验时，测得的机组消耗的电工率，单位为kW。

6）名义制冷、热性能系数COP_0、COP_h：是指机组在名义工况实验时，测得的制冷（热）量除以加热源耗热量与消耗电工率之和所得的比值，即：

$$COP_0 = \phi_0/(\phi_g + P) \tag{4.1-10}$$

$$COP_h = \phi_h/(\phi_g + P) \tag{4.1-11}$$

7）名义压力损失：是指机组在名义工况下运行时，按国家标准附录方法测得冷水，温水，生活热水，冷却水等通过机组时所产生的压力损失值，单位为MPa。

8）部分负荷性能：是指机组在规定的部分负荷工况下运行时，负荷从100％减少到10％时测得机组性能数据，它包括了机组制冷量，供热量和加热源耗量，分别以名义工况时满负荷性能数据的百分数来表示。

9）变工况性能：是指机组按“蒸汽和热水型溴化锂吸收式冷水机组名义工况和性能参数”和“直燃型溴化锂吸收式冷（温）水机组名义工况和性能参数”某一条件改变，其他条件按名义工况不变运行时，测得其性能参数，将测得的结果绘制成机组变工况性能曲线图。

4.1.2.6 借助冰蓄冷采用低温送风空调系统的优点与低温送风空调系统的设计要点

低温通风空调系统，借助冰蓄冷模式，可提供1.5～4℃较低温度的冷水，实现7～11℃的送风温度，形成送风温差可达12～17℃。

（1）采用低温通风空调系统与常规空调系统相比，有以下优点：

1）由于通风量减少，降低了空气处理系统和空气输送系统的一次投资。

2）由于通风量减少，带来风机功率的下降、带够了风机的用电量，降低了空气处理系统和空气输送系统的运行费用。

3）由于通风量减少，空气处理装置的体积和风管的尺寸都减小，会减少空气处理装置所占的面积，减小风管所占的建筑空间高度，带来建筑物的投资节约或增加了建筑物的有效使用面积或空间。

4）在冷负荷增加的改建项目中，能够提高原有风管的利用率。

5）低温送风空调系统有较强的除湿能力，可使室内相对温度降低，产生清新而凉爽的感觉，在同样等感温度的条件下，也允许室内要求的干球温度值适当提高 1～2℃，从而使得冷负荷下降，节约运行费用。

（2）低温送风空调系统设计方法的要点见表 4.1-5。

表 4.1-5　　低温送风空调系统设计方法要点

项目	内　容
房间冷负荷	要计入因渗透引起的潜热负荷，要记入因通风机、混合箱风机及风管的得热
送风温度	满足功能的前提条件下，对初投资和运行费用综合最低进行分析后确定
冷却盘管	面风速度为 1.5～2.3m/s，盘管的排数 6～10 排，翅片数 0.3～0.6 片/mm
风管	宜采用圆形或椭圆形风管，密封性好，经济性好
管道、设备的保温	应高度重视保温材料的隔汽能力和隔汽层的设置与施工。保温材的厚度，应按实际温差决定（一般是常规空调保温材料厚度的 1.1～1.4 倍）
通风末端装置	包括混食箱＋冷风散流器，冷风散流器推荐采用射流式散流，散流器的选择应按规定步骤进行，混合箱的类型有三种：带风机的串联式混合箱，所需进口压力一般为 25Pa，风管范围：750～4000m^3/(h·个)，属常用形式，带风机的并联式混合箱；无风机的诱导型混合箱

4.1.3　空调集中冷源站房设计实例

1. 设计任务与条件

根据空调用户的要求，需要供给 5℃冷冻水，空调用户较多，冷冻水管网较长，回水温度平均为 10℃，蒸发器传热温差 $\Delta t_e=7.5$℃，总耗冷量为 1 900 000kcal/h（2209kW），冷凝器进水温度 31℃，出水温度 37℃，传热温差 $\Delta t=6$℃。

2. 确定制冷工况

（1）蒸发温度的确定：空调冷源站使用氨作为制冷剂，水作为载冷剂，制冷剂蒸发温度为 0℃，载冷剂冷冻水出水温度为 $t_2=5$℃，进水温度 $t_1=10$℃，蒸发温度 $t_e=\dfrac{t_1+t_2}{2}-\Delta t_e=\dfrac{10+5}{2}-7.5=0$℃；

（2）冷凝温度的确定：由已知进水温度 $t_1=31$℃，出水温度 $t_2=37$℃，传热温差 $\Delta t=6$℃，求得冷凝温度 $t_1=\dfrac{t_1+t_2}{2}+\Delta t=\dfrac{32+36}{2}+6=40$℃；

（3）计算耗冷量：取安全系数 1.1，则：

$$Q_0 = 190 \times 10^4 \times 1.1 = 209 \times 10^4 \text{kcal/h} = \frac{2\ 090\ 000}{860} = 2430\text{kW}$$

3. 绘制氨制冷循环图并查出各点参数

（1）由 $t_0=0℃$，查得：$p_0=4.379\text{kg/cm}^2=9.8067\times10^4\times4.379=42.9435\times10^4\text{Pa}$

（2）由 $t_1=40℃$，查得：$p_1=15.85\text{kg/cm}^2=9.8067\times10^4\times15.85=155.4362\times10^4\text{Pa}$

（3）压缩机吸入气体不过热，冷凝液体不过冷。在氨的 lg$p$-h 图上做出氨制冷循环图。

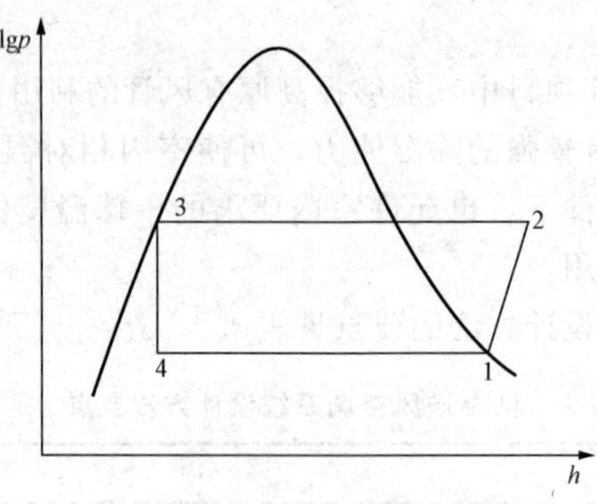

图 4.1-1 氨制冷循环图

（4）查图得：$i''_1=401.52\text{kcal/kg}=4.1868\times401.52\text{kJ/kg}=1681.084\text{kJ/kg}$

$i'_3=145.52\text{kcal/kg}=4.1868\times145.52\text{kJ/kg}=609.2631\text{kJ/kg}$

$v''_1=0.2879\text{m}^3/\text{kg}$

（5）氨的循环量为：

$$G = \frac{Q_0}{i''_1 - i'_3} = \frac{2\ 090\ 000}{401.52 - 145.52} = \frac{2\ 090\ 000}{256} = 8\ 164.1\text{kg/h}$$

4. 选配压缩机

采用 LG 系列螺杆式制冷压缩机组，在蒸发温度 $t_0=0℃$，冷凝温度 $t_c=40℃$ 空调工况下：

查产品样本，LG20S（R717）每台理论排气量为：$V_h=806\text{m}^3/\text{kg}$，每台氨压机组的产冷量为：$Q_c=830\text{kW}$，压缩机台数：$M=\frac{Q_0}{Q_c}=\frac{2430}{830}=2.93\approx3$ 台

可选 3 台，其总产冷量为：$Q_0=Q_c\times M=830\times3=2490\text{kW}$

这样完全满足工艺要求，而且又经济可行。

5. 蒸发器的选配

由于压缩机实际运行并非空调标准工况，随机所配附属设备应进行最佳选配。

（1）对数温差：

$$\Delta t_m = \frac{t_1 - t_2}{\ln\dfrac{t_1 - t_0}{t_2 - t_0}} = \frac{9-5}{\ln\dfrac{9-0}{5-0}} = 6.82℃$$

（2）由相关资料查得蒸发器单位面积传热量：$q_F=2350\text{kcal/(m}^2\cdot\text{h)}$

（3）蒸发器的传热面积：$F=\frac{Q_0}{q_F}=\frac{2\ 090\ 000}{2350}=889\text{m}^2$

(4) 冷冻水循环量：$G_m=\frac{Q_0}{c\gamma\cdot\Delta t}=\frac{2\ 090\ 000}{1\times1000\times4}=522.5\text{t/h}$

冷冻水补充水量按循环水量的 5%考虑：$\Delta G=G_m\times5\%=522.5\times5\%=26.13\text{t/h}$

冷冻水循环池按 5%～10%考虑：$V=G_m\cdot\gamma\times10\%=522.5\times1\times10\%=52.26\text{t/h}$

修建一个 50m^3 水池即可。

6. 冷凝器选配

(1) 冷凝器负荷：$Q_c=1.2Q_0=1.2\times2.09\times10^4\text{kcal/h}=\frac{2\ 508\ 000}{860}=2916.3\text{kW}$

(2) 冷凝换热的对数温差：$\Delta t_m=\frac{t_2-t_1}{\ln\frac{t_c-t_1}{t_c-t_2}}=\frac{36-32}{\ln\frac{40-32}{40-36}}=5.77℃$

(3) 冷凝面积：选卧式冷凝器，其传热系数为 $600\text{kcal/(m}^2\cdot\text{h}\cdot℃)$，则冷凝器面积为：

$$F=\frac{Q_c}{K\Delta t}=\frac{250.8\times10^4}{600\times5.77}=\frac{2\ 508\ 000}{3462}=724.44\text{m}^2$$

选卧式冷凝器 LNW250G，3 台，共有冷凝面积：$F=250\times3=750\text{m}^2$

(4) 冷却水循环量：$G_V=\frac{Q_c}{c\gamma\Delta t}=\frac{2\ 508\ 000}{1\times1000\times4}=627\text{m}^3/\text{h}$

7. 氨油分离器

桶径：$D=0.021\sqrt{V_{总}\times\lambda}=0.021\sqrt{806\times3\times0.74}=0.021\times42.3=0.888\text{m}$

选择 YFL500G 氨油分离器二台，每台壳体直径为 $D=500\text{mm}$，两台直径共 1000mm。

4.2　冷库技术类型应用设计

【目的任务】

冷库技术类型应用设计目的任务：首先根据冷库的类别与规模、冷库工艺的要求及环境条件，进行冷库库容量计算、确定冷库各冷间建筑尺寸及平面布置；在此基础上完善冷库用房的建筑热工设计，计算冷库各冷间的围护结构热流量；进而计算冷库各冷间的货物热流量、通风换气热流量、冷间内电动机运转热流量、冷间操作热流量；按其相关公式计算统计出各冷间的冷却设备冷负荷与冷库各冷间的机械负荷；结合冷库具体要求确定制冷系统循环温度工况、选择确定压缩机、蒸发器、冷凝器及配套设备；进行冷库冷源机房的设备与管路系统设计布置，选择循环泵及相关部件，监测控制设备，确保冷库冷源系统正常运行。

【方法与要领】

冷库技术类型设计方法与要领：运用冷库技术设计知识，首先模清冷库的类别与规模、冷库工艺的要求及环境条件；进行冷库库容量计算、确定冷库各冷间建筑尺寸及平面布置、完善冷库用房的建筑热工设计；计算确定冷库工艺各冷间的围护结构热流量 Q_1、货物热流量 Q_2、通风换气热流量 Q_3、冷间内电动机运转热流量 Q_4、冷间操作热流量 Q_5；按其相关公式计算统计出各冷间的冷却设备冷负荷（供各冷间冷却设备选型用）与冷库各冷间的机械负荷（供冷库制冷系统冷机选型用）；结合冷库工艺具体要求确定制冷系统循环温度工况、选择确定制冷压缩机、蒸发器、冷凝器及配套设备；进行冷库冷源机房的设备与系统管路设计布置，水力计算，选择循环泵及相关部件，监测控制设备，确保冷库冷源系统正常运行和冷库的正常工作。

【主要环节与内容】

4.2.1 冷库设计综述

1. 冷库的分类与土建式冷库主库的组成

（1）冷库的基本分类：

1）按冷库建筑围护的结构形式分类：有土建式冷库，装配式冷库（组合式冷库）；

2）按冷库的库温范围和要求分类：有高温冷库（冷却物的冷藏库），低温冷库（冻结物冷藏库），变温冷库；

3）按冷加工功能分类：有冷却库（0～4℃），冷却物冷藏库（－4～－10℃），冻结库（－23℃），冻结物冷藏库（－18～－30℃），解冻库（0～2℃），制冷间（－4～－10℃），贮冰库（蒸发温度－15℃），气调库。

4）按贮藏的商品分类；

5）按冷库的用途分类。

（2）土建式冷库主库的组成：由生产加工区，贮藏区、进出货及其操作区组成。详见表4.2-1。

表 4.2-1 主库的组成与内容

序号	组成名称	内容
1	冷却间	畜肉类冷却间：经加工的畜肉制品在规定时间内冷却到0～4℃，按冷却时间分为缓慢冷却和快速冷却，缓慢冷却时库温为－2℃，经12～20h冷却到0～4℃；快速冷却时库温为－7～－25℃，经0.5～8h，冷却到0～4℃。果蔬冷却的方式有水冷式、风冷式、差压式和真空式冷却等
2	冻结间	通常有搁架式冻结间和风冻间，采用冻结装置冻结时，多采用连续冻结，如流态化冻结机，螺旋式冻结机，隧道式冻结机和液氮冻结机等。冻结方式有风冻式、接触式、半接触式、浸渍式和喷淋式等
3	制冰间和冰库	冰库建筑一般与冷却物冷藏间相同，室温为－4～－10℃，通常用光滑排管作为冷却管，蒸发温度为－15℃
4	原料暂存间	根据需要设置冷却降温系统，保持合理的贮存环境温度
5	解冻间	冷冻食品加工厂内设置，对冻结物加温到0～2℃，以便加工
6	低温加工或包装间	应在室温为6～15℃的车间内作业，并应根据需要设置冷却降温系统，同时，必须考虑操作人员对新风量的需求
7	冷却物冷藏间	室温为－5～20℃，具体温湿度数值因冷藏的商品而异，贮存鲜活商品的冷间，需设置通风换气设备与充氧设备
8	冻结物冷藏间	室温为－18～－35℃，肉类一般为－18～－25℃，水产品一般为－20～－30℃，冰激凌产品为－23～－30℃
9	穿堂	穿堂有低温、定温（又称中温）和高温穿堂三种，一般以定温穿堂最为常见，采用温度为5～10℃ 经济的冷藏温度为－18℃

续表

序号	组成名称	内　容
10	月台	
11	门斗	一般设于冷库内，在冷藏厅的内侧
12	楼梯、电梯间	电梯多为2t和3t型电梯，运载能力分别为13t/h和20t/h

2. 冷库建筑特点及需着重解决的问题与冷库建筑平面布置的要求

（1）冷库建筑的特点：冷库建筑区别于其他一般建筑的根本特点是“冷”，依冷藏库使用性质的不同，库内一般相对稳定在±0～－40℃的某一温度。冷藏库建筑与严寒地区的一般建筑不同，在严寒地区的一般建筑中，外界冷空气进入室内后，其状态变化是升温吸湿过程，不会析出水分；而冷藏库则不同，外界热空气进入库内后，其状态变化为降温析湿过程，不但影响库内温度波动，而且所排出的水分将在低温的维护结构表面凝结成冰霜。

（2）冷库建筑需着重解决的问题：

1）保冷：因为冷库建筑“内冷外热”，需要保持特定的“冷度”，才能满足生产使用的要求。为了阻碍外界热流侵入冷藏库内，建筑围护结构必须设置具有适当绝热能力的绝热层，必须在绝热层的适当部位（一侧或两侧）设置隔气层或防水、防潮层。绝热材料的选择很重要，有些适用于其他建筑保温的绝热材料，但不一定适用于冷藏库（如膨胀蛭石）。

2）防止热湿交换产生的各种破坏作用：库内外的空气热湿交换最为显著的地方是库房出入口附近。热湿交换极易使冷藏库内围护结构和建筑结构物体表面产生凝结水、冰、霜，以至由表及里地渗入水分。防止的措施，除选择防水性，抗冻性较好的材料外，还要利用设备的功能阻减热湿交换程度，例如设空气幕，在平顶上设空气冷却器；设常温穿堂、走道，不设保温穿堂走道等。

3）防止地下土壤冻结引起的破坏作用：只有低温冷藏库的地下土壤才可能会冻结。通常除设置绝热地坪外，还用通风加热，通热油管加热等。

4）防止存在降温使用后难以补救的隐患：冷库围护结构构造层次较多，大体上有围护结构层，隔汽层，绝热层，表面防护层等主要层次，其中关键性的隔汽层和绝热层在施工完毕后就隐蔽在其他结构层次中，如果设计不缜密，施工不认真，选材和遵守施工操作规程，降温使用后才被发现，就难以进行维修和补救，结果影响冷库建筑使用寿命。

（3）冷库建筑平面布置的基本要求：

1）工艺流程顺，不交叉；生产和进出库运输线通畅，不干扰，线路较短。

2）符合厂（库）区总平面布局要求，与其他生产环节和建库物资流向衔接协调。

3）高低温分区明确，尽可能各自分开。

4）在温度分区明确，内部分间和单间使用合理的前提下，缩小绝热维护层的面积。

5）柱网布置力求整齐，柱距力求统一，结构力求简单。

6）适当考虑扩建和维修的可能。

在建筑平面布置中，可充分运用穿堂作为连接各组成部分的纽带，衔接前后工序的桥梁和物资流通的渠道等。

3. 对冷库围护结构隔热层的要求及常用隔热层材料与冷库防潮隔汽层及冷桥的危害

（1）冷库隔热层及基本要求：冷库隔热层是与冷库的建筑结构组合在一起，它的作用是减少热量的传递，使库房内的温度稳定，达到保温的效果。对冷库隔热层的基本要求：

1）要求有足够的厚度，使透入冷库的热量符合规范的要求；

2）隔热层应是连续式构造，以防止室内外传热而出现“冷桥”；

3）用松散材料作隔热层更便于更换；

4）有足够的防潮能力；

5）不易燃烧或有防火设施；

6）能防止虫，昆类的侵害。

(2) 隔热层常用的材料：目前国内冷藏库常采用的绝热材料有大量的稻壳、松木、炉渣、聚苯乙烯泡沫塑料、膨胀珍珠岩、泡沫混凝土等。

(3) 冷库防潮隔汽层：起着防止水蒸气对冷库围护结构渗透的作用。冷库中常用的防潮隔汽材料有：地沥青、煤焦油沥青、油毡、沥青塑料防水材料、塑料薄膜等。

冷库防潮隔汽层做法：冷库一般采用沥青，油毡作冷库防潮隔汽层，个别冷库也用塑料薄膜等其他材料。

(4) 冷桥与危害：在冷库围护结构绝热层中，有导热系数比绝热材料的导热系数大得多的材料，如梁、板、柱和管道及其吊卡支架等穿过或者嵌入其中，使绝热物件形成缺口，不严密的薄热环节等，习惯上称为“冷桥”。冷桥构造上破坏绝热层和隔汽层的完整性与严密性，容易使绝热材料受潮失效，墙，柱所形成的冷桥可以使地下土壤冻膨，危及建筑结构的安全。暴露在空气中的冷桥往往在其表面产生凝结水和冰霜，如发生冻触循环，影响冷库使用和安全。

4. 冷库制冷设备压缩机的选择事项

冷库制冷系统最常见的压缩机是活塞式和螺杆式。一般根据冷库制冷使用条件、制冷机的种类，制冷循环形式及制冷能量要求来进行选择。

(1) 活塞式压缩机选择的基本条件：冷库制冷系统压缩机选择的依据是冷却设备负荷 Q_k，和机械负荷 Q_j，同时应考虑以下有关参数的规定：

1）蒸发温度 t_e：蒸发温度一般比载冷剂低 5℃，比冷间温度低 10℃。盘（排）管冷却的计算温差按算术平均温差确定，即不宜大于 10℃；冷风机的计算温差按对数平均温差确定。冷却冻结和冻结物冷藏间取 10℃，冷却物冷藏间取 8～10℃，不同类型的冷库，可按生产工艺条件划分 1～2 蒸发温度系统。

2）冷凝温度 t_c：冷凝温度与所用冷凝器形式，冷却方式及冷却介质有关，对于立、卧式和淋激式冷凝器，若进、出水温度为 t_1、t_2 时，其冷凝温度为：

$$t_c = (5 \sim 7) + \left(\frac{t_1 + t_2}{2}\right) \tag{4.2-1}$$

对于蒸发式冷凝器，冷凝温度为：

$$t_c = t_s + (5 \sim 10) \tag{4.2-2}$$

式中 t_s——夏季空气调节室外计算湿球温度，℃。

3）过冷温度 t_u：在二级压缩制冷系统中，高压液体过冷温度比中间温度高 5℃。

4）吸气温度 t_1：吸气温度与制冷系统供液方式，吸气管长短，管径大小，供液多少及隔热等因素有关。氨与氟的制冷系统，压缩机允许吸气温度及吸气过热度有所不同，详见有关资料表，对氟利昂制冷系统的吸气，应有一定过热度。

5）二级压缩的中间温度 t_{2j} 与中间压力 p_{2j} 的经验公式为：

$$t_{2j}=0.4t_c+0.6t_e+3,\quad p_{2j}=\sqrt{p_c p_e} \tag{4.2-3}$$

式中　t_c、t_e——冷凝温度和蒸发温度，℃；

p_c、p_e——冷凝压力和蒸发压力（MPa）。

（2）活塞式制冷压缩机形式选择：确定选择单，二级压缩机的标准是压缩比 p_c/p_e。对于氨系统，压比≤8 时采用单级，压比＞8 时采用二级。对于氟利昂系统，压比≤10 时采用单级，压比＞10 时采用二级。采用二级压缩机可以是单机二级，也可以是配组的二级压缩。

（3）制冷压缩机单级容量和台数选择：压缩机单机容量和台数，应按便于能量调节和适应制冷对象的工况变化等因素来确定。采用多台压缩机时，应尽可能采用同一系列或型号的产品，以方便运行、维修。

（4）螺杆式制冷压缩机的选择：螺杆机由于结构特点，它的内容积比是随外界温度变化而变化的，我国规定有三种，选用三种不同的滑阀，可以适应不同工况的需要。螺杆压缩机单级压力大，有较宽的运行条件。带有经济器的单级螺杆制冷机，可能得到更高的运行效率。但低温工况，由于 t_e 很低，应选择二级螺杆压缩机。

5. 冷库制冷系统的选择与管路设计的要求

（1）冷库制冷系统的选择：必须根据工程建设要求，综合考虑冷库的温度范围，制冷量的大小，制冷工质的限制，能源供给，水资源，环保要求，噪声要求，制冷机适用范围，以及今后发展等，只有对技术，经济，环保和长远规划等方面进行分析比较，才可能确定选择一个较合理的制冷系统。

（2）冷库管路设计应符合下列要求：

1）制冷管路必须根据制冷工艺要求进行布置，应保证设备的安全运行，方便操作维修，尽可能降低管路阻力，兼顾布置上整齐美观。

2）制冷管路选用的管材，阀门和仪表，根据制冷剂及形式而定。氨制冷系统管路采用无缝钢管，氟利昂制冷系统采用纯铜管或无缝钢管。

3）制冷系统的管路布置，按工艺流程要求以短而平直为好，选用合理的弯曲半径，保证制冷循环的通畅，不至于产生影响制冷的气液囊，有时在制冷剂流向上考虑一定的坡度。制冷管路的连接，必须兼顾检修操作及设备的方便更换和冷热的伸缩。

4）低温管路作隔热处理，其支、吊架应设一定厚度经防腐处理的木垫块，以免产生“冷桥”。

6. 冷库制冷机房设计原则内容

1）机房应尽可能靠近库房负荷中心布置；

2）氨压缩机房的防火要求，应按国家现行的《建筑设计防火规范》执行。

3）制冷机房的高度，应根据设备情况确定，对于氟利昂压缩式制冷≥3.6m；对于氨压缩式制冷≥4.8m；制冷机房的高度，系指自地面至屋顶或楼板的净高。

4）制冷机房内宜与辅助设备间和水泵间隔开，并应根据具体情况，设置值班室、维修间、贮藏室以及卫生间等生活设施。

5）氨压缩机房应设置两处互相尽量远离的直接对外出口，且应由室内向外开门。

6）氨压缩机房宜安装氨气浓度自动测量装置，当氨气浓度接近爆炸下限的10%时，应能发出报警信号。

7）氨压缩机房宜设控制室，控制室应位于机房一侧。在正常运行中会产生火花的压缩机启动控制设备，氨泵及空气冷却器（冷风机）等动力的启动控制设备不应布置在氨制冷机房中。库房温度遥测及记录仪表等不宜布置在氨机房中。

8）每台氨压缩机应在机组控制台上装设紧急停车按钮。

9）氨压缩机房应设置事故排风机，换气次数≥12 次/时，排风机应采用防爆型，当制冷系统发生意外事故而被切断供电电源时，应能保证事故排风机的可靠供电。事故排风机的过载保护宜作用于信号报警系统而不直接停排风机。事故排风机的控制按钮箱应在氨压缩机房门外侧的墙内暗装。氨的事故排放口应高于周围 50m 范围内最高建筑物的屋脊 5m。机房内设置当发生事故时，能将制冷机系统的氨液排入水池或下水道的紧急泄氨装置。

10）氨压缩机房的动力设备宜由低压配电室按放射式配电，动力配线宜采用铜芯绝缘电线穿钢管埋地暗敷或采用无铠装铜芯电缆在电缆沟内敷设。

11）氨压缩机房的照明方式宜为一般照明，照度设计宜为 50～75lx，应选用防爆类型的荧光灯具，在设备间操作平台部分也可选用防爆类型的白炽灯具，照明线路宜采用截面≥1.5mm^2 铜芯绝缘电线穿钢管明敷。

12）氨压缩机房的电源开关，应布置在外厅附近。发生事故时，应有立即切断电源的可能性，但事故电源不得切断。

13）氨压缩机房宜设置应急照明，可选用自带蓄电池组的防爆类型的应急照明灯具，应急照明时间≥30min。

14）氨压缩机房内，应设置必要的消防和安全器材（如灭火器和防毒面具等）。

15）设置集中供暖的制冷机房，其室内温度不低于 10℃，氨压缩机房严禁采用明火供暖。

16）制冷机房应设给水与排水设施，并应设置电话。

7. 冷库氨制冷供液方式、特点、适用场合与选用氨泵扬程应如何确定

（1）冷库氨制冷供液方式有：直流供液（直接膨胀供液）、重力供液和氨泵供液三种。

1）直流供液（直接膨胀供液）方式。

这种供液方式的高压制冷剂液体压力和蒸发压力间的压力差，一般足以克服供液管，蒸发器和回气总管中的流动阻力，满足向制冷系统冷分配设备（蒸发器）供液的需要。系统简单，工程费用低。但这种供液系统大都不设置气液分离设备，当系统工况骤然发生变量，或供液量与蒸发量之间平衡关系严重失调时，极易发生压缩机吸入制冷剂，液滴的湿蒸汽，造成液击的危险。高压制冷剂液体，经节流阀后产生大量闪发气体，这种气体进入蒸发器影响传热效果。这种供液方式多用于小型氨制冷系统和氟利昂制冷系统。

2）重力供液方式。

这种供液方式是借助于氨液分离器的液面和蒸发器的液面间的液位差作为动力，来达到向蒸发器供液的方式。它的高压制冷剂液体节流后进入氨液分离器，分离了闪发气体，改善了蒸发器的换热效果，同时保证了压缩机的安全运转。但这种供液方式是依靠其相对于蒸发器的液位差具有的位能，即低压制冷剂的重力作为动力，流速较缓慢，制冷剂与管壁内表面之间放热系数小，蒸发器总的换热强度较低，同时安装提高了土建造价，这种供液方式用于氨制冷系统。

3）氨泵供液方式。

这种供液系统是靠泵的动力强制供液，制冷剂循环量数倍于蒸发器的蒸发量，在蒸发器

管内形成更高的流速和更大湿周，换热效率高；同时低压贮液器距压缩机的回气管道很短，蒸汽压力小，压缩机吸气口蒸汽过热度小，制冷效率高。但氨泵供液系统比较复杂，泵的设置增加投资，增加了制冷系统的动力消耗和维修工作。

（2）氨泵的扬程确定的依据。

是必须克服氨泵出口至蒸发器进液口的沿程及局部阻力，氨泵中心至最近的蒸发器进液口上升管段静压阻力损失，加速度阻力损失。蒸发器节流器前应维持足够的压力，以克服蒸发器及回气管沿程、局部、上升管段静压，加速度阻力损失，并有一定裕量使多余氨液顺利流回低压循环贮液器。对于氨泵进液处压力应有不小于0.5m液柱的裕度。对蒸发温度较高或工况稳定的系统为0.2～2.5m；对蒸发温度较低或工况较波动的系统为1.5～2.5m。

8. 冷库氨制冷剂管道系统设计应注意的要求

（1）管道与管道的组成材质应符合现行国家标准《流体输送用无缝钢管》（G138163）的要求，应根据管内的最低工作温度选用钢号；管道的设计压力2.5MPa（表压）。管道系统采用氨专用阀门和配件，公称压力≥2.5MPa（表压），并不得有铜质和镀锌镀锡的零配件。

（2）管道允许压力降和允许速度宜按表4.2-2和表4.2-3采用。

表4.2-2　　制冷管道允许压力降

类　别	工作温度/℃	允许压力降/kPa
回气管或吸气管	−45	2.99
	−40	3.75
	−33	5.05
	−28	6.16
	−15	9.86
	−10	11.63
排气管	90～150	19.59

注：1. 回气管或吸气管允许压力降相当于饱和温度降低1℃。

2. 排气管允许压力降相当于饱和温度升高0.5℃。

表4.2-3　　制冷管道允许速度

管道名称	允许速度/(m/s)	管道名称	允许速度/(m/s)
吸气管	10～16	溢流管	0.2
排气管	12～25	蒸发器至氨液分离器的回气管	10～16
冷凝器至贮液器的液体管	<0.6	氨液分离器主液体分配站的供液管（限于重力供液式）	0.2～0.25
冷凝器至节流阀的液体管	1.2～2.0		
高压供液管	1.0～1.5	氨泵系统中低压循环贮液器至氨泵的进液管	0.4～0.5
低压供液管	0.8～1.0		
节流阀至蒸发器的液体管	0.8～1.4		

（3）管道布置应符合下列要求：①各种管道的挠度不应大于 1/400；②低压管道直线段超过 100m，高压管道直线段超过 50m 时，应采用补偿装置，例如膨胀节等；③管道穿过建筑物的沉降缝、伸缩缝、墙及楼板时，应采取相应措施；④排液桶、集油器和不凝性气体分离器等的降压管应接在气液分离器的回气入口以前，不应直接到压缩机的吸气管上；⑤氨压缩机的吸气管、排气管应从上面与总管连接，这样可避免润滑油和氨液集聚在不工作的管道中；⑥在管道系统中，应考虑能从任何一个设备（容器）中将氨抽走；⑦连接氨压缩机的管道不应与建筑物结构刚性连接；⑧连接氨压缩机和设备的管道应有足够补偿变形的弯头；⑨供液管应避免气囊，吸气管应避免液囊；⑩系统管道的坡度宜按有关资料推荐值采用。

（4）制冷系统的严密性试验：

1）气密性试验：高压侧应进行 1.8MPa（表压），中低压侧应进行 1.2MPa（表压）的气密性试验。应采用干燥空气或氮气进行，并应按国家标准规范有关规定执行；

2）抽真空试验：当系统内剩余压力小于 5.333kPa（40mmHg 柱）时，保持 24h，系统内压力无变化为合格；

3）充氮试验：充氮试验压力为 0.2MPa（表压）系统应无泄漏。

（5）管道和设备的保冷、保温与刷漆：①管道和设备的保冷、保温：凡管道和设备导致冷损失的部位，将产生凝结水滴的部位和形成冷桥的部位，均应进行保冷。融霜用热氨管应保温。②管道和设备的刷漆：制冷管道和设备经排污、严密性试验合格后，均应涂防锈底漆两道，色漆两道（有保冷层或保温层在其保护面层的外表涂色漆两道）。光滑排管可刷防锈底漆两道。

9. 冷库制冷系统自动控制包括哪三方面与保护装置的主要内容

（1）冷库制冷系统的自动控制包括以下三个方面：保护装置（既保护人身安全，也保护设备的安全），操作控制和监测系统。

（2）与自动控制系统相关的安全保护装置的具体内容见下表。

表 4.2-4 保护装置的设置内容

设备名称	必须设置的保护装置
氨压缩机	应设排气压力过高，吸气压力过低，油压差不足和电动机负荷超载，螺杆式压缩机应设精滤油器前后压差过大等停机保护装置。出水管应设断水停机保护装置。排气口应设排气温度过高停机保护装置。 螺杆式压缩机增设油温过高停机保护装置。应设事故停机紧急按钮
冷凝器	应设断水及冷凝压力超压报警装置。蒸发式冷凝器应设风机故障报警装置
氨泵	应设断液自动停泵装置
低压循环贮液器，氨液分离器和中间冷却器	应设超高液位报警装置及正常液位控制装置
空气冷却器	宜设人工指令自动除霜装置及风机故障报警装置

4.2.2 冷库设计与计算

1. 冷库的公称体积与库容量计算方法及冷间建筑尺寸确定

（1）冷库的设计规模应以冷藏间或冰库的公称体积为计算标准。冷库的公称体积应按冷藏间或冰库的净面积（不扣除柱、门斗和制冷设备所占的面积）乘以房间净高度确定。

（2）冷库的库容量计算方法一般有三种：按冷库计算吨位计算；按实际堆货体积计算冷库实际吨位；按货架存放托盘数计算冷库实际吨位。

（3）冷藏库冷间建筑尺寸计算确定：

根据《冷库设计规范》公式：

$$G = \frac{\sum V_1 \rho_s \eta}{1000} \tag{4.2-4}$$

导出

$$V_1 = \frac{1000G}{\rho_s \eta} \tag{4.2-5}$$

式中　G——冷库计算吨位，t；

V_1——冷藏间的公称体积，m^3；

ρ_s——食品的计算密度（kg/m^3）；

η——冷藏间的体积利用系数。

这样可求得冷藏库各间 V 值，从而推算确定各冷间的建筑尺寸。

2. 如何确定冷间围护结构总热阻与冷库各种耗冷量的计算确定

（1）冷间围护结构总热阻确定步骤：

1）依据冷间功能确定冷间计算温度，依据冷间的相邻关系确定冷间围护结构外部的计算温度。

2）选择围护结构隔热材料和构造做法，定出围护结构热惰性指标 D 的区间（$D>4$ 或 $D\leqslant 4$）。

3）计算冷间围护结构最小总热阻，依据最小总热阻公式：

$$R_{min} = \frac{b(t_g - t_d)}{t_g - t_l} R_w \tag{4.2-6}$$

计算冷间围护结构最小总热阻。

式中　R_{min}——围护结构最小总热阻，$m^2 \cdot ℃/W$；

t_g——围护结构高温侧气温，℃；

t_d——围护结构低温侧气温，℃；

t_l——围护结构高温侧空气的露点温度，℃；

b——热阻修正系数，围护结构热惰性指标 $D\leqslant 4$，$b=1.2$；其他围护结构 $b=1.0$；

R_w——围护结构外表面热阻，$m^2 \cdot ℃/W$。

4）选择推荐的有关冷间围护结构的总热阻，对比围护结构的最小总热阻，以总热阻大者为准，计算确定围护结构隔热层厚度。

（2）冷库各种耗冷量计算确定

1）围护结构耗冷量 Q_1 的计算：

$$Q_1 = KAa(t_w - t_n) \tag{4.2-7}$$

式中　Q_1——围护结构热流量，W；

K——围护结构的传热系数，$W/(m^2 \cdot K)$；

A——围护结构的传热面积，m^2，计算应按规范相关规定进行；

a——围护结构两侧温差修正系数，可按有关表格选用；

t_w——围护结构外侧的计算温度,℃，计算外墙、屋面和顶棚时，围护结构外侧的计算温度应采用夏季空调日平均温度。计算内墙和楼面时，围护结构外侧的计算温度应根据邻室的不同情况分别采用。

t_n——围护结构内测的计算温度,℃，可按表 4.2-5 选用。

表 4.2-5　　冷间设计温度和相对湿度

冷间名称	室温/℃	相对湿度（%）	适用食品范围
冷却间	0	—	肉、蛋等
冻结间	−18～−23 −23～−30	— —	肉、禽、兔、冰蛋、蔬菜等 鱼、虾等
冷却物冷藏间	0 −2～0 −1～1 0～2 −1～1 2～4 7～13 11～16	85～90 80～85 90～95 85～90 90～95 85～90 85～95 85～90	冷却后的肉、禽 鲜蛋 冰鲜鱼 苹果、鸭梨等 大白菜、蒜、葱头、菠菜、香菜、胡萝卜、橄榄、芹菜、莴苣等 土豆、橘子、荔枝等 柿子椒、菜豆、黄瓜、番茄、菠萝、柑等 香蕉等
冻结物冷藏间	−15～−20 −18～−6	85～90 90～95	冻肉、禽、兔和副产、冰蛋、冻蔬菜、冰棒等 冻鱼、虾等
冰库	−4～−6	—	盐水制冰的冰块

2）货物耗冷量 Q_2 的计算

冷却间或冻结间的货物耗冷量：

$$Q_2 = Q_{2a} + Q_{2b} + Q_{2c} + Q_{2d}$$

$$= \frac{1}{3.6} \times \left[\frac{m(h_1 - h_2)}{\tau} + mB_b \frac{C_b(t_1 - t_2)}{\tau}\right] + \frac{m(Q' + Q'')}{2} + (m_z - m)Q'' \quad (4.2-8)$$

式中　Q_2——货物热流量，W；

Q_{2a}——食品热流量，W；

Q_{2b}——包装材料和运载工具热流量，W；

Q_{2c}——货物冷却时的呼吸热流量，W；

Q_{2d}——货物冷藏时的呼吸热流量，W；

m——冷间的每日进货质量，kg，按相关规定取值；

h_1——货物进入冷间初始温度时的比焓，kJ/kg；

h_2——货物在冷间内终止降温度时的比焓，kJ/kg；

τ——货物冷加工时间，h，对冷藏间取 24h，对冷却间、冻结间取设计冷加工时间；

B_b——货物包装材料或运载工具质量系数，按表 4.2-6 选取；

C_b——包装材料或运载工具的比热容，kJ/(kg·K)，按有关资料选取；

t_1——包装材料或运载工具进入冷间时的温度,℃；

t_2——包装材料或运载工具在冷间内终止降温时的温度，为该冷间的设计温度，℃；

Q'——货物冷却初始温度时单位质量的呼吸热流量，W/kg；

Q''——货物冷却终止温度时的呼吸热流量，W/kg；

m_z——冷却物冷藏间的冷藏质量，kg；

1/3.6——1kJ/h 换算成 1/3.6W 的数值。

表 4.2-6　**货物包装材料和运载工具质量系数 B_b**

食品类别	质量系数 B_b	
肉类、鱼类、冰蛋类	冷藏	0.1
	肉类冷却或冻结（猪单轨叉挡式）	0.1
	肉类冷却或冻结（猪双轨叉挡式）	0.3
	肉类、鱼类、冰蛋类（搁架式）	0.3
	肉类、鱼类、冰蛋类（吊笼式或架子式或手推车）	0.6
鲜蛋类	0.25	
鲜水果	0.25	
鲜蔬菜	0.35	

3）通风换气耗冷量 Q_3 的计算：本条只适用于储存有呼吸食品的冷间与有操作人员长期停留的冷间，如加工间、包装间等，其余冷间不计。

$$Q_3 = Q_{3a} + Q_{3b} = \frac{1}{3.6} \times \left[\frac{(h_w - h_n) n V_n \rho_n}{24} + 30 n_r \rho_n (h_w - h_n)\right] \tag{4.2-9}$$

式中　Q_3——冷间通风换气热流量，W；

Q_{3a}——冷间换气热流量，W；

Q_{3b}——操作人员需要的新鲜空气热流量，W；

h_w——冷间外空气的比焓，kJ/kg；

h_n——冷间内空气的比焓，kJ/kg；

n——每日换气次数，可取 $n=2\sim3$；

V_n——冷间内净体积，m^3；

ρ_n——冷间内空气的密度，kg/m^3；

24——1d 换算成 24h 的数值；

n_r——操作人员数量；

30——每个操作人员每小时需要的新鲜空气量（m^3/h）。

4）冷间内电动机运转热流量 Q_4 的计算

电动机运转热流量按下式计算：

$$Q_4 = 1000 \sum P_d \xi b \tag{4.2-10}$$

式中　Q_4——电动机运转热流量，W；

P_d——电动机额定功率，kW；

ξ——热转化系数，电动机在冷间内时取 1；电动机在冷间外时取 0.75；

b——电动机运转时间系数，对空气冷却器配用的电动机取 1，对冷间内其他设备配用的电动机可按实际情况取值，如按每昼夜操作 8h 计，则 $b=8/24$。

5）冷间操作热流量 Q_5 的计算

冷却间、冻结间不计算热流量 Q_5；对采用定温穿堂和封闭站台的冷库，其冷间的 Q_5 可乘以 0.2～0.6 的系数。

冷间操作热流量按下式计算：

$$Q_5 = Q_{5a} + Q_{5b} + Q_{5c} = Q_d A_d + \frac{1}{3.6} \times \frac{n'_k n_k V_n (h_w - h_n) M \rho_n}{24} + \frac{3}{24} n_r q_r \quad (4.2-11)$$

式中 Q_5——操作热流量，W；

Q_{5a}——照明热流量，W；

Q_{5b}——开门热流量，W；

Q_{5c}——操作人员热流量，W；

Q_d——每平方米地板面积照明热流量，冷却间、冻结间、冷藏间、冰库和冷间内穿堂可取 2.3W/m^2；加工间、包装间等可取 4.7W/m^2；

A_d——冷间地面面积，m^2；

n'_k——门樘数；

n_k——每日开门换气次数，经常开门的冷间换气次数可按实际情况采用；冷却物冷藏间换气次数每日不宜少于 1 次；

V_n——冷间净体积，m^3；

h_w——冷间外空气的比焓，kJ/kg；

h_n——冷间内空气的比焓，kJ/kg；

M——空气幕效率修正系数，可取 0.5，不设空气幕的取 1；

ρ_n——冷间内空气的密度，kg/m^3；

$\frac{3}{24}$——每日操作时间系数，按每日操作 3h 计；

n_r——操作人员数量，当无法确定实际操作人数时，可按每 250m^3 冷间体积 1 个人计；

q_r——每个操作人员产生的热流量，W，冷间设计温度高于或等于－5℃时取 279W，低于－5℃时取 395W。

3. 冷间冷却设备负荷与冷间机械负荷的区别与计算

（1）冷却设备负荷

应以每个冷间或每个装置为单元进行计算，根据计算结果对冷间或装置的冷分配设备予以选择和配置。不能将几个冷间混合在一起计算。

（2）机械负荷

以每个蒸发温度系统为单元进行计算，计算结果即为该蒸发温度系统所需要的制冷压缩机的制冷量。根据计算结果对该蒸发温度的制冷压缩机予以选择和配置。如果是需要双级压缩的低温蒸发温度系统，则是对低压级压缩机或是对单机双级压缩机予以选配，对设备负荷与机械负荷，它们计算的对象和计算的目的是不相同的。

(3) 冷间冷却设备负荷与机械负荷分别按下列计算：

1) 冷间冷却设备负荷按下式计算：

$$\phi_s = \phi_1 + \rho\phi_2 + \phi_3 + \phi_4 + \phi_5 \tag{4.2-12}$$

式中　ϕ_s——冷间冷却设备负荷，W；

ϕ_1——围护结构热流量，W；

ϕ_2——货物热流量，W；

ϕ_3——通风换气热流量，W；

ϕ_4——电动机定转热流量，W；

ϕ_5——操作热流量，W；

ρ——货物热流量系统，冷却间，冻结间和货物不经冷却而进入冷却物冷藏的货物热流量系数应取 1.3，其他冷间取 1。

2) 冷间机械负荷按下式计算：

$$\phi_j = \left(n_1 \sum \phi_1 + n_2 \sum \phi_2 + n_3 \sum \phi_3 + n_4 \sum \phi_4 + n_5 \sum \phi_5\right) \cdot R \tag{4.2-13}$$

式中　ϕ_j——机械负荷，W；

R——制冷装置和管道等冷损耗补偿系数，直接冷却系统取 1.07，间接冷却系统取 1.12；

n_1——围护结构热流量的季节修正系数，宜取 1；

n_2——货物热流量折减系数，根据冷间的性质确定：冷却物冷藏间取 0.3～0.6，冻结物冷藏间取 0.5～0.8，冷加工间和其他冷间应取 1；

n_3——同期换气系数，n_3=0.5～1.0，最大换气量与全库每日换气量的比值大时取大时；

n_4——冷间用的电动机同期定转系数；

n_5——冷间同期操作系数。

4. 如何确定双级压缩制冷循环的中间压力及影响中间压力变化的原因

(1) 确定双级压缩制冷循环的中间压力有以下几种方法：

1) 按制冷系数最大的原则确定中间压力，这样得到的中间压力称为最佳中间压力 $P_{佳}$，设计中一般采用试算法，但在－40～＋40℃的温度范围内。氨和 R_{22} 双级压缩的最佳中间温度（从而可查出 $P_{佳}$）。

可按下述经验公式计算：

$$t_{佳} = 0.4t_K + 0.6t_0 + 3 \tag{4.2-14}$$

式中　t_K、t_0——分别为冷凝与蒸发温度。

2) 按高、低压级压缩机的压缩比相等为原则，求中间压力：

$$P = (P_K \cdot P_0)^{1/2} \tag{4.2-15}$$

式中　P_K、P_0——分别为双级制冷循环的冷凝压力和蒸发压力。

3) 按选配好的高低级压缩机的容积比确定中间压力，通常采用试算法确定。

(2) 影响中间压力变化的原因有：

1) 冷凝压力 P_k 和蒸发压力 P_0 的变化；

2) 高低压级容积比的变化；

3) 中间冷却器的供液，隔热和积油等情况，如供液量不足，隔热不良，积油过多，以及蛇形盘管内高压液态制冷剂的突然供入等原因，都会引起中间压力升高；

4）在操作过程中，由于低压吸气行程和吸气过热度的增大，以及阀片的破损等原因，也会引起中间压力的变化。

5. 压缩机和换热设备的选择确定

（1）制冷压缩机的选择确定：

制冷压缩机的选择：依据是冷间机械负荷 ϕ_j，压缩机选择应结合压缩机的设计进行工况确定，视压缩机的类型结合考虑。

1）活塞式压缩机

表 4.2-7 影响活塞式压缩机设计运行工况的选择要素

蒸发温度	冷凝温度	过冷温度	吸气温度	二级压缩的中间温度与中间压力
综合减少食品干耗，提高制冷效率，节约能源和降低投资等因素考虑	与冷凝器的形式、冷却方式及冷却介质有关	二级压缩制冷系统中，高压液体过冷温度比中间温度高 5℃	与系统的供液方式、吸气管的长度和直径、供液量及隔热状况有关	按中间温度与中间压力的经济公式来确定

2）螺杆式制冷压缩机

表 4.2-8 螺杆式氨制冷压缩机的适应工况范围

R717 标准工况压缩比＝4.92							
内容积比	适用的压缩比范围	$t_c=30$℃		$t_c=40$℃		$t_c=45$℃	
		t_z/℃	压比	t_z/℃	压比	t_z/℃	压比
2.6	$P_2/P_1 \leqslant 4$	5	2.20	5	3.2	5	
		0	2.72			0	4.14
		−10	4.00	−3	4.05	0	4.14
3.6	$4<P_2/P_1 \leqslant 6.3$	−10	4.00	−3	4.05	0	4.14
		−20	6.13	−14	6.30	−11	6.37
5.0	$6.3<P_2/P_1 \leqslant 9.7$	−20	6.13	−14	6.30	−11	6.37
		−30	9.70	−24	9.80	−21	9.78

注：t_z 和 t_c 分别是蒸发温度和冷凝温度。

3）氨制冷压缩机选择应符合下列要求：

A. 氨压缩机应根据对应各蒸发温度机械负荷的计算值分别选定，不设置备用机。

B. 选用的活塞式氨压缩机，当冷凝压力与蒸发压力之比＞8 时，应采用双级压缩；之比≤8 时，宜采用单级压缩。

C. 选取氨压缩机时，其制冷量宜大小搭配。

D. 选用压缩机时，应根据实际使用工况，对压缩机所需功率进行计算，由厂家选配电机。

（2）冷凝器的选择计算

1）冷凝器的热负荷：

$$\phi_c = \phi_e + P_i \tag{4.2-16}$$

式中　ϕ_c——冷凝器的热负荷，kW；

ϕ_e——压缩机在计算工况下的制冷量，kW；

P_i——压缩机在计算工况下消耗功率，kW。

对单级压缩制冷循环，冷凝热负荷 ϕ_c 也可按下式计算：

$$\phi_c = \psi\phi_e \tag{4.2-17}$$

式中　ϕ_c——冷凝器的热负荷，kW；

ψ——冷凝器负荷系数，具体可见图 4.2-1。

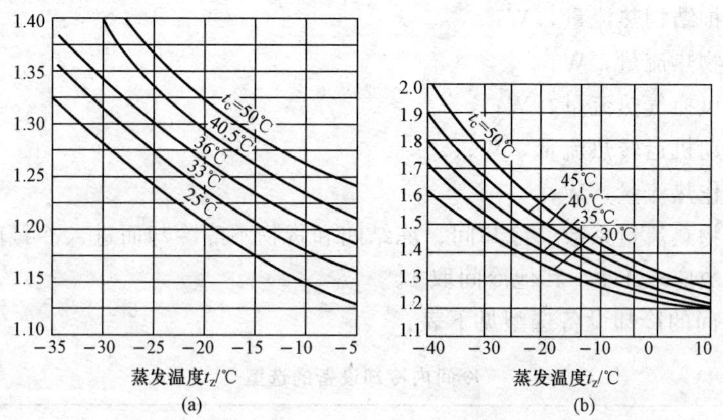

图 4.2-1　冷凝器负荷系数

(a) 氨系统；(b) 氟利昂系统

2）冷凝器的传热系数：按有关的推荐值选取或按厂家产品规定，参考运行后影响确定。

3）冷凝器的传热温差：采用对数平均温差，也可按有关资料选取。

4）冷凝器的传热面积按下式计算确定：

$$A = \frac{\phi_c}{K\Delta\theta_m} = \frac{\phi_c}{q_c} \tag{4.2-18}$$

式中　K——冷凝器的传热系数，$W/(m^2 \cdot K)$；

$\Delta\theta_m$——冷凝器的对数平均温差，℃；

q_c——冷凝器的热流密度，W/m^2。

（3）蒸发器的选择计算

1）蒸发器的制冷量：综合制冷工艺负荷，设备与管路的冷损耗和制冷量的裕度等因素确定。

2）蒸发器的传热系数：按有关表格资料推荐的各种蒸发器的传热系数和热流密度选取。

3）蒸发器的传热温差：采用对数平均温差，也可按有关表格推荐选取。

4）蒸发器的传热面积 A，按下表计算：

$$A = \frac{\phi_c}{K\Delta\theta_m} = \frac{\phi_c}{q} \tag{4.2-19}$$

式中　ϕ_c——蒸发器的热负荷，kW；

K——蒸发器的传热系数，$W/(m^2 \cdot K)$；

q——蒸发器的热流密度，W/m^2；

$\Delta\theta_m$——蒸发器的对数平均温差，℃。

5）蒸发器的载冷剂流量：按热平衡式计算或依据设备样本数据确定。

6. 各类冷间冷却设备选型与传热面积计算确定

(1) 冷间冷却设备负荷按下式计算确定：

$$\phi_s = \phi_1 + P\phi_2 + \phi_3 + \phi_4 + \phi_5 \tag{4.2-20}$$

式中 ϕ_s——冷间冷却设备负荷，W；

ϕ_1——围护结构热流量，W；

ϕ_2——货物热流量，W；

ϕ_3——通风换气热流量，W；

ϕ_4——电动机运转热流量，W；

ϕ_5——操作热流量，W；

P——货物热流量系数。冷却间、冻结间和货物不经冷却而进入冷藏间的货物热流量系数应取 1.3，其他冷间取 1。

(2) 各类冷间的冷却设备选型见下表：

表 4.2-9　冷间内冷却设备的选型

冷间名称	冷却设备选型
冷却间、冻结间和冷却物冷藏间	应采用空气冷却器
冻结物冷藏间	应选用空气冷却器，当食品无良好包装时，也可采用顶排管、墙排管
包装间	当室温低于－5℃时，应选用排管；当室温高于－5℃时，宜选用空气冷却器
食品冻结工艺	选用合适的冻结设备

注：包装间、分割间等人员较多的冷间，当采用氨直接蒸发式冷却设备时，必须确保安全。

(3) 冷却设备的传热面积按下式计算确定：

$$A_s = \frac{\phi_s}{K_s \Delta\theta_s} \tag{4.2-21}$$

式中 A_s——冷却设备的传热面积，m^2；

ϕ_s——冷间冷却设备负荷，W；

K_s——冷却设备的传热系数，$W/(m^2 \cdot ℃)$；

$\Delta\theta_s$——冷间温度与冷却设备蒸发温度的计算温度差，℃。

冷间温度与冷却设备蒸发温度的计算温度差，应通过技术经济比较，按下列规定采用：①顶排管、墙排管和搁架式冻结设备的计算温度差，宜按算术平均温度采用，并不宜大于10℃；②空气冷却器的计算温度差，应按对数平均温度差确定，可取 7～10℃，冷却物冷藏间也可采用更小的温度差。

4.2.3 江汉 1000t 肉食蛋品冷藏库设计实例

江汉 1000t 单层冷藏库，见图 4.2-2。

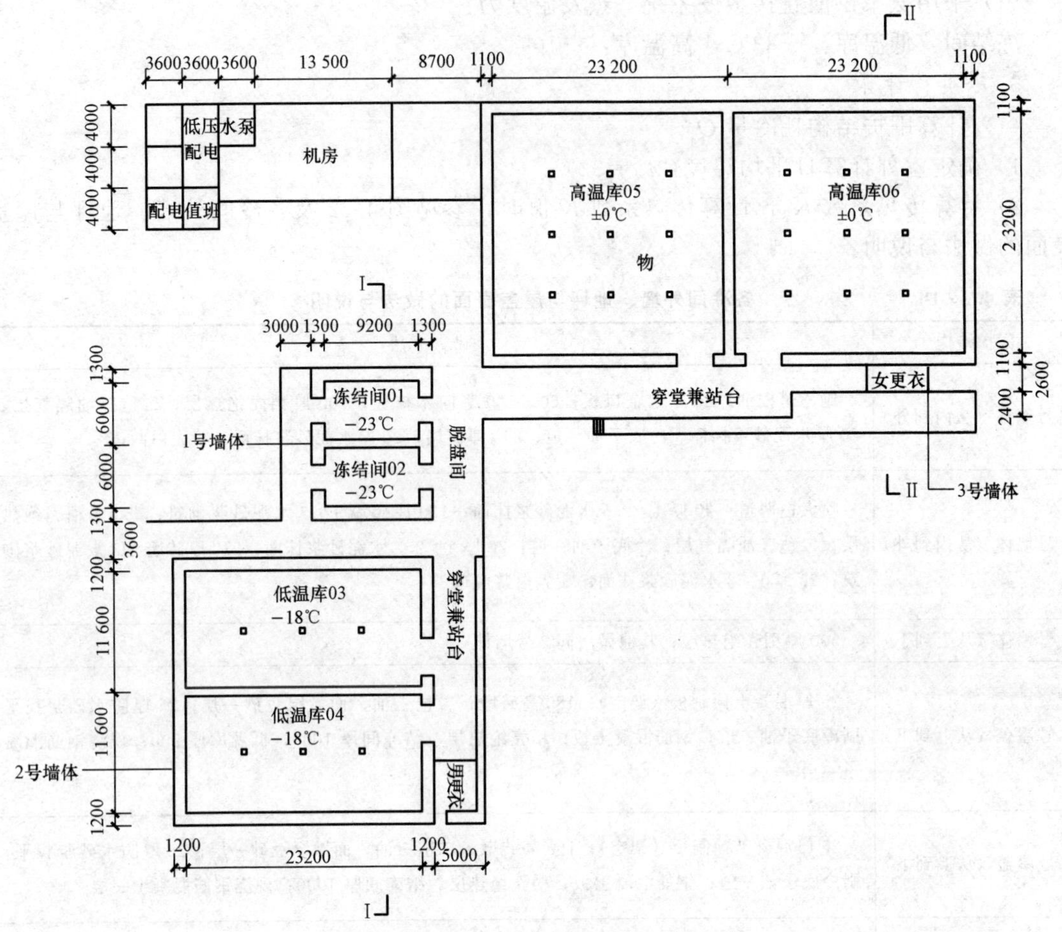

图 4.2-2　1000t 冷库平面图

1. 生产设计指标

(1) 冻结能力：15t/日，分两间冻结间，每间允许最大进货量为 7.5t/日。

(2) 冷藏能力：1000t/库。其中：低温库（冻结白条肉冷藏间）容量 500t，共分两间库房，每间库房允许最大进货量为 15t/日。高温库（鲜蛋冷藏间）容量 500t，共分两间库房，每间库房允许最大进货量为 12.5t/日，高、低温库总容量为 1000t。

2. 设计计算参数

(1) 夏季室外气象条件：夏季空调室外计算日平均温度：32℃，通风室外相对湿度 62%。

(2) 库内设计温度：冻结间 $t_n=-23℃$，$\varphi_n=90\%$；

低温库 $t_n=-18℃$，$\varphi_n=90\%$；

高温库 $t_n=\pm0℃$，$\varphi_n=85\%$；

(3) 冷凝温度 t_c：冷凝温度与所选用的冷凝器形式，冷却方式及冷却介质有关，对于卧式壳管式冷凝器，若进出口温度为 t_1、t_2，制冷工质为 R717，其冷凝温度为：

$$t_c=(4\sim6)+\frac{t_1+t_2}{2}=5+\frac{30+36}{2}=38℃$$

（4）采用氨泵供液直接蒸发系统，蒸发温度为：

冻结间：低温库：－33℃，高温库：－10℃。

3. 冷负荷计算

（1）计算围护结构耗冷量 Q_1。

1）确定室外计算日平均温度：$t_w=32$℃。

2）计算传热系数 K_0：计算传热系数 K 值时，参见图 4-2 及各冷间外墙、地坪与屋盖表面的做法与说明：

表 4.2-10 各冷间外墙、地坪与屋盖表面的做法与说明

围护结构	做法
1号墙体（从内到外）	刷三道桐油；20厚木企口板；60×100竖向木格栅；700厚稻壳绝热层；二毡三油隔气层；20厚水泥砂浆抹面、冷底子油一道；240厚砖墙；20厚水泥砂浆抹面；喷大白两道
2号墙体（从内到外）	喷大白两道；20厚1∶2.5水泥砂浆抹面；120厚砖墙1∶3水泥砂浆砌筑；650厚稻壳绝热层；二毡三油隔气层；冷底子油一道；20厚1∶2.5水泥砂浆抹面；370厚砖墙M5水泥砂浆砌筑；20厚1∶3水泥砂浆抹面；喷大白浆两道
3号墙体（从上到下）	500厚稻壳绝热层；其他做法同2号墙体
1号屋盖（从上到下）	25厚混凝土预制板（架空）；180高砖墩；二毡三油，面撒绿豆砂一层；25厚防水砂浆找平刷冷底子油一道；钢筋混凝土板；稻壳绝热层、结冻间厚1000，低温库厚900；现浇钢筋混凝土一层
2号屋盖（从上到下）	25厚混凝土预制板（架空）；180高砖墩；二毡三油，面撒绿豆砂一层；25厚防水砂浆找平，刷冷底子油一道；钢筋混凝土板；稻壳绝热层、结冻间厚1000；现浇钢筋混凝土一层
1号地坪（从上到下）	20厚水泥砂浆面层；50厚钢筋混凝土黏结层；15厚1∶3水泥砂浆，一毡二油50厚软木五层、热沥青粘贴，20厚水泥砂浆找平，刷冷底子油一道。50厚炉渣混凝土预制块，平铺。350厚干砂垫层，在垫层中埋 ϕ250内径水泥通风管、中距1000，管坡3%，150厚1∶3∶6石灰、煤屑、碎砖三合土垫层；素水夯实
2号地坪（从上到下）	20厚1∶2水泥砂浆面层；50厚C20钢筋混凝土黏结层；20厚1∶3水泥砂浆；一毡二油；20厚1∶3水泥砂浆，刷冷底子油一道；50厚C10炉渣混凝土预制块；300厚过筛炉渣，四周400厚；15厚1∶3水泥砂浆保护层；二毡三油；80厚C10素混凝土垫层，刷冷底子油一道；100厚1∶3.6石灰、煤屑、碎砖三合土垫层；素土夯实

围护结构的传热系数见表 4.2-11。

表 4.2-11 围护结构传热系数

围护结构名称	冻结间 K/[W/(m²·℃)]	低温库 K/[W/(m²·℃)]	高温库 K/[W/(m²·℃)]
外墙	0.198	0.198	0.233
阁楼	0.145	0.160	0.180
地坪	0.319	0.319	0.140

3）各库房围护结构耗冷量的计算。

引用本章公式（4.2-7）：$Q_1 = KAa(t_w - t_n)$ 计算列表如下。

表 4.2-12　**围护结构热流量**

序号	库房名称及库温	围护结构名称	室外计算日平均温度 t_w/℃	计算面积 A/m^2	K_0 /[W/(m²·℃)]	库内外温差 $t_w - t_n$ /℃	修正系数 α	围护结构热流量 Q_1	备注
1	冻结间01 −23℃	东外墙	32	7.3×1.2=8.76	0.198	55	1.0	95	在脱盘间以上的墙面
		东内墙		7.3×5.12=37.4	0.198		0.7	285	在脱盘间以下的墙面
		北外墙		11.8×7.12=84.0	0.198		1.0	915	
		西外墙		7.3×1.2=8.76	0.198		1.0	95	在走廊以上的墙面
		西内墙		7.3×5.12=37.4	0.198		0.7	285	在走廊以下的墙面
		地坪		9.2×6=55.2	0.319		0.7	678	
		阁楼		9.2×6=55.2	0.145		0.9	396	
		小计						2749	
2	冻结间02 −23℃	东外墙	32	7.3×1.2=8.76	0.198	55	1.0	95	在脱盘间以上的墙面
		东内墙		7.3×5.12=37.4	0.198		0.7	285	在脱盘间以下的墙面
		南外墙		11.8×1.2=14.15	0.198		1.0	154	在走廊以上的墙面
		南内墙		11.8×5.12=60.5	0.198		0.7	461	在走廊以下的墙面
		西外墙		7.3×1.2=8.76	0.198		1.0	95	在走廊以上的墙面
		西内墙		7.3×5.12=37.4	0.198		0.7	285	在走廊以下的墙面
		地坪		9.2×6=55.2	0.319		0.7	678	
		阁楼		9.2×6=55.2	0.145		0.9	396	
		小计						2450	
3	低温库03 −18℃	东外墙	32	12.8×2=25.6	0.198	50	1.0	253	在穿堂以上的墙面
		东内墙		12.8×5.12=65.5	0.198		0.7	454	在穿堂以下的墙面
		北外墙		9.6×7.12+16×2=100.4	0.198		1.0	994	在穿堂以内的墙面
		北内墙		16×5.12=81.9	0.198		0.7	568	在穿堂以外的墙面
		西外墙		12.8×7.12=91.1	0.198		1.0	902	
		地坪		23.2×12.8=297	0.319		0.7	3316	
		阁楼		23.2×12.8=297	0.160		0.9	2138	
		小计						8625	

续表

序号	库房名称及库温	围护结构名称	室外计算日平均温度 t_w/℃	计算面积 A/m^2	K_0 /[W/(m²·℃)]	库内外温差 t_w-t_n /℃	修正系数 α	围护结构热流量 Q_1	备注
4	低温库 04 −18℃	东外墙	32	12.8×2=25.6	0.198	50	1.0	253	在穿堂及更衣室以外的墙面
		东内墙		12.8×5.12=65.5	0.198		0.7	454	在穿堂及更衣室以内的墙面
		南墙		25.6×7.12=182.2	0.198		1.0	1804	
		西墙		12.8×7.12=91.1	0.198		1.0	902	
		地坪		23.2×12.8=297	0.319		0.7	3316	
		阁楼		23.2×12.8=297	0.160		0.9	2138	
		小计						8867	
5	高温库 05 ±0℃	南外墙	32	24.3×1.9=46.2	0.233	32	1.0	344	在穿堂以外的墙面
		南内墙		24.3×4.08=99.1	0.233		0.7	517	在穿堂以内的墙面
		西外墙		25.4×5.09−9.0×4.09=92.5	0.233		1.0	690	在设备间以外的墙面
		西内墙		9×4.08=36.7	0.233		0.7	192	在设备间以内的墙面
		北外墙		24.3×5.98=145.3	0.233		1.0	1083	
		地坪		23.2×23.2=538	0.140		1.0	2410	
		阁楼		23.2×23.2=538	0.180		0.85	2634	
		小计						7870	
6	高温库 06 ±0℃	南外墙	32	25.3×6.09−11.6×5.08=95.1	0.233	32	1.0	709	在穿堂以外的墙面
		南内墙		11.6×4.08=47.3	0.233		0.7	247	在穿堂以内的墙面
		东外墙		25.4×5.98=152	0.233		1.0	1133	
		北外墙		24.3×5.98=145.3	0.233		1.0	1083	
		地坪		23.2×23.2=538	0.140		1.0	2410	
		阁楼		23.2×23.2=538	0.180		0.85	2634	
		小计						8217	
7	围护结构总负荷		38 778						

（2）货物热流量 Q_2（冷却间或冻结间的货物耗冷量）

引用本章公式（4.2-8）：

$$Q_2=Q_{2a}+Q_{2b}+Q_{2c}+Q_{2d}$$

$$=\frac{1}{3.6}\times\left[\frac{M(h_1-h_2)}{\tau}+MB_b\times\frac{C_b(t_1-t_2)}{\tau}\right]+\frac{M(Q'_1+Q''_2)}{2}+(M_2-M)Q''$$

计算列表如下：

表 4.2-13　货物热流量

货物耗冷量 $Q_2 = 1000G(h_1 - h_2)/(T \cdot 3.6)$								
房间	装载能力 /t	日进货量 G /t	进货温度 t_1/℃	食品比焓 h_1/(kJ/kg)	终止温度 t_2/℃	食品比焓 h_2/(kJ/kg)	冷却时间 t/h	冷负荷 Q_2/W
冻结间 01	7.5	7.5	35	317.6	−15	12.1	20	31 823
冻结间 02	7.5	7.5	35	317.6	−15	12.1	20	31 823
低温库 03	250	15	−15	12.1	−18	4.6	24	1302
低温库 04	250	15	−15	12.1	−18	4.6	24	1302
高温库 05	250	—	25	315.9	0	237.2	384	14 232
高温库 06	250	—	25	315.9	0	237.2	384	14 232
合计								94 714

（3）通风换气耗冷量 Q_3

本条只适用于储存有呼吸食品的冷间与有操作人员长期停留的冷间，如加工间、包装间等，其余冷间不计。故 $Q_3 = 0$。

（4）冷间内电动机运转热流量 Q_4

引用本章公式（4.2-10）：$Q_4 = 1000\sum P_d \xi \cdot b$

计算列于下表：

表 4.2-14　电动机运转热流量

电动机运转负荷 $Q_4 = 1000\sum P_d \xi \cdot b$				
房间	风机额定功率 P_d/kW	热转化系数	电机运转时间系数 b	Q/W
冻结间 01	6.6	1	1	6600
冻结间 02	6.6	1	1	6600
低温库 03	0	—	—	0
低温库 04	0	—	—	0
高温库 05	11	1	1	11 000
高温库 06	11	1	1	11 000
合计				35 200

（5）冷间操作热流量 Q_5

引用本章公式（4.2-11）：

$$Q_5 = Q_{5a} + Q_{5b} + Q_{5c} = Q_d A_d + \frac{1}{3.6} \times \frac{n'_k n_k V_n (h_w - h_n) M \rho_n}{24} + \frac{3}{24} \times n_r q_r$$

1）冻结间 1

A. 照明热流量

库房面积 $A_d = 6 \times 9.2 = 55\text{m}^2$

$$Q_{5a} = Q_d \times A_d = 2.3 \times 55 = 126.5\text{W}$$

B. 开门热流量

库房容积 $V=9.2\times 6.0\times 4.18=231\text{m}^3$

门洞上装有空气幕。

$$Q_{5b}=\frac{1}{3.6}\times\frac{n'_k n_k V_n(h_w-h_n)M\rho_n}{24}$$

$$=\frac{1}{3.6}\times\frac{1\times 231\times[84.6-(-22)]\times 0.5\times 1.41}{24}=201\text{W}$$

C. 操作人员热流量

冷间内按操作工人 4 人计算：

$$Q_{5c}=\frac{3}{24}\times n_r\times q_r=\frac{3}{24}\times 4\times 395=197.5\text{W}$$

所以 $Q_5=Q_{5a}+Q_{5b}+Q_{5c}=126.5+201+197.5=525\text{W}$

2）冻结间 2

同冻结间 1：$Q_5=525\text{W}$。

3）低温库 3

A. 照明热流量

库房面积 $A_d=23.2\times 11.6=269\text{m}^2$

$$Q_{5a}=Q_d\times A_d=2.3\times 269=619\text{W}$$

B. 开门热流量

库房容积 $V=23.2\times 11.6\times 5.08=1366.5\text{m}^3$

门洞上装有空气幕。

$$Q_{5b}=\frac{1}{3.6}\times\frac{n'_k n_k V_n(h_w-h_n)M\rho_n}{24}$$

$$=\frac{1}{3.6}\times\frac{1\times 619\times[84.6-(-16.5)]\times 0.5\times 1.41}{24}=511\text{W}$$

C. 操作人员热流量

冷间内按操作工人四人计算：

$$Q_{5c}=\frac{3}{24}\times n_r\times q_r=\frac{3}{24}\times 4\times 395=197.5\text{W}$$

所以 $Q_5=Q_{5a}+Q_{5b}+Q_{5c}=619+511+197.5=1327.5\text{W}$

4）低温库 4

同低温库 3：$Q_5=1327.5\text{W}$

5）高温库 5

A. 照明热流量

库房面积 $A_d=23.2\times 23.2=538\text{m}^2$

$$Q_{5a}=Q_d\times A_d=2.3\times 538=1237\text{W}$$

B. 开门热流量

库房容积 $V=23.2\times 23.2\times 5.08=2734\text{m}^3$

门洞上装有空气幕。

$$Q_{5b}=\frac{1}{3.6}\times\frac{n'_k n_k V_n(h_w-h_n)M\rho_n}{24}$$

$$= \frac{1}{3.6} \times \frac{1 \times 2734 \times [84.6 - 8.1] \times 0.5 \times 1.41}{24} = 1707\text{W}$$

C. 操作人员热流量

冷间内按操作工人四人计算：

$$Q_{5c} = \frac{3}{24} \times n_r \times q_r = \frac{3}{24} \times 5 \times 279 = 174\text{W}$$

所以 $Q_5 = Q_{5a} + Q_{5b} + Q_{5c} = 1237 + 1707 + 174 = 3118\text{W}$

6）高温库 6

同高温库 5：$Q_5 = 3118\text{W}$。

冷间操作热量流量 Q_5 计算见表 4.2-15：

表 4.2-15　冷间操作热流量

房间名称	房间面积 A_d/m^2	每平方米照明热流量 $Q_d/(W/m^2)$	照明负荷 /W	室内体积 V_n	冷间外比焓 h_1 /(kJ/kg)	冷间内比焓 h_2 /(kJ/kg)	空气密度 /(kg/m³)	开门次数 n_k	每人操作热流量 Q_r/(W/人)	操作人数 n_r	操作热流量 Q_5
冻结间 01	55	2.3	126.5	231	84.6	−22	1.41	1	395	4	525
冻结间 02	55	2.3	126.5	231	84.6	−22	1.41	1	395	4	525
低温库 03	269	2.3	619	1366.5	84.6	−16.5	1.41	1	395	4	1327.5
低温库 04	269	2.3	619	1366.5	84.6	−16.5	1.41	1	395	4	1327.5
高温库 05	538	2.3	1237	2734	84.6	8.1	1.41	1	279	5	3118
高温库 06	538	2.3	1237	2734	84.6	8.1	1.41	1	279	5	3118
合计											9941

（6）各个库房冷却设备冷负荷 Q_s

1）冷间冷却设备负荷引用本章公式（4.2-12）：$Q_s = Q_1 + PQ_2 + Q_4 + Q_5$

2）各库房冷却设备负荷 Q_s 计算见表 4.2-16。

表 4.2-16　各库房冷却设备负荷

房间名称	围护结构热流量/W	货物热流量/W	电动机运转热流量/W	操作热流量/W	货物热流量系数 P	冷间冷却设备负荷/W
冻结间 01	2749	31 823	6600	525	1.3	51 243.9
冻结间 02	2450	31 823	6600	525	1.3	50 944.9
低温库 03	8625	1302	0	1327.5	1	11 254.5
低温库 04	8867	1302	0	1327.5	1	11 496.5
高温库 05	7870	14 232	11 000	3118	1	36 220
高温库 06	8217	14 232	11 000	3118	1	36 567
合计	38 778	94 714	35 200	9941		197 726

（7）冷间机械负荷 Q_j

1）冷间机械负荷引用本章公式（4.2-13）：$Q_j = \left(n_1\sum Q_1 + n_2\sum Q_2 + n_3\sum Q_3 + n_4\sum Q_4 + n_5\sum Q_5\right)\cdot R$

2）冷间机械负荷 Q_j 计算于表 4.2-17：

表 4.2-17　　冷间机械负荷

房间名称	围护结构热流量 Q_1/W	围护结构热流量修正系数 n_1	货物热流量 Q_2/W	货物热流量修正系数 n_2	电动机运转热流量 Q_4/W	电动机运转热流量修正系数 n_4	操作热流量 Q_5/W	操作热流量修正系数 n_5	货物热流量系数 P	制冷装置和管道冷耗补偿系数 R	机械负荷 Q_j/W（按蒸发温度）		机械负荷 Q_j/W
											t_e=−33℃	t_e=−10℃	
冻结间01	2749	0.7	31 823	0.6	6600	1	525	0.5	1.3	1.07	29 832		29 832
冻结间02	2450	0.7	31 823	0.6	6600	1	525	0.5	1.3	1.07	29 608		29 608
小计				t_n=−23℃			t_e=−33℃				59 440		59 440
低温库03	8625	0.7	1302	0.6	0	0.5	1327.5	0.5	1	1.07	8006		8006
低温库04	8867	0.7	1302	0.6	0	0.5	1327.5	0.5	1	1.07	8187		8187
小计				t_n=−18℃			t_e=−28℃				16 193		16 193
高温库05	7870	0.8	14 232	0.6	11 000	1	3118	0.5	1	1.07		29 312	29 312
高温库06	8217	0.8	14 232	0.6	11 000	1	3118	0.5	1	1.07		29 609	29 609
小计				t_n=0℃			t_e=−10℃					58 920	58 920
合计											75 633	58 920	134 553

4. 制冷压缩机选择计算（以蒸发温度−33℃系统为例）

（1）制冷循环工况确定

当冷凝温度 t_c=38℃，对应冷凝压力 $P_c=14.7\times10^5$Pa；当蒸发温度为 t_e=−33℃，对应的蒸发压力 $P_e=1.03\times10^5$Pa；冷凝压力与蒸发压力的比值为：$P_c/P_e=14.7/1.03=14.3$，可以采用单级螺杆式制冷机组，不带经济器。

（2）制冷压缩机选型

制冷循环见图 4.2-3，查 R717 的 lg$p$-h 工况图，h_1=1460kJ/kg，h_6=360kJ/kg。

氨循环量：

$$M_R = \frac{Q_j}{q_0} = \frac{Q_j}{h_1 - h_6} = \frac{75.633}{1460 - 360} = 0.069\text{kg/s} = 247.5\text{kg/h}$$

查样本选型 LLG16S（R717），不带经济器，单台制冷量 Q_0＝82kW，满足要求。

5. 制冷设备选择计算（以－33℃系统为例）

（1）冷凝器

1）冷凝负荷：

$$Q_c = M_R(h_2 - h_5) = 0.069 \times (1770 - 360) = 97.29\text{kW}$$

2）传热面积：

$$F = \frac{Q_c}{K \cdot \theta_m} = \frac{97.29 \times 10^3}{1000 \times 4} = 24.32\text{m}^2$$

3）查样本选卧式冷凝器：LNW30G，冷凝负荷 Q_c＝120kW，换热面积 F＝30m²，满足要求。

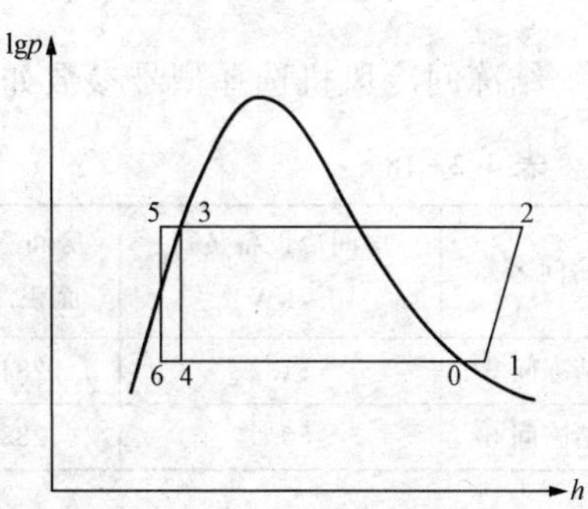

图 4.2-3　螺杆机不带经济器的工况图

（2）冷间冷分配设备的选择计算

1）供液方式的选择

这个冷库有－18℃低温库和－23℃结冻间各两间，为简化系统，采用一个－33℃蒸发温度，并采用氨泵供液方式。冷却设备的进液采用下进上出。当制冷压缩机停止运转时，部分氨液留存在冷却设备内。冷藏间和冻结间分别设置液体分配调节站与操作台，在操作台上调节各库的供液量。

2）冷藏间冷却设备设计

该库为生产性冷库，贮存冻肉时间较短。采用光滑管制作双层顶排管，有利于保持库内较高的相对湿度。管径采用 D38mm，管距为 150mm，在库内集中布置。平时人工扫霜，清库时采用人工扫和热氨冲相结合的除霜方法。

低温库－18℃，相对湿度 95%，采用单排横式顶排管，管型为：$\Phi38 \times 2.2$ 光滑管，横贯中心距 S＝150，设顶排管对外表面壁面温度为 $t_w = t_e = -33$℃，霜层影响系数为q＝0.85。

查表，由已知条件 $t_n = -18$℃，$S/d_w = 150/38 = 4$，$\Delta t = t_n - t_0 = 15$℃，得

$$K_1 = 8.351 \times 1.163\text{W/m}^2 \cdot ℃ = 9.71\text{W/(m}^2 \cdot ℃)$$

但 ε＝0.85，则顶排管的传热系数为：

$$K = K_1 \cdot \varepsilon = 9.71 \times 0.85 = 8.25\text{W/(m}^2 \cdot ℃)$$

由冷间冷却设备热负荷表查出各个冷藏间负荷 Q_0，则：

03 库：$F = \frac{Q_s}{K \cdot \Delta t} = \frac{11\,255}{8.25 \times 15} = 91\text{m}^2$

ϕ38 管每米长面积：0.119m²

故管长：$L = \frac{F}{0.119\text{m}^2/\text{m}} = \frac{91}{0.119} = 765\text{m}$

04 库：$F = \frac{Q_s}{K \cdot \Delta t} = \frac{11\,497}{8.25 \times 15} = 93\text{m}^2$

管长：$L = \frac{93}{0.119} = 782\text{m}$

3）冻结间冷风机选型

按要求食品冻结时间为20h，冻结间采用干式冷风机纵向吹风，查其冷风机传热系数 K 值取12.02W/(m²・℃)，则：

01库结冻间所需冷却面积：

$$F=\frac{Q_s}{K \cdot \theta_m}=\frac{51\ 244}{12.02 \times 15}=284\text{m}^2$$

02库结冻间所需冷却面积：

$$F=\frac{Q_s}{K \cdot \theta_m}=\frac{50\ 945}{12.02 \times 15}=283\text{m}^2$$

结冻间冷风机选择型号参数如下表：

表4.2-18　结冻间冷风机选择型号参数

房间名称	房间冷设备负荷/kW	房间蒸发面积/m²	冷风机型号规格	冷风机台数/台	单台风量/(m³/h)	单台蒸发器面积/m²	单台制冷量/kW
结冻间01	51.2	284	A112DJ31.1	2	25 000	112	26.8
结冻间02	50.9	283	A112DJ31.1	2	25 000	112	26.8

（3）油分离器的选择计算

氨油分离器筒身直径引用本章公式计算：

$$D=\sqrt{\frac{4Vp \cdot \lambda}{3600\pi \cdot \omega}}=0.188\sqrt{\frac{Vp \cdot \lambda}{\omega}}=0.188\sqrt{\frac{385 \times 0.56}{0.5}}=0.39\text{m}$$

查样本选型：YFL400TL型填料式油分离器，满足要求。

（4）高压贮液器选择计算

高压贮液器容积引用本章公式计算：

$$V=\frac{\sum Gv\varphi}{B \cdot 1000}=\frac{250 \times 1.7162 \times 0.9}{0.8 \times 1000}=0.48\text{m}^3$$

选ZY0.5的高压贮液器一个，公称容积为0.5m³，满足要求。

（5）冷却塔的选择计算

冷凝器中的热负荷：$Q_c=97.29$kW

冷却塔进出水温度分别为：30℃和36℃。

冷却水的循环量：

$$G=\frac{Q_c}{c \cdot \Delta t}=\frac{97.29}{4.18 \times 6}=3.88\text{kg/s}=13.97\text{t/h}$$

查样本选型：DBNL3J-20低噪声集水型逆流冷却塔，满足要求。

第5章　房屋卫生设备与燃气供应技术类型应用设计

5.1　民用建筑给水技术类型应用设计

【目的任务】

给水技术类型应用设计目的任务：运用给水设计的技术技能知识，结合建筑物的需要进行卫生器具与给水管道布置；根据建筑性质、功能类别的使用特点，正确进行给水特性水量的计算；选择给水设备，合理设计给水系统，确保建筑给水系统的正常使用。

【方法要领】

给水技术类型应用设计的方法要领：首先对所设计的建筑物按《建筑给水排水设计规范》中的规定分类选定设计秒流量计算公式；根据收集的市政基础设施资料（市政给水允许接入点位置、管径、水压等）确定所设计建筑物的生活给水方式；计算确定建筑生活用水量及所需加压建筑的供水压力，结合建筑室内给水卫生器具的布置进行给水系统水力计算，同时确定管径，选择加压设备及附件；进行单体建筑的平面、系统、剖面图等绘制。

【主要环节与内容】

5.1.1　民用建筑给水设计综述

1. 室内给水系统的给水方式适用场所及选定原则

(1) 几种基本常用的室内给水方式及适用场所

1）直接给水方式：此方式为最简单、最经济的给水方式。适用于室外给水管网水量、水压在一天内均能满足建筑用水要求。

2）设水箱的给水方式：此方式宜在室外给水管网供水压力周期性不足时采用。低峰用水时，可利用室外管网水压直接供水并向水箱补水，水箱贮备水量。高峰用水时，室外管网水压不足，则水箱向建筑内给水系统供水。当室外管网水压偏高或不稳定时，为保证建筑内给水系统用水点水压恒定的要求，可采用管网直接向高位水箱补水，由水箱向用水点供水。

3）设水泵的给水方式：此方式宜在室外给水管网的水压经常不足时采用。当建筑物用水量大且较均匀时，可采用恒速水泵供水，当建筑物用水不均匀时，宜采用一台或多台水泵变速运行供水。为充分利用室外管网水压、节省电能。在征得当地供水部门同意后可采用水泵直接从室外管网抽水。此方式会影响附近用户用水，严重时可能造成外网负压，在管道接口不严密时，其周围土壤的渗漏水会吸入管内，污染水质。为避免上述问题，可在系统中增设贮水箱，采用水泵与室外管网间接连接的供水方式。

4）设水泵和水箱的给水方式：此方式宜在室外给水管网压力低于或经常不能满足建筑内给水管网所需的压力，且室内用水不均匀时采用。这种给水方式具有水泵能及时启动向水箱供水，可缩小水箱容积；同时因为水箱的调节作用，水泵出水量稳定，能保证其在高效区运行的特点。

5）气压给水方式：气压给水方式是在给水系统中设置气压给水设备，利用设备气压水罐内气体的可压缩性升压供水。该给水方式宜在室外给水管网压力低于或经常不能满足建筑内给水管网所需水压，室内用水不均匀时采用。

6）分区给水方式：当室外给水管网压力只能满足建筑下层供水要求时，可采用分区给水方式。室外给水管网水压线以下楼层由外网直接供给，水压线以上楼层由升压贮水设备供给。

7）分质给水方式：分质给水方式即根据不同用途所需的不同水质，分别设置独立的给水系统。饮用水给水系统供饮用、烹饪、盥洗等生活用水，水质符合“生活饮用水卫生标准”；杂用给水系统水质较差，仅符合“生活杂用水水质标准”，只能用于建筑内冲洗便器、绿化、洗车、扫除等用水。

随着国民经济的迅速发展，各种各样的高楼大厦拔地而起。对高层建筑给水系统来说，本着卫生、安全、经济、节能的原则，只能采用分区给水方式。给水系统的竖向分区和方案应根据建筑物用途、层数、使用要求、材料设备性能、维护管理、降低供水能耗等因素综合确定。关于高层建筑分区供水方式可参考《建筑给水排水设计规范》（GB 50015—2003）（2009 年版）及《全国民用建筑工程设计技术措施》给排水专业相关内容及图示，这里不再一一赘述。

（2）给水方式选定的原则

1）在满足用户要求的前提下，应尽量使给水系统简化，以降低工程费用及运行管理费用。

2）应充分利用城市管网水压直接供水。当室外给水管网不能满足整个建筑物用水要求时，可考虑建筑物的上面和下面分区供水的方式。

3）供水安全可靠、维护管理方便。

4）若两种及两种以上的用水水质接近时，应尽量采用共用给水系统。

5）生产给水系统在经济技术比较合理时，应尽量采用循环给水系统，以节约用水。

6）生活给水系统中，卫生器具给水配件处的静水压力不得大于 0.60MPa。超过此值时，宜采用竖向分区供水，以防使用不便及配件破裂漏水。生产系统的最大供水压力，应根据工艺要求及各种设备的工作压力和管道、阀门、仪表等的工作压力确定。

2. 室内给水系统的组成

（1）引入管—也称进户管。自室外给水管将水引入室内的管段，可根据需要设置一条或两条以上的引入管。

（2）计量仪表—每条引入管上均应设水表，水表前后应设阀门，水表与表后阀门之间应装设泄水装置。水表可设在室外水表井或水暖管井内。其他需单独计量的部位也应设水表。

（3）给水管道—室内给水管道包括干管、立管和支管。一般设计成枝状和环状。

（4）用水设备和配水装置：

1）用水设备—包括各种卫生器具，如洗手盆、洗涤盆、浴盆、淋浴盆、大便器等，此外还有生产设备和消防设备等需用水的设备。

2）配水装置—水龙头（水嘴）和淋浴喷头等。不同的用水设备配置不同的水龙头、洗涤盆、盥洗槽等。

3）给水附件—包括阀门、止回阀、减压阀、泄压阀、安全阀、自动排气阀、液压水位控制阀、水表、水锤消除器等。

4）增压和贮水设备—在室外给水管网的水压，水量不能满足建筑物内用水要求，应根据需要，在给水系统中设置水泵，气压给水设备和水池，水箱等增压、贮水设备。

5.1.2　建筑给水设计与计算

1. 建筑给水设计流量种类与计算及用处

建筑给水设计流量有以下几种，它们的计算方法及用处如下：

(1) 最高日用水量：它的计算方法是各项用水的最高用水日用水定额与用水单位数的乘积之和。其表达式为：

$$Q_d = mq_0 \tag{5.1-1}$$

它的用处是计算平均小时流量。

(2) 平均小时用水量：它的计算方法是最高日用水量除以建筑物的用水时数，其表达式为：

$$Q_{n\cdot p} = \frac{Q_d}{T} = \frac{mq_0}{T} \tag{5.1-2}$$

它的用处是计算最大时用水量。

(3) 最大小时用水量：它是平均小时用水量与小时变化系数的乘积，表达式为：

$$Q_h = \frac{Q_d}{T}K_h \tag{5.1-3}$$

它的用处是作为计算基础，确定水泵联动提升进水的高位水箱容积，采用高位水箱或气压罐调节的加压水泵流量等。

(4) 设计秒流量：分别按用水分散型建筑，用水密集型建筑的公式计算，它的用处是确定给水管网的管道直径，调速泵组供水的加压水泵流量等。

2. 设计秒流量的计算与分类

根据卫生器具的额定流量或者当量来计算。建筑用水的设计秒流量的计算根据建筑用水的使用情况分为密集型和分散型两种，而分散型中的住宅为特殊的计算方法，所以为三种计算方法：

(1) 住宅建筑生活给水管道的设计秒流量如下确定：

设计秒流量应按下式计算：

$$q_g = 0.2U \cdot N_g \tag{5.1-4}$$

式中　q_g——计算管段的设计秒流量，L/s；

0.2——一个卫生器具给水当量的定额流量；

N_g——计算管段卫生器具给水当量的额定流量，L/s；

U——计算管段卫生器具给水当量的同时出流概率（%）应按下式计算。

计算管段卫生器具给水当量同时出流概率 U 值按下式计算：

$$U = 100 \times \frac{1 + \alpha_c (N_g - 1)^{0.49}}{\sqrt{N_g}} \tag{5.1-5}$$

式中　α_c——对应于不同的系数，其中 u_0 为生活给水管道最大时卫生器具的平均出流概率（%），应按下式计算确定。

计算管道最大时卫生器具给水当量平均出流概率 u_0 值按下式计算：

$$U_0 = \frac{100 q_l m k_h}{0.2 N_g T \times 3600} \tag{5.1-6}$$

当有 2 条或 2 条以上 u_0 值不同的给水支管与给水干管连接时，给水干管的最大时卫生器具给水当量平均出流概率应按下式计算：

$$\overline{U_0} = \frac{\sum u_{0i} N_{gi}}{\sum N_{gi}} \tag{5.1-7}$$

式中 $\overline{U_0}$——给水干管的最大时卫生器具给水当量平均出流概率（%）；

u_{0i}——支管最大时卫生器具给水当量平均出流概率（%）；

N_{gi}——相应支管卫生器具给水当量总数。

注：求得 u_0（或 $\overline{u_0}$）后，可根据计算管段的卫生器具当量总数 N_g 值，从《建筑给水排水设计规范》（GB 50015—2003）（2009 年版）附录中查得给水设计秒流量；当计算管段的 N_g 值超过规范附录 D 的最大值时，其流量应取最大时用水量，即 $q_g=0.2U_0 \cdot N_g$。

（2）宿舍（Ⅰ、Ⅱ类）、旅馆、医院、医疗院、办公楼、商场、幼儿园、养老院、客运站、会展中心、中小学教学楼、公共厕所等用水分散型建筑的给水设计秒流量，应按下式计算：

$$q_g = 0.2\alpha \sqrt{N_g} \tag{5.1-8}$$

式中 q_g——计算管段的给水设计秒流量，L/s；

N_g——计算管段卫生器具给水当量总数；

α——根据建筑物用途而定的系数，按有关表查取。

1）如果计算值小于该管段上一个最大卫生器具给水额定流量时，应采用一个最大卫生器具给水额定流量作为设计秒流量。

2）如果计算值大于该管段上按卫生器具给水额定流量累加所得流量值时，应按卫生器具给水额定流量累加所得流量值采用。浴盆上附设淋浴器时，其额定流量和当量按浴盆计。

注：当建筑内大便器采用延时自闭冲洗阀大便器时，大便器给水当量按 0.5 取值，含大便器管段计算秒流量加 1.2L/s。$q_g=0.2\alpha \sqrt{N_g}+1.2$。

（3）宿舍（Ⅲ、Ⅳ类）、工业企业生活间、公共浴室、职工食堂厨房、体育馆、剧院、普通理化实验室、等用水集中型建筑的给水设计秒流量，应按下式计算：

$$q_g = \sum q_0 \cdot n_0 \cdot \mathrm{b} \tag{5.1-9}$$

式中 q_g——计算管段的给水设计秒流量，m/s；

n_0——同类型卫生器具数；

q_0——同类型的一个卫生器具给水额定流量，L/s；

b——卫生器具数的同时给水百分数（%），可按有关查表取。

3. 给水系统增压与贮水设备类型的选择与确定

（1）生活用水高位水箱：起调节用水量作用的水箱，其调节容积按下列方法确定：

1）由市政给水管网夜间直接进水的高位水箱，其调节容积由用水人数、最高日用水定额和水箱补水时间确定。

2）由水泵向水箱供水时，水箱调节容积按规范规定不宜小于最大时用水量的 50%。

3）水箱设置高度应保证水箱最低水位的标高满足最不利配水点流出水头的要求。不能满足用水点水压要求的，应采取局部增压措施。

4）高位水箱的给水方式多用于市政水压不能满足局部楼层的多层建筑或超高层建筑生

活用水。

(2) 生活用水贮水池：贮水池是贮存和调节水量的构筑物，一般设在地下室。

1) 饮用水箱或蓄水池应专用，水箱的容积设计不得超过用户 48h 的用水量。

2) 当资料不足时，建筑物的贮水池推荐按最高日用水量的 20%～25%确定，小区的贮水池推荐按最高日用水量的 15%～20%确定。

3) 消防贮水池与生活用水贮水池宜分开，确保生活用水不被污染。

4) 对于 7 层以上的建筑多采用设生活贮水池、水泵的给水方式。

(3) 气压给水设备：它包括气压水罐、加压水泵、其他附件和电控制系统。

1) 气压罐的总容积按下式计算：

$$V_2 = \frac{\beta V_X}{1-\alpha_b} \tag{5.1-10}$$

式中 V_2——气压水罐的总容积，m^3；

V_X——气压水罐的调节容积，m^3；

α_b——气压水罐内的工作压力比（以绝对压力计），$\alpha_b=\frac{P_1+0.1}{P_2+0.1}$，一般用 0.65～0.85 比较经济合理，$P_1$ 与 P_2—气压罐最低与最高工作压力，表压单位 MPa；

β——容积附加系数，它反映罐内不起水量调节作用的附加水容积的大小，隔膜式气压水罐取 1.05。

2) 气压给水供水系统所需调节容积按下式计算：

$$V_X = \frac{\alpha_a q_b}{4n_q} \tag{5.1-11}$$

式中 q_b——水泵的出水量，m^3/h；

α_a——安全系数，应取 1.0～1.3；

n_q——水泵在 1h 内的启动次数，宜采用 6～8 次。

选用气压水罐时，其调节容积应大于或等于系统所需的调节容积。

4. 水压的计算

(1) 当建筑内给水系统的供水水压 H 大于建筑外网所提供的水压时，需要选择加压给水的方式；

(2) 当建筑内给水系统的供水水压 H 小于建筑外网所提供的水压时，可以选择由管网直接给水的方式；

(3) 从引入管到系统最不利点的水压计算：

$$H = H_1 + H_2 + H_3 \tag{5.1-12}$$

式中 H_1——最不利点所需要的供水水头（m）；

H_2——引入管到系统最不利点的几何高差（m）；

H_3——引入管到系统最不利点的总水头损失（m）。

5.1.3 民用建筑给水设计实例

1. 工程概况

本项目建筑面积 14 276.95m^2，建筑高度 52.95m。地下一层为设备用房及汽车库；地上部分由 14 层办公及 2 层厨房餐饮裙房组成。地下一层为层高 4.5m 的设备用房和汽车库；一、二层为层高 4.5m 的办事大厅；三～十三层层高 3.6m 的办公室；十四层为层高 4.45m

的办公室。市政管网常年所提供的资用水头为0.35MPa。

2. 市政基础资料及方案选择

自市政主管路引入一根DN100给水管供本建筑用水；市政管网常年所提供的资用水头为0.35MPa。市政水压不能满足本建筑用水压力要求，结合建筑使用性质及供水系统安全性的要求，本建筑采用水箱、水泵联合加压的给水方式供水。综合考虑整个建筑的各楼层使用功能和建筑高度，本建筑生活给水系统分为两个区：地下室～地上六层用水由市政管网直接供给，市政供水压力为0.35MPa。七～顶层由地下室生活泵房内水箱水泵加压供给。生活水泵采用微机变频调速控制。给水方式为下行上给式，室外设一块普通水表计量用水。在确定了给水方式之后按表5.1-1计算最高日用水量，本建筑七～顶层办公楼用水由地下室生活水箱水泵联合供给。生活水箱的贮水容积按七～顶层办公楼最高日生活用水量的25%计算。

3. 生活用水量计算

表5.1-1 本工程各用水项目用水量汇总表

序号	用水项目名称	使用人数或单位数	单位	用水量标准/L	小时变化系数K	使用时间/h	用水量/m³			备注
							平均时	最大时	最高日	
1	食堂	500人	每人每日	40	1.50	10	2.0	3.0	20.0	
2	办公	800	每人每日	30	1.5	8	3.0	4.5	24.0	
3	洗浴	60人	每人每次	200	2.0	12	1.0	2.0	12.0	
4	汽车库地面冲洗	640m²	每平方米每次	3	1.0	3	1.92	1.92	1.92	
5	换热站补水						5.48	5.48	131.56	
6	小计						13.40	16.90	189.48	
7	未预见水量						1.34	1.69	18.95	
8	合计						14.74	18.59	208.43	

4. 生活水箱贮水容积

高区生活用水为办公用水，占办公用水总量的4/7，$Q_d=1.1\times4/7\times24=15m^3$。

生活水箱有效容积$V=0.25Q=0.25\times15=7.5m^3$。

5. 设计秒流量计算

本建筑为公共建筑，按公式（5.1-8）进行管段设计秒流量计算，$\alpha=1.5$，$q_g=0.3\sqrt{N_g}+1.2$。

6. 管网的水头损失的计算

管网水力计算的目的是在求出各管段设计秒流量后，根据经济流速要求查水力计算表确定各管段的管径及水头损失，由管网总压力损失确定给水系统所需的水压，选择水泵。生活给水管道的流速参照表2-4选取，管网水力计算表查《给排水设计手册》第一册表17-4和表11-11可得。

表5.1-2 生活给水管道的水流速度

公称直径/mm	15～20	25～40	50～70	≥80
水流速度/(m/s)	≤1.0	≤1.2	≤1.5	≤1.8

沿程水头损失的计算公式：

$$p_y = IL$$

式中　p_y——管段沿程水头损失，kPa；

I——管道长度的水头损失，kPa/m；

L——计算管段长度，m。

局部水头损失按沿程损失的 20%～30%计算。

7. 室内给水系统所需水压计算

按本节公式 5.1-12 计算水压

$$H = 609.5 + 20.49 + 100 = 730\text{kPa}$$

H_1=100kPa（即最不利用水点延时自闭冲洗阀大便器所需最小水压）

$$H_2 = [52.95 + 3.5 - (-4.5)]\text{mH}_2\text{O} = 60.95\text{mH}_2\text{O} = 609.5\text{kPa}$$

$$H_3 = 1.3\sum p_y = 1.3 \times 15.763\text{kPa} = 20.49\text{kPa}$$

8. 加压水泵的选择

高区水泵扬程相应压力为 730kPa，出水量根据设计秒流量计算，为 q_g=4.32L/S。据此选择加压泵组 AAB20/0.75-2-4 一套（内含加压泵 2 台，稳压罐 1 个；泵参数如下：Q=12m^3/h，H=75m，N=4kW，n=1480r/min）。

表 5.1-3　高区给水立管水力计算表

编号	管段	管段长度/m	卫生器具数量			当量总数 N_g	设计秒流量 q_g /(L/s)	管径 /mm	流速 /(m/s)	I /(kPa/m)	p_y kPa
			大便器 N=0.5	小便器 N=0.5	洗手盆 N=1						
1	1—2	0.8			1	1.0	0.15	15	0.75	0.564	0.451
2	2—3	0.7			2	2.0	0.30	20	0.79	0.422	0.295
3	3—4	1.4			4	4.0	0.60	25	0.91	0.386	0.540
4	4—5	0.9			5	5.0	0.67	25	1.01	0.469	0.422
5	5—6	0.9	1		5	5.5	1.90	40	1.16	0.329	0.296
6	6—7	0.9	2		5	6.0	1.93	40	1.17	0.339	0.305
7	7—8	0.9	3		5	6.5	1.96	40	1.18	0.349	0.342
8	8—9	1.2	4		5	7.0	1.99	40	1.19	0.360	0.432
9	9—10	3.7	8		5	9.0	2.10	50	0.80	0.127	0.470
10	10—11	0.8	8	1	5	9.5	2.12	50	0.81	0.136	0.109
11	11—12	0.8	8	2	5	10.0	2.15	50	0.82	0.144	0.115
12	12—13	0.8	8	3	5	10.5	2.18	50	0.83	0.152	0.122

续表

编号	管段	管段长度/m	卫生器具数量			当量总数 N_g	设计秒流量 q_g /(L/s)	管径 /mm	流速 /(m/s)	I /(kPa/m)	p_y kPa
			大便器 N=0.5	小便器 N=0.5	洗手盆 N=1						
13	13—14	0.7	8	4	5	11.0	2.21	50	0.84	0.160	0.112
14	14—15	0.7	8	4	6	12.0	2.24	50	0.85	0.168	0.118
15	15—16	3.6	16	8	12	24.0	2.67	50	1.12	0.227	0.817
16	16—17	3.6	24	12	18	36.0	3.00	50	1.14	0.245	0.882
17	17—18	3.6	32	16	24	48.0	3.28	50	1.24	0.284	1.022
18	18—19	3.6	40	20	30	60.0	3.52	65	0.92	0.132	0.475
19	19—20	3.6	48	24	36	72.0	3.75	65	0.98	0.149	0.536
20	20—21	3.6	56	28	42	84.0	3.95	65	1.03	0.162	0.583
21	21—22	3.6	64	32	48	96.0	4.14	65	1.08	0.176	0.634
22	22—23	35	72	36	54	108.0	4.32	65	1.12	0.191	6.685
										$\sum p_y$	15.763

9. 绘制平面、系统图

绘制草图初步确定本专业方案，根据建筑专业提供的平面图与其他专业配合确定本专业设备用房面积、层高；管井的位置和尺寸大小；有需要转换管道的楼层核算原定层高是否合适。给水管道自室外引入的位置是否受其他专业条件限制。大方案定准后细化本专业平面图及系统图设计。绘制卫生间给水平面放大图、根据平面放大图绘制卫生间给水系统放大图、结合建筑平面图绘制给水系统轴测图（可用来进行给水管网水力计算）。根据计算所得数据标注管径，完善图纸。

详见：图 5.1-1 卫生间给水平面放大图

图 5.1-2 卫生间给水系统放大图

图 5.1-3 高区给水系统水力计算简图

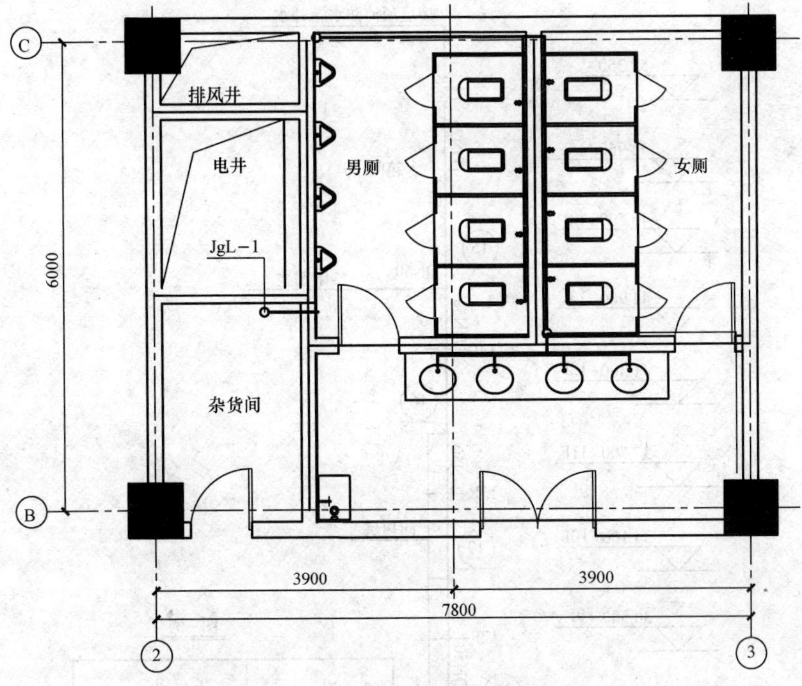

图 5.1-1　卫生间给水平面放大图

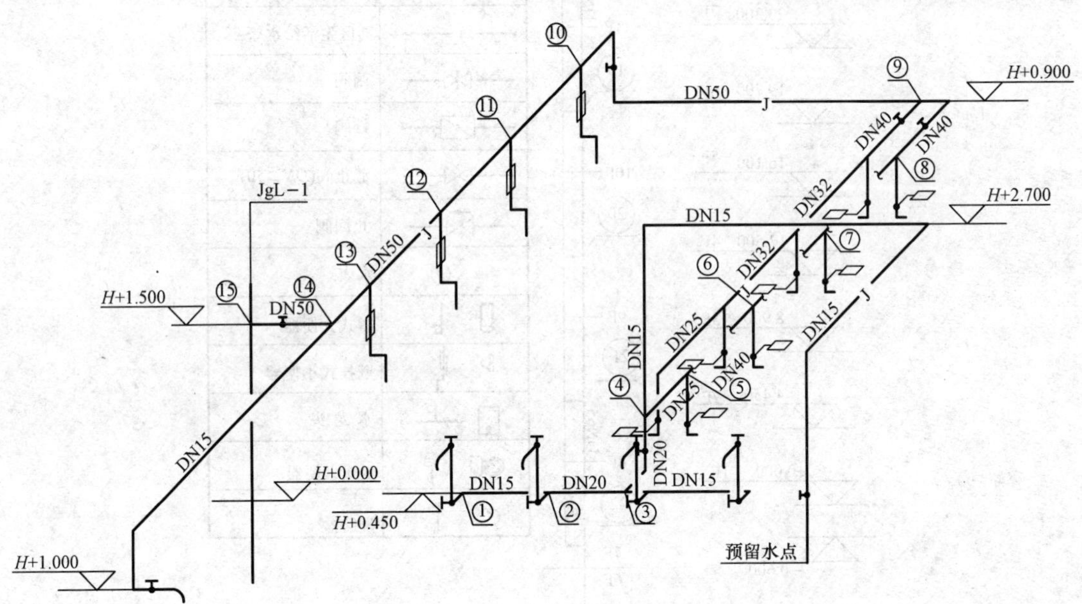

图 5.1-2　卫生间给水系统放大图

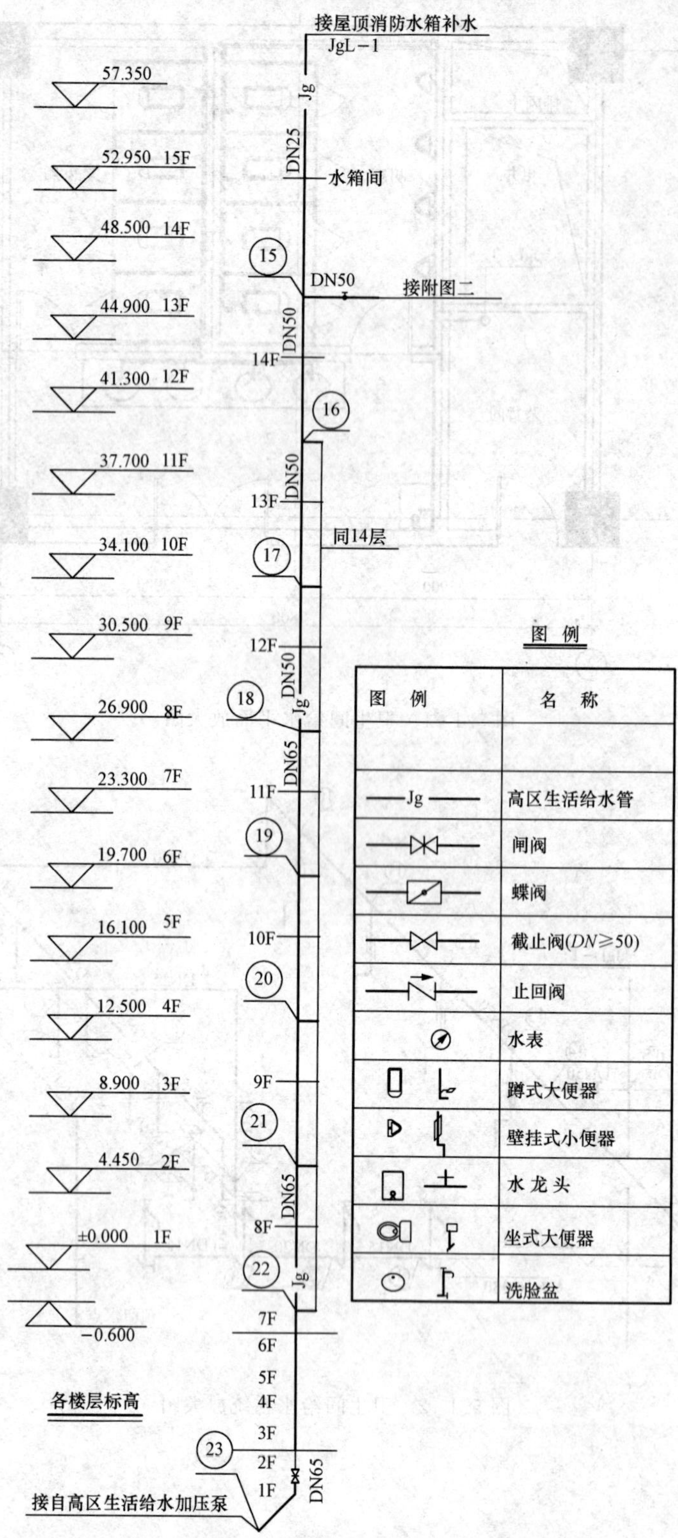

图 例	名 称
—Jg—	高区生活给水管
	闸阀
	蝶阀
	截止阀($DN\geqslant 50$)
	止回阀
	水表
	蹲式大便器
	壁挂式小便器
	水龙头
	坐式大便器
	洗脸盆

图 5.1-3 高区给水系统水力计算简图

5.2　民用建筑排水技术类型应用设计

【目的任务】

民用建筑排水技术类型应用设计目的任务：运用排水设计的技术技能知识，按有利于综合利用与处理的要求结合室外排水体制选择排水系统；根据排水性质及污染程度，选用适当的排水通气形式，保护室内外环境；结合建筑物室内卫生器具的布置形式进行排水管道系统设计，按建筑功能类别正确进行排水量的计算，确定排水管径；确保建筑排水的安全、顺畅。

【方法要领】

民用建筑排水技术类型应用设计方法要领：首先确定所设计的建筑物属于《建筑给水排水设计规范》中的建筑类型，按类型选定排水管道秒流量计算公式；结合建筑物中卫生器具的布置形式确定排水立管位置、进行排水系统管道设计秒流量（L/s）计算，确定排水管径；根据建筑特点合理选用排水通气管形式，确定通气管管径，确保管道中污浊的有害气体排至大气中，保护卫生器具水封，避免污染室内环境；对不同分类性质的排水系统，按《建筑给水排水设计规范》的规定分别进行处理后排放；绘制建筑排水平面、系统、剖面图。

【主要环节与内容】

5.2.1　民用建筑排水设计综述

1. 排水的一般规定

（1）室内排水系统一般为生活污水（大、小便污水）和生活废水（洗涤废水）。一些特大城市规定用水量集中的建筑应采用废水处理达到国家规定的“中水”水质后二次利用，为减少处理成本，收集污染轻度的生活废水作为中水水源进行深度处理后再次利用。粪便污水单独排出，经小区化粪池处理后排入市政污水管网。

（2）对含有放射性物质、重金属及其他有毒、有害物质的污水，应分别进行预处理；含有大量油脂（营业性餐厅，职工食堂厨房）或超过 40℃（锅炉排污，热水器排水）的排水应分别经隔油池、降温池等小型污水处理设备处理达到相应标准后，方可排入城市排水管网。

（3）屋面雨水水质污染较少，是作为中水水源的首选，应有组织的采用独立排水系统排入室外雨水管网。

（4）消防排水宜排入室外雨水管道，因此不能与生活污水共用排水系统。

2. 建筑内部排水系统的分类与污水系统的特点及组成

（1）建筑内部排水系统的分类

1）按建筑内排水水质分为：

A. 生活污水—建筑物内日常生活中排泄的粪便污水。

B. 生活废水—建筑物内日常生活中排放的洗涤水。

2）按排水体制分为：

A. 污废合流—建筑物内生活污水和生活废水合流后排至建筑物内水处理构筑物或室外管网。

B. 污废分流—建筑物内生活污水和生活废水分别排至建筑物内水处理构筑物或室外

管网。

(2) 污水系统的特点及基本组成:

1) 建筑内排水有以下特点(必须根据这些特点来设计排水管道系统):

A. 排水依靠重力流动的，管道按非满流设计。

B. 建筑内排水系统接纳排水量少、且不均匀、排水历时短;高峰流量时，水可能充满整个管道断面，而大部分时间管道内可能没有水;管内水面和气压不稳定，水气容易掺合。

C. 排水中含有固体杂物，但相对于水、气体来说固体物较少，因此其流动特点按水—气两相流考虑。

D. 建筑内部排水横管与立管交替连接，当水流由横支管流向立管时，流速急骤增大，水气混合，当水流由立管进入横管时，流速急骤减小，水气分离。

E. 排水管立管内压力波动大，压力分布不均匀，存在正压区和负压区。

2) 污水系统的基本组成:包括卫生器具、排水管道、清通设备和通气管道，地下室内设置用水点时需设污水提升设备加压外排。

3. 室内排水管道的连接

卫生器具排水管与排水横支管垂直连接时，宜采用90°斜三通;排水管道的横支管与排水横管的水平连接宜采用45°斜三通或45°斜四通;排水管道的横管与立管的连接，宜采用45°斜三通、45°斜四通和顺水三通或顺水四通;排水横管作90°水平转弯时，宜采用两个45°弯头或大转弯半径的90°弯头;排水立管与排出管端部的连接，宜采用两个45°弯头或弯曲半径不小于4倍管径的90°弯头或90°变径弯头。当采用异径管接弯头方式变径时，异径管宜采用偏心异径管，偏心侧宜在转弯的内圆一侧;排水支管接入横干管、立管接入横干管时，应在横干管管顶或其两侧45°范围内采用45°斜三通接入;排水立管应避免在轴线偏置，当受条件限制时，宜采用乙字管或两个弯头45°连接。

不得与污、废水管道直接连接的构筑物和设备排水应采取间接排水的方式，即排入邻近的洗涤盆、地漏、或排水明沟等。

4. 室内排水系统设置通气管的目的及原则

(1) 设置通气管的目的:

1) 将室内排水管道中污浊的有害气体排至大气中。

2) 平衡管道内的压力波动，保护卫生器具水封，避免污染室内环境。

3) 降低排水系统噪声对室内环境的影响。

(2) 通气管的设置原则

1) 生活排水管道的顶端应设置伸顶通气管;当受条件限制伸顶通气管无法伸出屋面时，可采用以下通气方式:设置侧墙通气管;通过设置汇合通气管后在侧墙伸出延伸至屋面以上;上述两种方法无法实施的情况下，可设置自循环通气管道系统。

2) 下列情况应设通气立管:当排水立管所承担的卫生器具排水设计流量超过仅设伸顶通气管的排水立管最大设计排水能力时;建筑要求标准较高的多层住宅和公共建筑、10层及10层以上高层建筑的生活排水立管。

3) 下列管段应设环形通气管:连接4个及4个以上卫生器具且长度大于12m的排水横支管;连接6个及6个以上的大便器污水横支管;不超过上述规定，但建筑性质重要、使用要求较高时或设置器具通气管时。

4）对卫生、安静要求较高的建筑物内，生活排水管道宜设置器具通气管。

5）建筑物内各层的排水管道设有环形通气管时，应设置连接各层环形通气管的主通气立管或副通气立管。

6）通气立管不得接纳器具污水、废水和雨水，不得与风道和烟道连接。

（3）排水伸顶通气管管径确定

排水伸顶通气管管径与排水立管管径一致，在室外最冷月平均气温低于－13℃的地区，应在室内平顶或吊顶以下 0.3m 处将管径放大一级。当两根及两根以上的通气立管汇合时，汇合通气管的断面积应为最大一根通气管的断面积加其余通气管的断面积之和的 0.25 倍。

5. 压力变化对排水系统的影响

排水横支管排放的污水进入立管竖向下落的过程中会携带一部分气体一起向下流动。若不能及时补充带走的气体，在立管上部形成负压。最大负压发生在排水横支管下面。最大负压值的大小与排水横支管的高度、排水量大小、通气量大小有关。排水横支管距立管底部越高，形成的负压越大；排水量越大，形成的负压越大；通气量越小，形成的负压越大。挟气水流进入横管后，因流速减小，形成水跃，水流充满横干管断面，因流速减小从水中分离出的气体不能及时排走，在立管底部和横干管内形成正压。在立管中从上向下，压力由负到正，由小到大逐渐增加，零压点靠近立管底部。排水横干管接纳卫生器具较多，存在着多个卫生器具同时排水的可能，所以排水量大。另外，卫生器具距横干管高差大，下落污水在立管与横干管连接处动能大，在横干管起端产生的冲击流强烈，水跃高度大，水流有可能充满管道断面。当上部水不断下落时，立管底部与横干管之间的空气不能自由流动，空气压力骤然上升，使下部几层横支管内形成正压，有时会将存水弯内污水喷溅至卫生器具内，为防止上述现象发生，《建筑给水排水设计规范》（GB 50015—2003）（2009 年版）做出如下规定：

（1）靠近排水立管底部的排水支管连接应符合；图 5.2-1 中 h 值应满足表中要求。

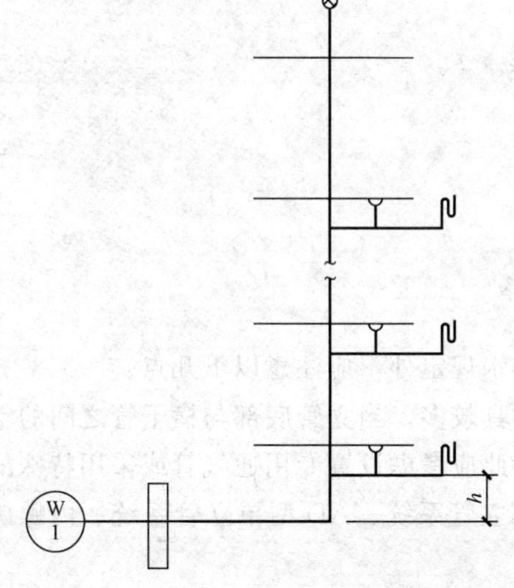

最低横支管与立管连接处至立管管底的最小垂直距离

立管连接卫生器具的层数	垂直距离/m左图中h值	
	仅设伸顶通气	设通气立管
≤4	0.45	按配件最小安装尺寸确定
5~6	0.75	
7~12	1.20	
13~19	3.00	0.75
≥20	3.00	1.20

图 5.2-1　最低横支管与立管连接处至立管管底的最小垂直距离

（2）排水支管连接在排出管或排水横管上时，连接点距立管底部下游水平距离不得小于 1.5m。

(3) 横支管接入横干管竖向转弯管段时，连接点距转向处以下不得小于0.6m。

6. 雨水排水

(1) 屋面雨水的收集

屋面雨水通常采用外排水和内排水两种方式。外排水方式的特点是雨水立管靠近建筑外墙敷设，屋面一般不设雨水斗或天沟，适用于对立面美观要求不高的居住，工业厂房、库房等多层建筑。这种方式通常由建筑专业按照屋面的坡度及汇水面积，变形缝位置，建筑的立面等要求设计。内排水方式适用于高层建筑及立面效果要求较高的建筑。对于容易结冰的北方寒冷地区内排水方式应用效果更好。屋面内排水系统由给排水专业根据规范要求设计完成。由于雨水受到环境污染的程度最轻，是水二次利用的最佳水源，特别是近年来，随着“低影响开发”(LID) 理念的执行，雨水排水已引起广泛重视。屋面雨水排水一般有以下三种：

1) 半有压屋面雨水系统，通常采用65型或87型雨水斗，材质一般为铸铁或钢制两种。具有安全可靠的优点，设计中采用较多。缺点是一个悬吊管上连接的雨水斗数量不得超过4个，因此当屋面汇水面积较大时，排水立管根数要多。

2) 虹吸式雨水系统：悬吊管连接雨水斗不受限制，且无坡度要求，排水立管数量少，适用于大型屋面，悬吊管管径按满流计算确定，管径相对较小。该系统没有排出超出设计重现期雨水的余量，需依赖屋面的溢流设施排放。

3) 重力流是利用屋面坡度，将水汇至屋面雨水斗。雨水以汽水混合的状态进入雨水立管，由于以汽水混合状态进行水力计算。因此选择的管径都会相应放大。

上述雨水流态控制，主要取决于屋面雨水斗的选用。所以首先应在选择雨排水流态之后决定雨水斗的型号规格。安装可参照国家标准图集。

(2) 雨水的设计流量

雨水设计量采用下列公式

$$Q_y = q_j \cdot \varphi \cdot F_w \tag{5.2-1}$$

式中 Q_y——雨水设计流量，L/s；

q_j——当地暴雨强度，L/(s·m²)；

φ——径流系数，一般取0.9；

F_w——屋面的汇水面积，m²。

7. 高层建筑排水设计

高层建筑的排水设计除要遵循多层建筑的排水规定外，应注意以下几点：

(1) 排水系统：由于排水系统接纳的卫生器具较多，当立管底部与横干管之间的空气不能自由流动时，导致底部卫生器具水封破坏。因此应考虑设置专用通气管或采用特殊配件的单立管系统。目前国内较普遍采用的有苏维托单立管系统、AD型单立管系统、内螺旋单立管排水系统。

(2) 排水管材：高层建筑的火灾危险性很大，火源有可能沿可燃的排水管道向上蔓延，因此排水管要尽量选用不燃或难燃材料，一般选用机制离心柔性抗震排水铸铁管。选用塑料管时每层应设置阻火装置。

(3) 排水管材连接应采用柔性接口或半柔性接口。

5.2.2　民用建筑排水设计与计算

1. 卫生器具的排水流量、当量、排水管径应按表 5.2-1 确定

表 5.2-1　　卫生器具的排水流量、当量、排水管径

序号	卫生器具名称			排水流量 /(L/s)	当量	排水管管径 DN /mm
1	污水盆（池）			0.33	1.00	50
2	餐厅、厨房洗涤盆（池）	单格洗涤盆（池）		0.67	2.00	50
		双格洗涤盆（池）		1.00	3.00	50
3	盥洗槽（每个水嘴）			0.33	1.00	50～75
4	洗手盆			0.10	0.30	32～50
5	洗脸盆			0.25	0.75	32～50
6	浴盆			1.00	3.00	50
7	淋浴器			0.15	0.45	50
8	大便器冲洗阀	高水箱		1.50	4.50	100
		低水箱	冲落式	1.50	4.50	100
			虹吸式、喷射虹吸式	2.00	6.00	100
			自闭式	1.50	4.50	100
9	医用倒便器			1.50	4.50	100
10	小便器	自闭式冲洗阀		0.10	0.30	40～50
		感应式冲洗阀		0.10	0.30	40～50
11	大便槽	≤4 个蹲位		2.5	7.50	100
		>4 个蹲位		3.0	9.00	150
12	小便槽（每米长）自动冲洗水箱			0.17	0.5	—
13	化验盆（无塞）			0.20	0.60	40～50
14	净身器			0.10	0.30	40～50
15	饮水器			0.05	0.15	25～50
16	家用洗衣机			0.50	1.50	50

注：家用洗衣机排水软管直径为 30mm，有上排水的家用洗衣机排水软管内径为 19mm。

2. 排水设计秒流量计算

设计排水量是排水管径确定的重要依据，与建筑的使用功能，排水特点及设计生活给水量有关，一般是生活给水量的 90%，采用的计算公式与生活给水计算类型相对应的分为两种类型：

(1) 分散型（当量平方根法）

住宅、宿舍（Ⅰ、Ⅱ类）、集体宿舍、旅馆、医院、疗养院、幼儿园、老人院、办公楼商场、会展中心、中小学教学楼等建筑生活排水设计秒流量，应按下式计算：

$$q_p = 0.12\alpha\sqrt{N_p} + q_{max} \tag{5.2-2}$$

式中 q_p——计算管段排水设计流量（L/s）；

α——根据建筑物用途而定的系数，应按表 5.2-2 采用；

N_p——计算管段的卫生器具排水当量总数；

q_{max}——计算管段上最大一个卫生器具的排水流量（L/s）。

注：当计算所得流量值大于该管段上按卫生器具排水流量累加值时，应按卫生器具排水流量累加值计算。

表 5.2-2　　根据建筑物用途而定的系数 α 值

建筑物名称	α 值
住宅、宿舍（Ⅰ、Ⅱ类）、宾馆、医院、疗养院、幼儿园、酒店式公寓、老人院的卫生间	1.5
集体宿舍、旅馆和其他公共建筑的公共盥洗室和厕所间	2.0～2.5

（2）密集型（同时百分数法）

工业企业生活间、宿舍（Ⅲ、Ⅳ类）、公共浴室、洗衣房、职工食堂或营业餐厅的厨房、实验室、影剧院、体育场、候车（机、船）等建筑物的生活排水设计秒流量，应按下式计算：

$$q_p = \sum q_0 \cdot n_0 \cdot b \tag{5.2-3}$$

式中　q_p——计算管段排水设计流量，L/s；

q_0——同类型的一个卫生器具排水流量，L/s；

n_0——同类型卫生器具数；

b——卫生器具的同时排水百分数。

注：当计算排水流量小于一个大便器排水流量时，应按一个大便器的排水流量计算。

3. 建筑物内生活排水管坡度和最大设计充满度的确定

表 5.2-3　　生活排水铸铁管、塑料管的坡度和最大充满度

<table>
<tr><th rowspan="2">管径 DN
/mm</th><th colspan="2">通用坡度</th><th colspan="2">最小坡度</th><th colspan="2">最大设计充满度</th></tr>
<tr><th>铸铁管</th><th>塑料管（横支管）</th><th>铸铁管</th><th>塑料管（横干管）</th><th>铸铁管</th><th>塑料管</th></tr>
<tr><td>50</td><td>0.035</td><td rowspan="7">0.026</td><td>0.025</td><td>—</td><td rowspan="2">0.5</td><td rowspan="5">0.5</td></tr>
<tr><td>75</td><td>0.025</td><td>0.015</td><td>—</td></tr>
<tr><td>90</td><td>—</td><td>—</td><td>—</td><td>—</td></tr>
<tr><td>100（110）</td><td>0.020</td><td>0.012</td><td>0.004</td><td rowspan="2">0.5</td></tr>
<tr><td>125</td><td>0.015</td><td>0.010</td><td>0.0035</td></tr>
<tr><td>150（160）</td><td>0.010</td><td>0.007</td><td>0.003</td><td rowspan="2">0.6</td><td rowspan="2">0.6</td></tr>
<tr><td>200</td><td>0.008</td><td>0.005</td><td>0.003</td></tr>
</table>

注：括号内为塑料管外径。

4. 排水横管管径的确定和要求

排水管径的确定一般采用两种方法：一种是根据计算得出的排水流量，按水力学的规律，定常流状态（均匀流）计算得出的相近公称管径，我们称为水力计算；另一种是采用瞬间流状态，根据通水实验确定某段管道的最小管径和最小坡度，称为不计算管段。在设计中要同时满足两种方法的结果。

（1）排水横管管径计算式

$$v=\frac{1}{n}R^{0.667}I^{0.5} \tag{5.2-4}$$

$$Q=10\ 000v\cdot A \tag{5.2-5}$$

式中　v——流速，m/s；

Q——管道排水能力，L/s；

R——水力半径，m，$R=A/x$，其中，x 为湿周，m；

I——水力坡降，采用排水管的坡度；

n——粗糙系数，混凝土管、钢筋混凝土管取 $n=0.013$～0.014，铸铁管取 $n=0.013$，钢管为 $n=0.012$，塑料管为 $n=0.009$；

A——水流有效断面面积，m^2。

（2）排水管管径应经计算确定，且应符合下列要求：

1）除器具排水管外，建筑物内排水管最小管径不得小于 50mm，连接大便器的排水管管径不得小于 100mm。

2）多层住宅厨房间的立管管径不宜小于 75mm。

3）公共食堂厨房内的排水管管径应比计算值放大一级，且干管管径不宜小于 150mm，不得小于 100mm，支管管径不得小于 75mm。

4）公共浴室的排水管，管径应适当放大，一般不宜小于 100mm。

5）医院污物洗涤盆（池）和污水盆（池）的排水管径不得小于 75mm。

6）小便槽或连接≥3 个小便器的排水支管管径不宜小于 75mm。

5. 排水立管最大设计排水能力确定

排水立管管径是根据管中水流的流动状态确定，水流状态是与接入立管的横管水流量的大小有关。当横管流量占立管满管不足 1/4 时，为附壁螺旋流。当横管流量在 1/4～1/3 时为水膜流，当横管流量超过 1/3 时为水塞流，水塞流管内气体压力波动激烈破坏水封，为了安全可靠，目前国内外均以水膜流作为设计排水立管的依据。

5.2.3　民用建筑排水设计实例

1. 工程概况

本项目建筑面积 14 276.95m^2，建筑高度 52.95m。地下一层为设备用房及汽车库；地上部分由 14 层办公及 2 层厨房餐饮裙房组成。地下一层为层高 4.5m 的设备用房和汽车库；一、二层为层高 4.5m 的办事大厅；三～十三层层高 3.6m 的办公室；十四层为层高 4.45m 的办公室。

2. 排水系统选择

本建筑为建筑高度大于 50m 的一类综合楼，主体公共卫生间卫生洁具较多，市政管网为污废合流制；故本建筑排水采用设专用通气立管的污废合流排水系统。

排水流量按本节中公式（5.2-2）计算

其中 $\alpha=2.5$，$q_p=0.3\sqrt{N_p}+1.2$

排水立管管径及专用通气立管管径选用 $d100$ 且结合通气管每层与排水立管连接的生活立管最大设计排水能力为 8.8L/s，大于计算所得立管排水流量 5.81L/s，所选系统及管径满足规范要求。

表 5.2-4　　排水系统水力计算表

编号	管段	卫生器具数量			当量总数 N_p	设计秒流量 q_p /(L/s)	管径/mm	
		大便器 $N_p=3.6$	小便器 $N_p=0.3$	洗手盆 $N_p=0.75$				
1	1—2	1			3.6	1.20		
2	2—3	2			7.2	2.00		
3	3—4	3			10.8	2.19		
4	4—5	4			14.4	2.34		
5	5—6	4		2	15.9	2.40		
6	6—7	4		3	16.65	2.42		
7	7—8	4		4	17.4	2.45		
8	8—9	4		5	18.15	2.48		
9	9—10	8		10	36.3	3.01		
10	10—11	12		15	54.45	3.41	$d100$	$d100$
11	11—12	16		20	72.6	3.76		
12	12—13	20		25	90.75	4.06		
13	13—14	24		30	108.9	4.33		
14	14—15	28		35	120.75	4.50		
15	15—16	32		40	145.2	4.81		
16	16—17	36		45	165.35	5.06		
17	17—18	40		50	181.5	5.24		
18	18—19	44		55	199.65	5.44		
19	19—20	48		60	217.8	5.63		
20	20—21	52		65	235.95	5.81		
21	21—22	104	52	65	438.75	7.48	$d150$	

3. 排水系统管道布置

绘制草图初步确定本专业方案，根据建筑专业提供的平面图与其他专业配合确定管井的位置和尺寸大小；有需要转换管道的楼层核算原定层高是否合适。排水管道出户位置是否受其他专业条件限制。大方案定准后细化本专业平面图及系统图设计。绘制卫生间排水平面放大图、根据排水平面放大图绘制卫生间排水系统放大图、结合建筑平面图绘制排水系统轴测图（可用来进行排水管网水力计算）。根据计算所得数据标注管径，完善图纸。

详见图 5.2-2～图 5.2-5。

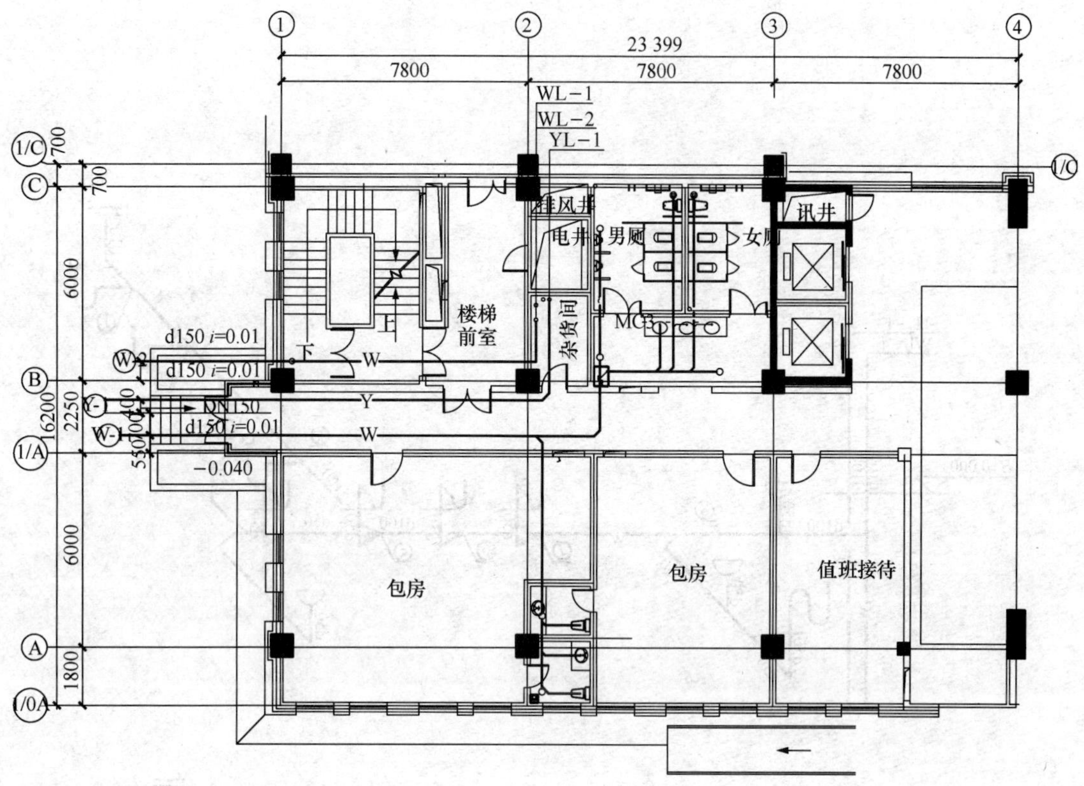

图 5.2-2 一层排水平面图

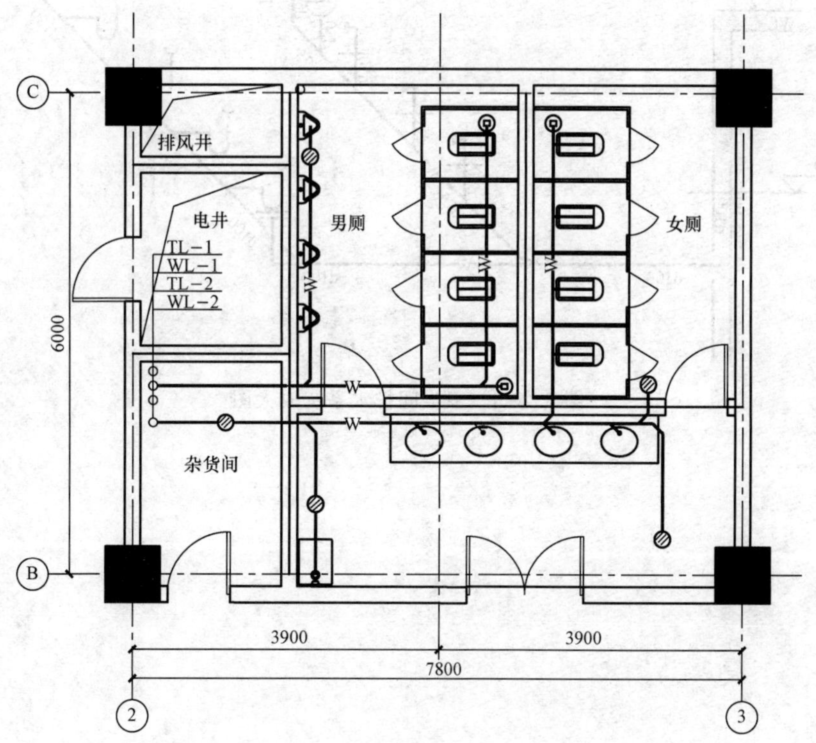

图 5.2-3 卫生间排水平面放大图

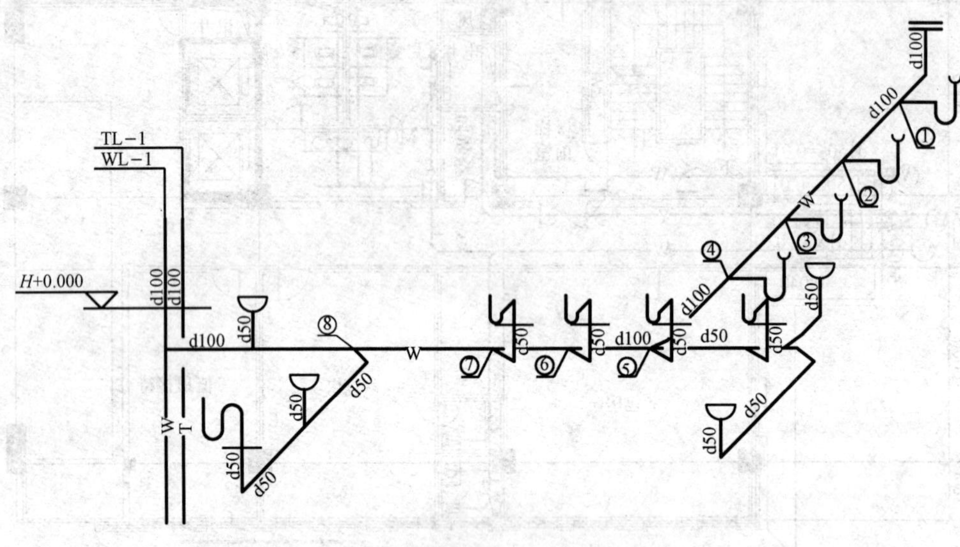

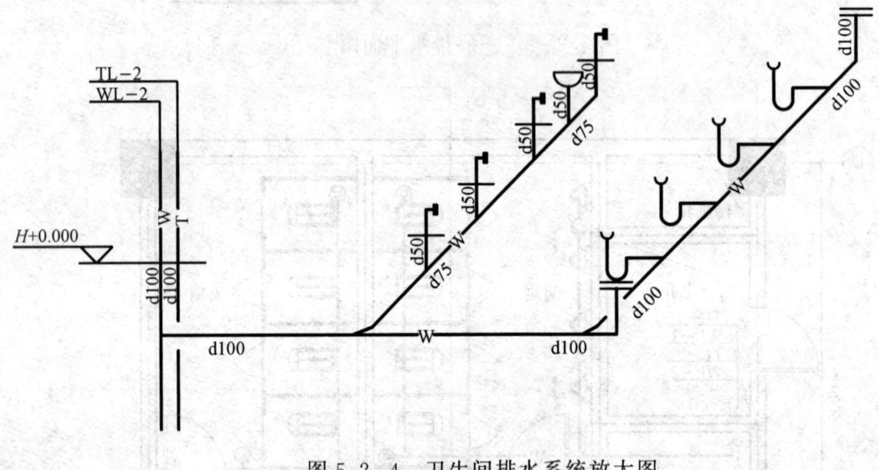

图 5.2-4　卫生间排水系统放大图

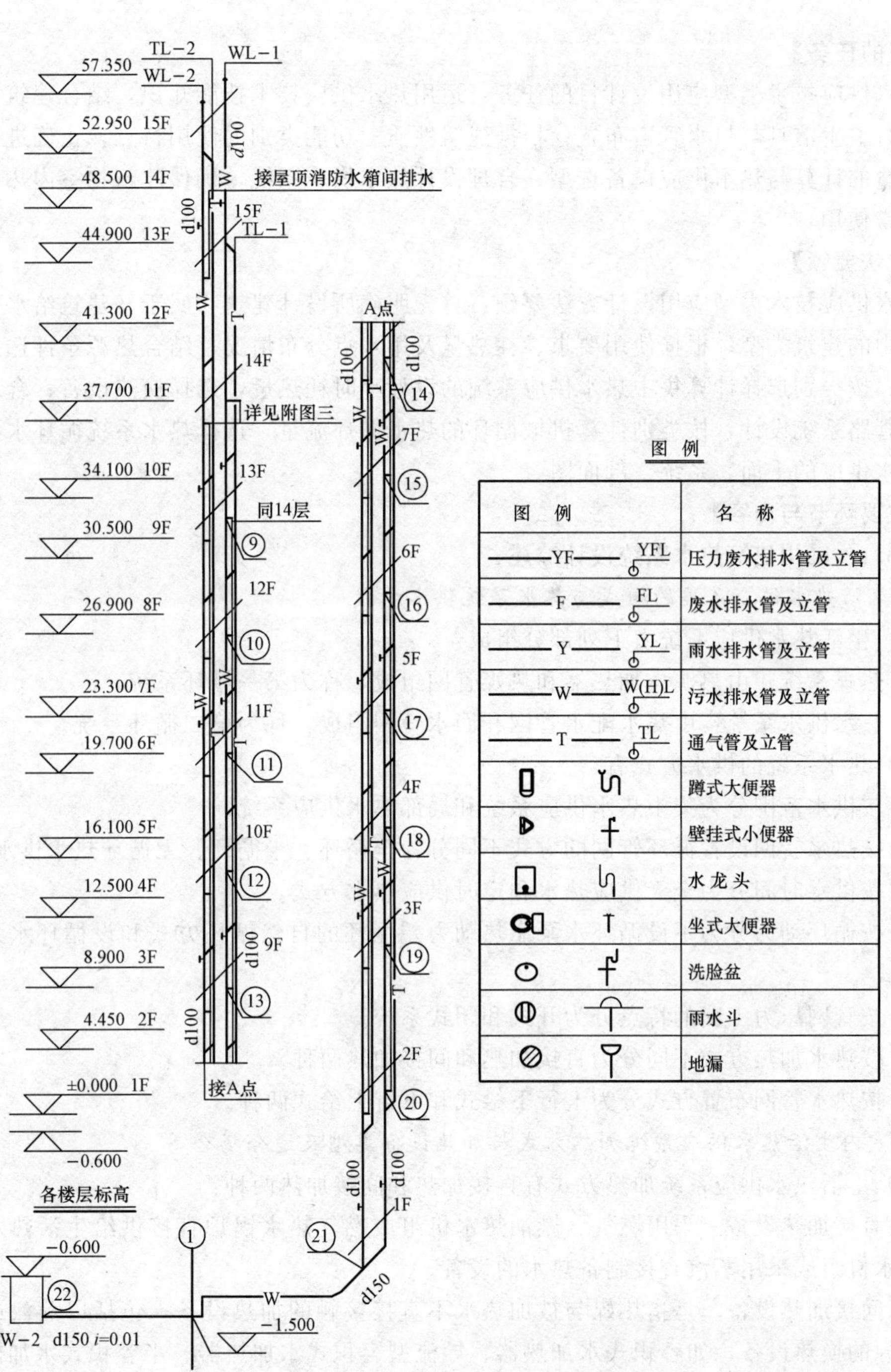

图 5.2-5　排水系统水力计算简图

5.3 民用建筑热水供应技术类型应用设计

【目的任务】

热水供应技术类型应用设计目的任务：运用热水供应技术技能知识，结合建筑物室内的需要进行卫生洁具与热水管道布置；根据建筑性质、功能类别的使用特点，正确进行热水供应特性量的计算与热水供应设备选型；合理设计热水供应系统，确保建筑物室内热水供应系统的正常使用。

【方法要领】

热水供应技术类型应用设计方法要领：首先明确所设计建筑物属于《建筑给水排水设计规范》中的建筑类型；根据使用要求、耗热量及用水点分布情况、结合热源条件选择热水供应系统；按类别选择计算集中热水供应系统的设计小时耗热量，选择换热设备；合理进行热水供应管路系统设计，按类别计算机械循环的热水循环流量，选择热水系统循环水泵；绘制建筑热水供应的平面、系统、剖面图。

【主要环节与内容】

5.3.1 民用建筑热水系统设计综述

1. 生活热水供应系统的组成与热水系统供水方式

(1) 生活热水供应系统由下列部分组成：

1) 热媒系统：由热源、加热器和热媒管网组成，称为第一循环系统。

2) 热水供水系统：由热水配水管网和回水管网组成，称为第二循环系统。

(2) 热水系统的供水方式有：

1) 按供水范围分为集中热水供应系统和局部热水供应系统。

2) 按热水管网设置循环管网的方式不同分为全循环、半循环、无循环热水供水方式。

3) 按供水时间分为全天供应热水和定时供应热水方式。

4) 按循环动力分为不设循环水泵靠热动力差循环的自然循环方式和设循环水泵的机械循环方式。

5) 按管网压力工况的特点分为开式和闭式系统。

6) 按热水加热方式不同分为直接加热和间接加热两种。

7) 按热水管网布置方式分为上行下给式和下行上给式两种。

2. 室内生活热水供应系统加热方式与加热设备类型及适合场合

(1) 生活热水供应系统加热方式有直接加热和间接加热两种：

1) 直接加热设备—采用燃气、燃油热水机组或燃气热水锅炉直接供给生活热水的直接加热热水机组或采用蒸汽直接制备热水的设备。

2) 间接加热设备—是指热媒与被加热水不直接接触的加热设备，包括以蒸汽或热水为一次热源的换热设备，如容积式水加热器、导流型容积式水加热器、半容积式水加热器、半即热式水加热器、快速式水加热器等。

(2) 各种设备的适用场合：

1) 直接加热设备一般适合于没有外部集中热源而需要自备热源，被加热水水质硬度不大，设备与热水供应系统的压力能够合理匹配的条件下。

2）间接加热设备适合于有外部集中热源或自备热源的以下不同场合：

A. 容积式—热源供应不能满足最大小时耗热量要求时；用水负荷变化较大而供水可靠性、水温和水压平稳度要求高时；设备用房较宽裕时。

B. 半容积式—热源供应能满足最大小时耗热量要求时；供水水温和水压平稳度要求高，设备用房较小时。

C. 半即热式—热源供应能满足设计秒流量所需耗热量时；用水较均匀的系统。

D. 快速式和半即热式与贮热水罐配套使用。热源供应不能满足设计秒流量所需耗热量时；温控和安全设置达不到单设快速式或半即热式加热器的要求时；用水负荷变化较大时，快速式加热器不适合在冷水水质硬度大于150mg/L（以碳酸钙计）的条件下采用。

3. 集中热水供应系统加热和贮热设备选用原则

集中热水供应系统的加热、贮热设备应根据用户的使用特点、水质情况、加热方式、耗热量、热源、维护管理等因素考虑以下几方面综合确定。

（1）热效率高、换热效果好，节能、环保性能好，节省设备用房、附属设备简单。

（2）生活用水侧阻力损失小，有利于整个供水系统冷热压力均衡。

（3）构造简单、安全可靠、操作管理维修方便。

（4）具体选择设备时，宜考虑以下几点：当利用太阳能为热源时，宜采用热工性能测定年平均集热效率≥45%的集热器；采用自备热源时，宜选用以燃气、燃油为燃料的燃烧效率高，烟气符合环保要求的热水机组；以蒸汽或高温热水为热源采用间接换热时，间接换热设备的选型宜结合热媒的供给能力、热水用途、用水均匀性及水加热设备本身特点等因素，经技术经济比较后确定。

4. 生活热水供应系统的确定

（1）生活热水供应系统确定的因素

生活热水供应系统应根据使用对象、建筑物的特点、热水用水量、用水规律、用水点分布、热源类型、水加热设备及操作管理条件等因素，经技术经济比较后选择合适的供水方式。

（2）生活热水供应系统采用集中与分散局部热水供应系统的原则

热水用水量较大时宜采用集中热水供应系统，下列情况宜采用局部热水供应系统，且加热装置宜设置在用水点附近。

1）热水供应系统的设计小时耗热量小于81kW（约折合4个淋浴器耗热量）；

2）耗热量不大且用水点分散；

3）热水为定时供水，个别用水点供水时间或水温等有特殊要求时，宜对个别用水点设局部热水供水；

4）住宅小区设统一的集中热水供应系统时，宜在每栋建筑的热水回水干管上分设循环泵。

5. 生活热水供应系统分区

高层建筑内热水供应系统垂直分区应与给水系统分区一致。各区的水加热器、贮水器的进水均应由同区的给水系统设专管供给，即此供水管不应供给其他用水，以保证热水系统水压相对稳定。当不能满足时，应采取减压阀、持压泄压阀等保证系统冷、热水压力平衡的措施。

5.3.2 民用建筑热水供应设计与计算

1. 集中热水供应系统设计小时耗热量的计算

（1）全日或白天全日供应热水的宿舍（Ⅰ、Ⅱ类）、住宅、别墅、招待所、培训中心、旅馆、宾馆的客房（不含员工）、医院住院部、养老院、幼儿园、托儿所、办公等建筑的集中热水供应系统的设计小时耗热量可按下列公式计算：

$$Q_h = K_h \frac{mq_r C(t_r - t_l)\rho_r}{T} \tag{5.3-1}$$

式中 Q_h——设计小时耗热量，kJ/h；

ρ_r——热水密度，kg/L；

K_h——小时变化系数；

m——用水计算单位数（人数或床位数）；

t_r——热水温度，℃；

t_l——冷水温度，℃；

C——水的比热，$C=4.187$kJ/(kg·℃)；

q_r——热水用水定额，L/(人·d) 或 L/(床·d)；

T——每日热水使用时间。

（2）定时供应热水的住宅、宿舍（Ⅲ、Ⅳ类）、旅馆、医院及工业企业生活间、公共浴室、学校、剧院、体育馆（场）等建筑的集中热水供应系统的设计小时耗热量计算：

$$Q_h = \sum q_h (t_r - t_l)\rho_r n_0 bC \tag{5.3-2}$$

式中 Q_h——设计小时耗热量，kJ/h；

ρ_r——热水密度，kg/L；

t_r——热水温度，℃；

t_l——冷水温度，℃；

n_0——同类型卫生器具数；

C——水的比热，$C=4.187$kJ/(kg·℃)；

b——卫生器具的同时使用百分数。

2. 集中热水供应系统设计小时热水量的计算

（1）设计小时热水量按下式计算：

$$q_{rh} = \frac{Q_h}{(t_r - t_l)\rho_r C} \tag{5.3-3}$$

式中 q_{rh}——设计小时热水量（L/h），其余各项含义同上。

（2）具有多个不同使用热水部门的单一建筑或具有多种使用功能的综合性建筑，当其热水由同一热水供应系统供应时，设计小时热水量可按同一时间内出现用水高峰的主要用水部门的设计小时热水量加其他用水部门的平均小时热水量计算。

3. 机械循环热水供应系统循环管道的水力计算

（1）热水循环流量应如下确定：

1）全日供应热水的循环流量，应按下式计算：

$$q_x = \frac{Q_s}{1.163\Delta t} \tag{5.3-4}$$

式中　q_x——循环流量，L/h；

Q_s——配水管道的热损失，W，可采用设计小时耗热量的 3%～5%；

Δt——配水管道的热水温度差，℃，一般取 5～10℃。

当 $\Delta t=10$℃时，循环流量可按设计小时热水量的 25%估算。

2）定时热水供应系统的热水循环流量，应按下式计算：

$$q_x = V \cdot n \tag{5.3-5}$$

式中　V——热水循环管道系统的水容积（L）；

n——每小时循环次数，可取 2～4 次/h。

（2）热水回水管管径宜按配水管网的热损失计算确定，一般工程也可按表 5.3-1 选用。

表 5.3-1　　热水回水管管径

热水配水管管径 DN/mm	20～25	32	40	50	70	80	100	125	150	200
热水循环水管管径 DN/mm	20	20	25	32	40	40	50	65	80	100

（3）机械循环热水系统循环水泵选择：

1）水泵的流量应满足循环流量 q_x。

2）水泵的扬程应为循环水量通过配水管网、回水管网和水加热设备的水头损失总和，在工程设计中，由于循环系统流量计算比较烦琐，水泵扬程也可按下式估算：

$$H_b = 1.1(R \cdot L + H_s + H_f) \tag{5.3-6}$$

式中　H_b——循环水泵扬程，kPa；

R——单位长度管道的水头损失，kPa/m，可取 $R=0.1\sim0.15$kPa/m；

L——自水加热设备至最不利点的配水管和回水管总长度，m；

H_s——水加热设备的水头损失，kPa，容积式水加热器可忽略不计；

H_f——设在循环系统上的减压阀阻力，kPa。

3）热水循环泵壳体承压应不小于其系统的静水压力加水泵扬程。

4）热水循环泵宜设备用泵。

4. 热水管道流速控制

表 5.3-2　　生活给水管道的水流速度

公称直径 DN/mm	15～20	25～40	≥50
流速/(m/s)	≤0.8	≤1.0	≤1.2

5.3.3　民用建筑热水供应设计实例

1. 工程设计概况：

本项目建筑面积 13 000m^2，建筑高度 47.9m。地下一层为层高 4.5m 的设备用房和汽车库；一～七层为层高 3.6m 的办公室；八～十四层为层高 3.2m 的客房。

2. 市政基础资料及方案选择

制备热水的热媒由园区内锅炉房制备的高温热水提供。因宾馆对热水供应要求较高，本设计采用全天集中热水供应系统，为保证任何时刻均达到设计水温（出水温度 60℃，最不利点温度为 55℃)，采用机械立管循环系统，设计采用容积式水加热器，热媒为 95℃高温热水。

为保证冷、热水压力平衡，本设计冷、热水给水分区一致，热水采用上行下给式立管同程循环集中热水供应系统，自地下室高区冷水给水系统横干管单独引管接至热交换器，加热设备置于地下一层。自加热设备因热水总管至十四层，十四层顶设热水横干管与热水给水立管相连，七层顶设热水回水干管与各热水立管相连后接至地下室换热间内循环泵加压至容积式热交换器补水。

3. 系统各参数计算

(1) 耗热量计算：

采用本节公式（5.3-1）计算，

式中 $C=4.187\text{kJ/(kg}\cdot℃)$；$t_r=60℃$；$t_L=10℃$；$K_h=3.33$

则 $$Q=3.33\times\frac{4.187\times56\times160\times(60-10)}{24}=72\,295.5\text{（W）}$$

(2) 设计小时热水量计算：

采用本节公式（5.3-2）计算，其中 $m=56$，$q_r=160\text{L/(床}\cdot\text{d)}$；$T=24\text{h}$；$K_h=3.33$。以上数据均经过查询相关设计规范取值。

则

$$Q_h=3.33\times\frac{56\times160}{24}=1243.2(\text{L/h})$$

(3) 热交换设备计算：

1) 热交换器容积计算

换热器容积计算公式：

$$V=\eta\times Q_h \tag{5.3-7}$$

式中 η——不同热媒、不同贮水时间折算系数（η=贮水时间/60）；

Q_h——设计小时耗热量。

本建筑采用导流型容积式水加热器，其贮热量按大于 40min 设计小时耗热量计算，取 45min。

$$\eta=0.75, V=0.75\times Q_h$$

则 $$V=0.75\times1243.2=932.4\text{L}\approx1.0\text{m}^3$$

2) 换热面积计算

$$F=\frac{C_rQ}{\varepsilon K\Delta t} \tag{5.3-8}$$

$$\Delta t=0.5(t_{mc}+t_{mz})-0.5(t_L+t_r)$$

式中 F——换热器加热面积，m^2；

Q——设计小时耗热量，W；

ε——修正系数，一般取 0.6～0.8，本设计取 0.8；

K——传热材料的传热系数，取 $K=900\text{W/(m}^2\cdot℃)$；

C_r——热损失附加系数，取 1.1～1.2，取 1.2；

Δt——热媒被加热的计算温度差，℃；

t_L，t_r——被加热水的初温和终温，℃。

则　　$\Delta t = 0.5(90+75) - 0.5(10+60) = 47.5℃$

按本节公式（5.3-6）计算换热器面积

$$F = \frac{1.2 \times 72\,295.5}{0.8 \times 900 \times 47.5} = 2.54(m^2)$$

选用卧式浮动盘管容积式热交换器一台，型号为 BFDL-1-4R。容积为 $1.0m^3$，换热面积为 $4.0m^2$。

4. 机械循环水力计算

（1）对管网各节点编号，见图 5.3-1。

（2）配水管网水力计算：将各计算管道长度、卫生器具的额定流量和当量（按一个阀开的数据计算），列于水力计算表中，选用公式 $q_g = 0.2 \times \alpha\sqrt{N_g}$，式中，由于本建筑在 8～14 层供应热水，所以 α 取 2.5。热水的管道流速不大于 1.5m/s。查热水水力计算表，方法步骤同冷水管网计算，确定各管段的直径，水力坡度及流速，并计算管路的沿程损失，将计算结果列于水力计算表中。数据见表 5.3-3。

水加热器出口至最不利点配水淋浴器几何高差为：$h_1 = 44.4 + 2.0 - (-4.5) = 50.90$（m）

配水管网计算管路总水头损失为：$h_2 = 1.3 \times \sum p_y = 1.3 \times 49.215 = 63.98kPa = 6.40(m)$

最不利洁具所需最小压力：$h_3 = 50kPa = 5.0$（m）

（其中最不利点流出水头为淋浴器 50kPa，淋浴器安装高度为 2.0m，局部水头损失按沿程损失的 30%计算。）

则热水配水管网所需水压为：$H = h_1 + h_2 + h_3 = 50.90 + 6.40 + 5.0 = 62.30$（m）

校核冷水给水系统加压设备供水压力是否满足热水压力要求。

表 5.3-3　　热水配水管网水力计算表

编号	管段	管段长度/m	卫生器具数量		当量总数 N_g	设计秒流量 q_g/(L/s)	管径/mm	流速/(m/s)	i/(kPa/m)	p_y/kPa
			淋浴器 $N=0.5$	洗脸盆 $N=0.5$						
1	1—2	3.2	2	2	2.0	0.40	25	0.81	0.829	2.653
2	2—3	3.2	4	4	4.0	0.80	32	0.93	0.755	2.416
3	3—4	3.2	6	6	6.0	1.20	40	1.00	0.697	2.230
4	4—5	3.2	8	8	8.0	1.40	50	0.71	0.252	0.806
5	5—6	3.2	10	10	10.0	1.58	50	0.80	0.320	1.024
6	6—7	3.2	12	12	12.0	1.73	50	0.88	0.386	1.235
7	7—8	11.2	14	14	14.0	1.87	50	0.96	0.451	5.051
8	8—9	8.0	28	28	28.0	2.65	70	0.80	0.226	1.808
9	9—10	8.0	42	42	42.0	3.24	70	0.97	0.376	3.008
10	10—11	62.6	56	56	56.0	3.74	70	1.14	0.463	28.984
									$\sum p_y$	49.215

(3) 计算系统温度降

设计水加热器出口水温为70℃，最不利配水点水温55℃，则

$$\Delta t = 70 - 55 = 15℃$$

(4) 确定回水管径，机械循环回水管管径比相应配水管管径小一到两号，并不小于20mm。见表5.3-1。

(5) 循环水泵的选择

1) 全天供应热水系统的循环流量，按式(5.3-4)计算。

循环水泵的流量，单体建筑可采用设计小时流量的25%～30%；小区可采用设计小时流量的30%～35%；

因本建筑热水用量较小，循环泵流量按单体设计小时流量30%取值。$q_x = 0.30 \times 3.74 = 1.12$L/s。

2) 循环水泵扬程

$$H_b = h_p + h_x \tag{5.3-9}$$

式中 H_b——循环水泵扬程，kPa；

h_p——循环水量通过配水管网的水头损失；

h_x——循环水量通过回水管网的水头损失。

初步设计阶段，循环水泵的扬程可按下式估算：

$$H_1 = R(L + L') \tag{5.3-10}$$

式中 H_1——热水管网水头损失，kPa；

R——单位长度的水头损失，kPa/m，可按$R = 0.1 \sim 0.15$kPa/m估算；

L——自水加热器至最不利点供水管长度，m；

L'——自最不利点至水加热器的回水管长度，m；

循环水泵扬程可按下式估算

$$H_b = 1.1 \times (H_1 + H_2) \tag{5.3-11}$$

式中 H_1——管路水头损失，kPa；

H_2——水加热设备水头损失(kPa)(容积式热水器、导流型容积式热水器、半容积式水加热器可以忽略不计)。

本建筑循环水泵扬程

$$H_b = 1.1H_1 = 1.1R(L + L') = 1.1 \times 0.15 \times (109 + 90) = 32.8\text{kPa}$$

循环泵选型：选择G32型管道泵($q = 0.67 \sim 2.0$L/s，$H = 5 \sim 12$m)两台，一用一备。

5. 绘制平面图系统图

绘制草图初步确定本专业方案，根据建筑专业提供的平面图与其他专业配合确定本专业设备用房面积、层高；管井的位置和尺寸大小；热媒管道自室外引入的位置是否受其他专业条件限制。大方案定准后细化本专业平面图及系统图设计。绘制卫生间热水平面放大图、根据平面放大图绘制卫生间热水系统放大图、结合建筑平面图绘制热水系统轴测图(可用来进行热水管网水力计算)。根据计算所得数据标注管径，完善图纸。详见图5.3-1～图5.3-5。

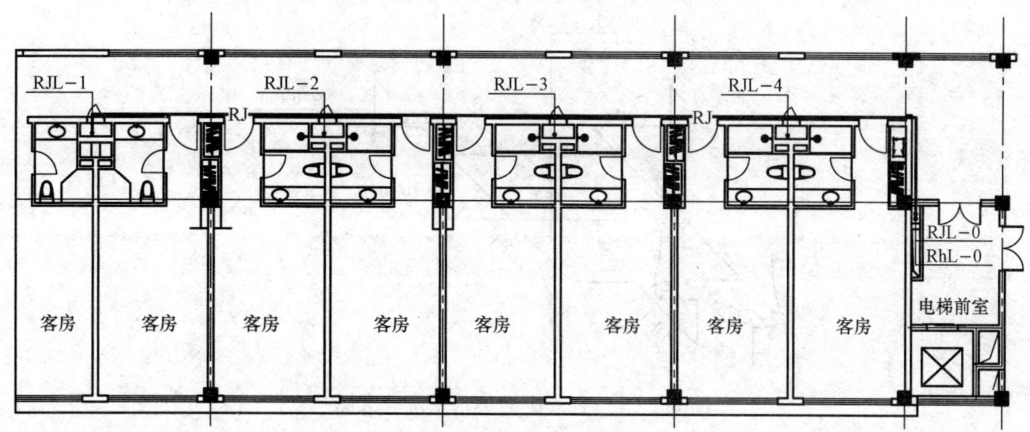

图 5.3－1　十四层生活热水平面图

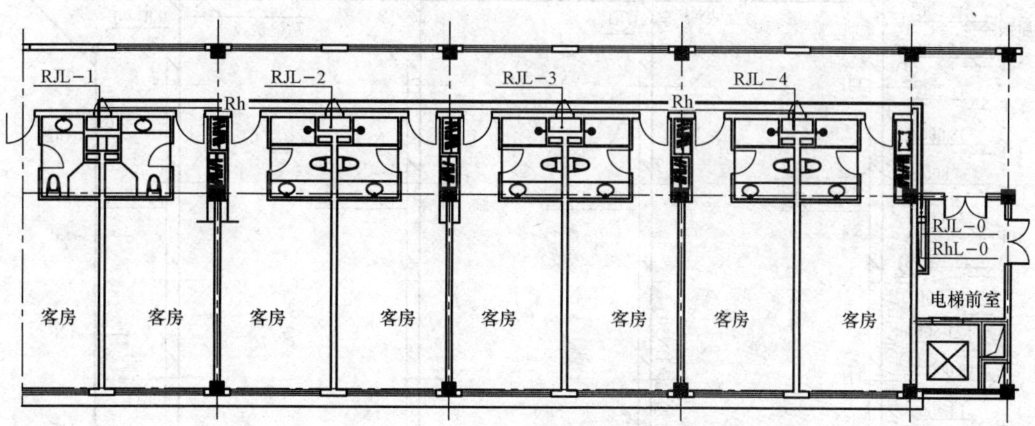

图 5.3－2　八层生活热水平面图

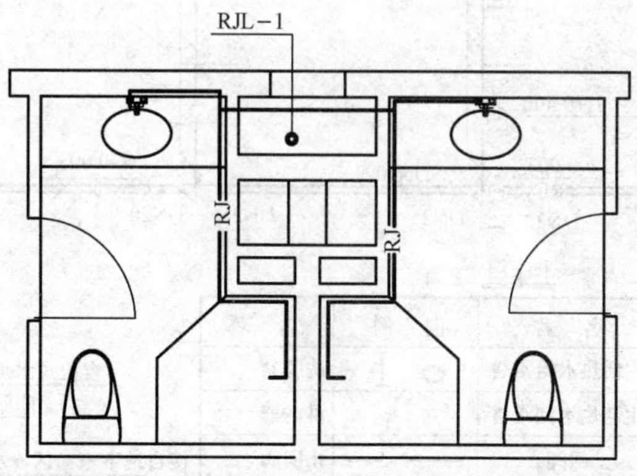

图 5.3－3　客房生活热水平面放大图

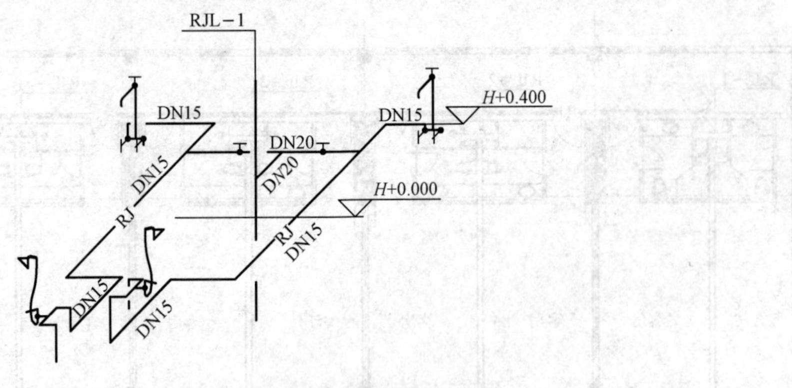

图 5.3－4　客房生活热水系统放大图

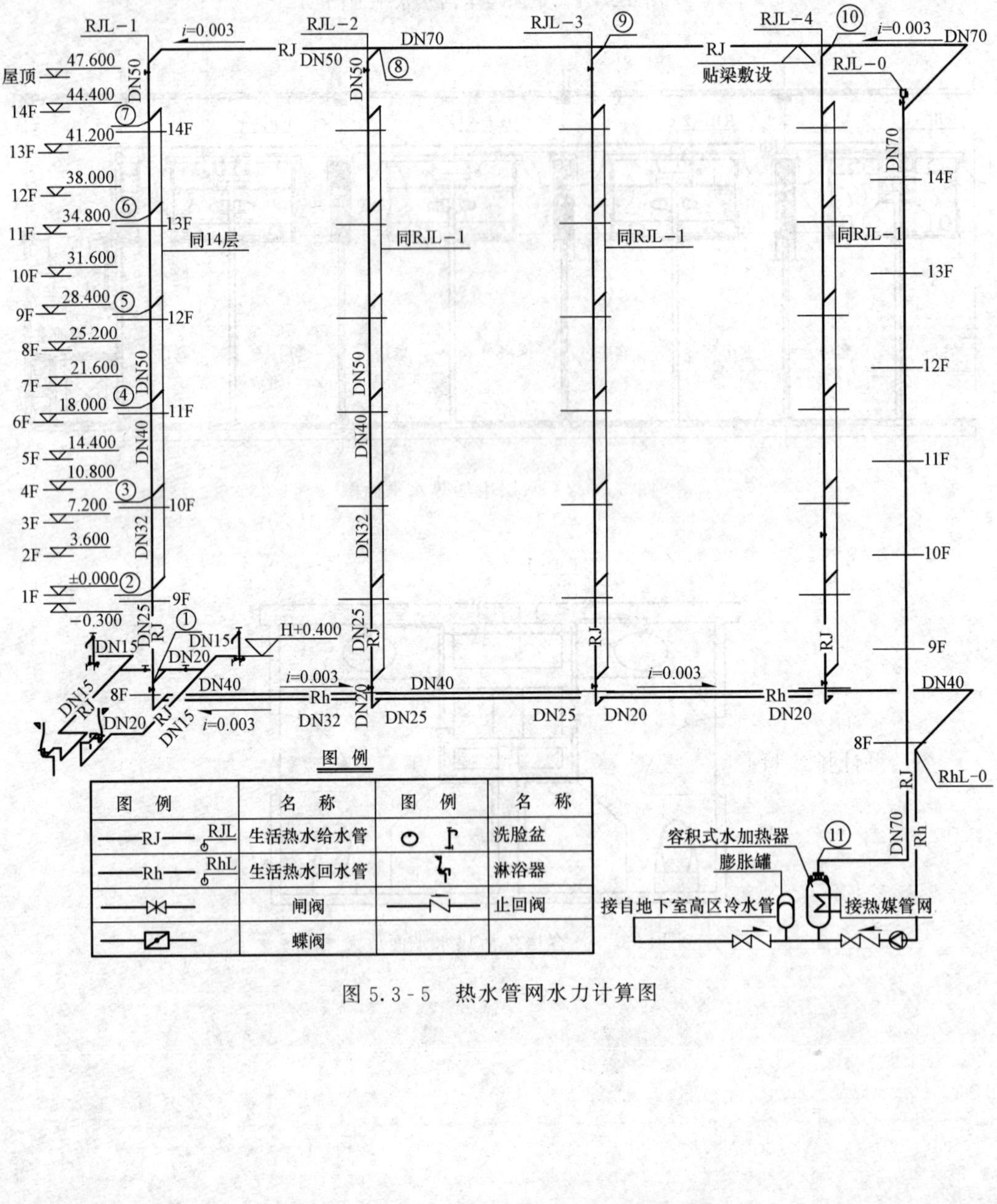

图　例

图　例	名　称	图　例	名　称
—RJ— RJL	生活热水给水管		洗脸盆
—Rh— RhL	生活热水回水管		淋浴器
	闸阀		止回阀
	蝶阀		

图 5.3－5　热水管网水力计算图

5.4　民用建筑燃气供应技术类型应用设计

【目的任务】

燃气供应技术类型应用设计的目的任务：运用燃气供应设计的技术知识，根据建筑小区的居民用户规模，采取适当的计算方法来计算确定独立居民小区的燃气管道的流量，同时进行燃气管道布置及水力计算，确定进入居民小区的调压装置选型、燃气管道的管径、燃气表、用户的燃具与数量等，确保燃气的正常供应。

【方法要领】

燃气供应技术类型应用设计的方法要领：首先摸清所作设计区域的用户规模，根据用户规模计算确定供气区域的燃气管道的计算流量，同时进行燃气管道布置与水力计算，确定进入独立居民小区调压装置选型、燃气管道的管径、燃气表、用户的燃具与数量等。绘制燃气供应设计图。

【主要环节与内容】

5.4.1　民用建筑燃气供应设计综述

1. 城镇燃气分类与选择

(1) 城镇燃气分类

根据各种燃气的生成原因或者来源，城镇燃气一般分为：天然气、人工煤气和液化石油气三大类。

天然气：是自然生产的，包括气田气（或称纯天然气）、石油伴生气、凝析气田气和煤层气四种，主要组分为甲烷（CH_4）。前三种天然气称为常规天然气；煤层气是随采煤过程产出的气体，其中混有较多空气，俗称煤矿瓦斯气，是一种非常规天然气。

人工煤气：属于二次能源，主要有两种，一种是通过能源转化技术，将煤炭或重油转换而成的煤制气和油制气；另一种是生产工艺过程副产品气，如：炼铁过程副产的高炉煤气和炼钢过程副产的转炉煤气。沼气也是人工煤气的一种，主要是利用生物质在厌氧条件下通过微生物分解代谢的生物化学过程，形成以甲烷和二氧化碳为主的可燃性混合气体。

液化石油气：是主要是石油加工过程的副产品，属于二次能源，主要成分为丙烷和丁烷。

(2) 城镇燃气气源的选择

对城镇燃气气源的选择，必须贯彻多种气源、多种途径、因地制宜、合理利用能源的发展方针，优先使用天然气，合理利用液化石油气，慎重发展煤制气。所以在选择气源时要对当地或周边可供能源，从工艺技术、工程投资、环境保护、气源供应稳定性和燃气售价等方面，经环境效益、社会效益、经济效益的综合性分析和比较后确定。

2. 燃气输配管道设计

(1) 燃气输配管道概述

燃气管道的设计使用年限不应小于 30 年。一般多采用埋地敷设的方式。

城镇燃气输配管道按功能可分为输气干管、配气干管、配气支管。输气干管系指主要起输气作用的管道。配气干管指市政道路上的环状或枝状管道。配气支管则指庭院和室内管道。庭院管为室外管道。室内管包括立管及分支水平管。目前室内管道的立管与水平管也有安装在室外的。

输配管道的压力级制是按管道设计压力划分的，一般有高中低压、高中压、中低压及单级中压系统。对于天然气，由于长输管道供应压力较高而多采用高中压或单级中压系统，适用于较大的城市，其中高压管道可兼作储气装置而具有输、储双重功能。此两系统中的中压管道供气至小区调压装置，天然气实现由中压至低压的调压后进入低压庭院和室内管道。

(2) 燃气管道布置原则

1) 应按总体规划和控制性规划，遵守有关法规与规范，并贯彻近远期结合，以近期为主布置燃气管道，并应考虑到分期建设；

2) 管道应尽量布置在用气负荷区，但应避免布置在复杂街道，以减少施工难度和建成后运行管理、维修的麻烦；

3) 管道要布置成环网，以提高其输气配气的安全可靠性；

4) 管道布置应按先人行道、后非机动车道、尽量不在机动车道埋设的原则；

5) 管道敷设应与道路同步建设，避免重复开挖，条件具备时可建设共同沟敷设；

6) 管道的布置应考虑调压装置的位置，使管线尽量靠近调压装置，以缩短连接支管的长度；

7) 在安全供气的前提下减少穿越工程；

8) 避免与高压电缆平行敷设，以减少地下钢管电化学腐蚀；

9) 采用聚乙烯燃气管道时注意与热力管道的安全距离。

(3) 燃气管道的敷设

低压管道在高（次高）中压或单级中压输配系统中一般起始于小区调压装置出口至用户引入管或户外燃气表止，属庭院管道的范围。低压庭院管道多为支状分布，布置时可适当考虑小区未来用气量增长的可能性，并尽量减少长度。

(4) 阀门设置及管道附属设施

1) 阀门的设置

A. 调压装置的低压出口处；

B. 低压分支管供应户数超过 500 户时，在低压分支管的起点处。

2) 阀门井位置的选择

A. 阀门井尽量避开车行道，设置在绿化带或人行道上；

B. 阀门井应选择在地势较高处，不宜选择在积水或排水不畅处；

C. 阀门井应尽量避开停车场范围；

D. 在有可能扩建或改建道路的地方设阀门井时，阀门井的标高应考虑满足未来道路的改建或扩建需要。

3) 阀门井

为管网阀门便于操作，地下燃气管道上的阀门一般都设置在阀门井中。阀门井应坚固耐久，有良好的防水性能，并保证检修时有必要的空间。

阀门井包括切断阀、波纹管补偿器、放空阀、连接管及阀门井构筑物，阀门井的尺寸应能满足操作阀门和拆装管道零件所需的最小尺寸。

4) 凝液缸安装

凝液缸是收集燃气冷凝液的装置，一般用于气源为湿气的管道，气源为干气时可不设凝液缸。凝液缸在管道坡向改变时安装于管道低点，间距一般为 200～500m；距气源厂近的管线，采用较小的间距；距气源厂远的管线采用较大间距，使抽水周期大致相同。管道坡向不变时，间距一般为 500m 左右。设计时应根据管道的工作压力分别选用中压或低压凝液缸。凝液缸分为冻土地区和非冻土地区使用的凝液缸，冻土地区的凝液缸比非冻土地区多一根回液管，设计时应根据当地气候条件区别选用、凝液缸主要由缸体、放散管、放散阀组成。

3. 燃气调压设施

城镇燃气输配系统的压力工况是利用调压器来控制的，其作用是根据需用情况将管道上游的压力降至下游各种不同燃气用户所需的工作压力。

（1）调压装置配置原则

1）布置在负荷中心，即在用户或大用户附近选址；

2）尽可能避开城镇繁华区域，一般可选在居民区的街坊内、广场或街头绿化带或大型用户处选址；

3）调压站作用半径在 0.5m 左右，供气流量 2000～3000m^3/h 为宜。

（2）调压器选用

调压器的选用需要调压设施基本工艺流程的三个主要参数为：调压器进口压力（P_{1max}～P_{1min}）、出口压力（P_{2max}～P_{2min}）和标准状态下流量波动范围（q_{max}～q_{min}）。此外，根据安装条件所需的功能，包括具有在恶劣工作条件下的安全保护功能等，要求选择有特定能力的调压器。

1）一般常用的功能有：

A. 安全放散：出口压力高到设定值时燃气排放到大气的能力，并考虑泄放量对环境的影响；

B. 超压切断：出口压力超出设计值切断供气的能力，并考虑供气区范围内对用户连续供气的影响；

C. 欠压切断：出口压力低于设定值切断供气的能力，并考虑用户恢复供气的方式；

D. 远程监控：在调压器下游某一特设点控制/监控压力参数的能力。

2）设计时，在满足调节参数的基础上，考虑以下原则：

A. 在当地应具备保证调压设施正常工作的环境；

B. 设施内设备及相关零部件便于操作和维护，并建立有章可循的巡检或值守维护制度；

C. 工艺流程中各支路之间可以通过切断阀门来分离阻断；

D. 工艺流程所有供气线路（含旁通）均符合功能性要求；

E. 供气线路应充分考虑安装地基沉陷、管路腐蚀等不利因素，并采取有效的预防措施。

调压器的计算流量应按该调压器所承担的管网小时最大输送量的 1.2 倍确定。

4. 室内燃气供应

（1）室内管道敷设

室内管道按燃气表设置方式分类为分散设表与集中设表两类。分散设表即燃气表设在用户内，建筑物引入管与室内立管连接，再由立管连接至各层水平支管向用户供气。立管也可设在外墙上，此种立管一般由围绕建筑物外墙上的水平燃气管接出。集中设表一般燃气表集中设在户外，即在一楼外墙上设集中表箱，由各燃气表引出室外立管与水平管至各层用户。户外集中设表方式具有方便管理与提高安全性的优点，但由于各户分设立管使投资增加，且投资随建筑楼层增高二上升、对于高层建筑不宜集中户外设表。

室内管道敷设时，应注意事项：

1）当民用建筑单侧设置厨房时，一般在低层设引入管，当民用建筑双侧设置厨房时，宜从低层双侧厨房设引入管，以避免燃气管道穿越室内客厅、过道或楼梯间。

2）室内立管宜设在厨房靠近外墙的墙脚处；穿楼板和墙壁时应设套管。

3）民用建筑室内燃气管道应明设，水平管道坡度不应小于0.003。

4）考虑到检修维护，燃气引入管宜采用地上引入的方式，一般应在接近建筑物外墙处引出地面，然后明管引入室内，室外引入管道部分应加保护罩保护。采用室外引入方式输送湿燃气时，应根据室外最低温度对引入管采取有效的保温措施。

5）对于高层民用建筑应考虑建筑物沉降问题，对引入管采取有效措施，如设补偿器、穿墙套管加大两号以上等措施。

（2）管道的补偿

对于建筑外敷设立管，需考虑室外温差对管道的影响，采取有效的补偿措施。实际应用中常用的办法是利用管道的自然弯曲形状所具有的柔性以补偿，如L形、方形补偿器。对于跨越建筑物伸缩缝的管道，需考虑建筑伸缩对管道的影响，一般采用方形补偿器。

5.4.2 民用建筑燃气供应计算

1. 燃气用气量

民用建筑燃气用气量包括：居民生活用气量、商业用气量、供暖及通风空调用气量。

（1）用户的燃气用气量，应考虑燃气规划发展量，根据当地的用气量指标确定。

（2）居民生活和商业的用气量指标，应根据当地居民生活和商业用气量的统计数据分析确定（即根据当地近几年的用气量统计数据及用户发展情况确定），当无本地用气量统计及用户发展情况统计数据时，可参考周边同类型城市的指标。

（3）供暖用气量，可根据当地建筑物耗热量指标确定。

（4）通风空调用气量，取冬季热负荷与夏季冷负荷中的大值确定。

（5）居住小区集中供应热水用气量，参照《建筑给水排水设计规范》（GB 50015—2003）（2009年版）中的耗热量计算。

2. 燃气计算流量

决定城市燃气管网、设备通过能力和储存设施容积时，需要根据燃气的需用情况确定计算月计算日高峰小时计算流量。其中，高峰小时计算流量的确定，关系着输配系统的经济性和可靠性。高峰小时计算流量定得过高，将会增加输配系统的材料消耗和基建投资；定得过低，又会影响用户的正常用气。

（1）居民生活和商业用户

1）已知各用气设备的额定流量和台数等资料时，小时计算流量按以下方法确定：

$$Q_h = \sum k \cdot N \cdot Q_n \tag{5.4-1}$$

式中 Q_h——用户燃气小时计算流量，m^3/h；

k——用气设备同时工作系数；

N——同种用气设备的数目；

Q_n——单台用气设备的额定流量，m^3/h。

燃具同时工作系数k反映燃具集中使用的程度，它与用户的生活规律、燃具的种类、数量等因素密切相关。各种不同工况的燃具的同时工作系数是不同的，燃气灶具越多同时工作系数越小。

宾馆、饭店、餐馆、医院、食堂等商业用户的燃气计算流量，一般按所有用气设备的额定流量，并考虑设备的实际使用情况确定。

2）当缺乏用气设备资料时，可按以下方法估算燃气小时计算流量（0℃，101 325Pa，以下同）：

$$Q_{h1} = \frac{Q_y K_m K_d K_h}{365 \times 24} \tag{5.4-2}$$

式中　Q_{h1}——燃气小时计算流量，m^3/h；

Q_y——年用气量，m^3/a；

K_m——月高峰系数，计算月的日平均用气量和年的日平均用气量之比，设计中可按 1.1～1.3 选取；

K_d——日高峰系数，计算月中的日最大用气量和该月日平均用气量之比，设计中可按 1.05～1.2 选取；

K_h——小时高峰系数，计算月中最大用气量日的小时最大用气量和该日小时平均用气量之比，设计中可按 2.2～3.2 选取。

（2）供暖、通风空调及生活热水用户

1）已知用气设备的额定流量和台数等资料时，集中设置的燃气锅炉房、直燃机或分布式供能机组的燃气小时计算流量，应按各用气设备的额定流量，在考虑设备备用情况和设备运行情况之后，叠加确定。

2）当缺乏用气量设备资料时，可按以下方法进行估算：

A. 供暖燃气小时计算流量：

$$Q_{h2} = \frac{3.6 \times q_c \times A}{Q_R \times \eta} \tag{5.4-3}$$

式中　Q_{h2}——供暖用户燃气小时计算流量，m^3/h；

q_c——供暖热指标，$W/(m^2 \cdot h)$；

A——供暖建筑面积，m^2；

Q_R——燃气低热值，kJ/m^3；

η——供热设备热效率，应按设备厂提供的数据选用。

B. 通风空调燃气小时计算流量：

$$Q_{h3} = \frac{3.6 \times q_h \times A}{Q_R \times COP} \tag{5.4-4}$$

式中　Q_{h3}——通风空调用户燃气小时计算流量，m^3/h；

q_h——通风空调热指标，$W/(m^2 \cdot h)$；

A——通风空调建筑面积，m^2；

Q_R——燃气低热值，kJ/m^3；

COP——吸收式制冷剂的制冷系数，可取 0.7～1.2。

C. 小区生活热水燃气小时计算流量：

$$Q_{h4} = \frac{3.6 \times Q_W}{Q_R \times \eta} \tag{5.4-5}$$

式中　Q_{h4}——生活热水用户燃气小时计算流量，m^3/h；

Q_W——生活热水设计小时耗热量，W/h；

Q_R——燃气低热值，kJ/m³；

η——供热设备热效率，应按设备厂提供的数据选用。

3. 燃气管道水力计算

中压燃气管道从上游调压装置的出口至下游调压装置的入口间的压力降，应保证下游调压装置的入口压力大于其允许压力的低限，并应留有适当的压力储备值。

当燃气在管道内改变气流方向或气流断面变化时，如分流、管径变化、气流转弯和遇阀门等，都将造成局部阻力损失。局部阻力损失计算一般可用以下两种方法计算：一种是用公式计算，根据实验数据查取局部阻力系数，代入公式进行计算；另一种用当量长度法。实际工程应用时，为简化起见，室外燃气管道的局部阻力损失可按燃气管道摩擦阻力损失的5%～10%进行计算；室内燃气管道的局部阻力损失宜按实际情况计算，也可按照燃气管道摩擦阻力损失的15%～20%进行计算。

燃气低压管道从调压站到最远燃具管道的允许阻力损失可按下式计算：

$$\Delta P_d = 0.75 \times P_n + 150 \tag{5.4-6}$$

式中 ΔP_d——从调压站到最远燃具的管道允许阻力损失，Pa；

P_n——低压燃具的额定压力，Pa。

中低压调压装置后的低压燃气管道允许压力损失分配推荐值见表5.4-1。

表5.4-1 低压燃气管道的阻力损失分配 (Pa)

燃气种类	燃具额定压力（压力范围）	调压器出口压力	总阻力损失	干、支管	庭院管	户内管	燃气表	带卡燃气表
天然气	2000（1500～3000）	2500～3000	1000～1500	400～900	350	100	150	200
人工煤气	1000（750～1500）	1500	750	400	150	50	150	—
气态液化石油气	2800（3100～4200）	4200	2100	1300	500	150	150	200

计算低压燃气管道阻力损失时，对地形高差大或高层建筑立管应考虑因高程差而引起的燃气管道附加压力。燃气管道的附加压力按下式计算：

$$\Delta H = 9.8 \times (\rho_k - \rho_m) \times h \tag{5.4-7}$$

式中 ΔH——燃气的附加压力，Pa；

ρ_k——空气的密度，kg/m³，标准状态下 ρ_k=1.293kg/m³；

ρ_m——燃气的密度，kg/m³；

h——管段终、起点的高程差（m）。

5.4.3 庭院管道设计实例

1. 工程设计条件

某小区有居民用户为144户，采用天然气作为气源，小区接至市政中压管道（设计压力为0.4MPa，运行压力不大于0.35MPa）。天然气密度 ρ_0=0.73kg/Nm³，每户的燃具为一个燃气双眼灶（额定热负荷为4.8×2kW），燃气低位热值为36MJ/Nm³，运动黏度为 υ_0=15×10⁻⁶m²/s。

2. 设备选型

(1) 供气规模

根据设计条件本小区仅考虑居民生活用气，因此小区设计供气规模为 144 户。

(2) 管道计算流量

燃具的额定流量为 $Q_0=\frac{4.8\times2\times3600}{36\,000}=0.96\text{m}^3/\text{h}$

100 户燃气用户同时工作系数为 0.34。

200 户燃气用户同时工作系数为 0.31。

内插法计算得出 144 户燃气用户同时工作系数为 0.327。

则计算流量为 $=0.96\times144\times0.327=45.2\text{m}^3/\text{h}$。

(3) 调压装置选型计算

调压器的计算流量 $=45.2\times1.2=54.24\text{m}^3/\text{h}$，则选择调压柜规模为 $100\text{m}^3/\text{h}$。

即落地式调压柜 RX100/0.4C（带超压切断及安全放散），进口压力：0.1～0.4MPa，出口压力：3.5kPa。

(4) 水力计算

根据小区内居民楼分布情况，进行管道平面布置，见图 5.4-1。

根据管道平面布置图，将各管段依次进行节点编号，取管段 1-2-3-4-5-6-7-8-9 为干管，总长 110m，根据给定的允许压力降 200Pa，考虑局部阻力取 10%，单位长度摩擦损失为：

$$\frac{\Delta P}{l}=\frac{200}{110\times1.1}=1.65\text{Pa/m}$$

以 8-9 管段为例，额定流量 $Q_0=0.96\text{m}^3/\text{h}$，用户数 $N=12$ 户，查得同时工作系数 $k=0.52$，管段计算流量为：

$$Q=0.96\times12\times0.52=5.99\text{m}^3/\text{h}$$

进行水力计算，要进行密度修正。

$$\left(\frac{\Delta P}{l}\right)_{\rho_0=1}=\frac{\Delta P/l}{\rho_0}=\frac{1.65}{0.73}=2.26\text{Pa/m}$$

由 $Q=5.99\text{m}^3/\text{h}$，$\left(\frac{\Delta P}{l}\right)_{\rho_0=1}=2.26\text{Pa/m}$ 查得 $d=32\text{mm}$，$\left(\frac{\Delta P}{l}\right)_{\rho_0=1}=1.70\text{Pa/m}$；对应实际密度下的单位长度摩擦阻力损失 $\frac{\Delta P}{l}=1.70\times0.73=1.241\text{Pa/m}$，该管段长 4m，摩擦阻力损失 $\Delta P_1=1.241\times4=4.964\text{Pa}$。

干管各管段计算结果列表于表 5.4-2，从表中可见干管总阻力损失为 145.9051Pa，小于允许压力降 200Pa。如果不适合，则要调整某些管径，再次计算。

表 5.4-2　　枝状管网水力计算表

管段号	额定流量 q /(Nm^3/h)	用户数 N/户	同时工作系数 K	计算流量 Q/(m^3/h)	管径 d/mm	实际 $\Delta P/l$ /(Pa/m)	管段长度 l/m	摩擦阻力损失 ΔP_1/Pa	总阻力损失 ΔP/Pa
8-9	0.96	12	0.52	5.99	32	1.241	4	4.964	

续表

管段号	额定流量 q /(Nm³/h)	用户数 N/户	同时工作系数 K	计算流量 Q/(m³/h)	管径 d/mm	实际 $\Delta P/l$ /(Pa/m)	管段长度 l/m	摩擦阻力损失 ΔP_1/Pa	总阻力损失 ΔP/Pa
7-8	0.96	12	0.52	5.99	32	1.241	8	9.928	
6-7	0.96	24	0.43	9.91	40	1.679	10	16.79	
5-6	0.96	36	0.40	13.69	50	0.803	8	6.424	
4-5	0.96	48	0.38	17.51	50	1.314	10	13.14	
3-4	0.96	48	0.38	17.51	50	1.314	25	32.85	
2-3	0.96	96	0.342	31.52	80	1.241	25	31.025	
1-2	0.96	144	0.325	44.93	80	0.876	20	17.52	
							110	132.641	145.9051

3. 庭院燃气管道平面布置图

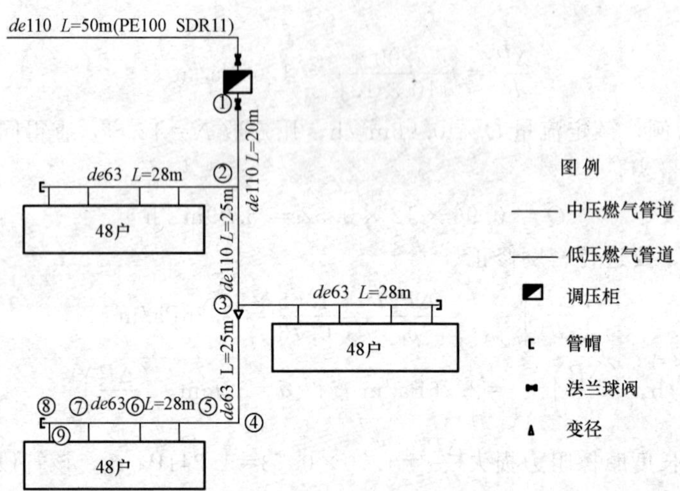

图 5.4-1 庭院燃气管道平面布置图

5.4.4　室内管道设计实例

1. 工程设计条件

某六层居民住宅，燃气介质为天然气，密度 $\rho_0=0.73\text{kg/(N}\cdot\text{m}^3)$，每户的燃具为一个燃气双眼灶（额定热负荷为 4.8×2kW），燃气低位热值为 $36\text{MJ/(N}\cdot\text{m}^3)$，运动黏度为 $\upsilon_0=15\times10^{-6}\text{m}^2/\text{s}$，允许压力降 250Pa。

2. 设备选型

（1）供气规模

根据设计条件本居民住宅仅考虑居民生活用气，因此小区设计供气规模为 144 户。

（2）燃气表量计算

燃具的额定流量为 $Q_0=\dfrac{4.8\times2\times3600}{36\,000}=0.96\text{m}^3/\text{h}$

因此，煤气表型号为 G1.6C，6 座。

（3）室内管道计算

在水力计算前，必须根据燃具的数量和布置的位置，画出管道平面图和系统图。室内管道部件较多，局部阻力要一一计算，由于高程变化大，管道的附加压头也要计算在内。

将各管段进行节点编号，标出各管段的长度；根据各管段的燃具数及同时工作系数，计算管段的计算流量；估计室内管道的局部阻力为摩擦阻力的 50%，根据允许压力降 250Pa 和最不利管线长 22m，得单位长度平均摩擦损失为：

$$\frac{\Delta P}{L}=\frac{250}{22\times1.5}=7.58\text{Pa/m}$$

以 0 - 1 管段为例：燃具额定流量 $q=0.96\text{m}^3/\text{h}$，对一户而言，同时工作系数 $k=1.00$，计算流量为 $Q=0.96\text{m}^3/\text{h}$，进行水力计算，要进行密度修正：

$$\left(\frac{\Delta P}{L}\right)_{\rho_0=1}=\frac{\Delta P/L}{\rho_0}=\frac{7.58}{0.73}=10.38\text{Pa/m}$$

由 $Q=0.96\text{m}^3/\text{h}$，$\left(\dfrac{\Delta P}{L}\right)_{\rho_0=1}=10.38\text{Pa/m}$ 查得管径 $d=15$mm（天然气支管管径不得小于 15mm），$\left(\dfrac{\Delta P}{L}\right)_{\rho_0=1}=3.00\text{Pa/m}$；对应实际密度下的 $\dfrac{\Delta P}{L}=3.00\times0.73=2.19\text{Pa/m}$。

根据该段管道的情况计算局部阻力损失：$\sum\zeta=6.2$，$d=15$mm、$\zeta=1$ 时的当量长度 $l_2=0.42$m，则当量长度 $L_2=\sum\zeta l_2=2.604$ m，管段计算长度 $L=L_1+L_2=3.804$m，管段压降 $\Delta P_1=\dfrac{\Delta P}{L}\cdot L=8.33$Pa。、

高程差（沿流动方向）$\Delta H=-1.2$m，附加压头

$$\Delta P_2=(\rho_a-\rho)g\Delta H=(1.29-0.73)\times9.8\times(-1.2)=-6.59\text{Pa}$$

该管段实际压力损失 $\Delta P=\Delta P_1-\Delta P_2=8.33-(-6.59)=14.92$Pa，最后计算表明，11 -10 - 9 - 8 - 7 - 6 - 5 - 4 - 3 - 2 - 1 管段的总压力损失为 −33.90Pa。考虑燃气表的压力降在 80～100Pa，系统总压力降小于允许压力降 250Pa。如果计算不合适，则要适当调整个别管段的管径。

全部计算列表于表 5.4 - 9（其他未计算管段均与所对应的计算管段相同）。

表 5.4-3 室内燃气管道水力计算表

管段号	额定流量 q /(m³/h)	用户数 N /户	同时工作系数 k	计算流量 Q /(m³/h)	管径 d /mm	$\Delta P/L$ /(Pa/m)	管段长度 L_1 /m	l_2/m	局部阻力系数 $\sum\zeta$	当量长度 L_2 /m	计算长度 L /m	阻力损失 ΔP_1/Pa	高程差 ΔH /m	附加压头 ΔP_2/Pa	实际阻力 ΔP/Pa
1-2	0.96	1	1	0.96	15	2.190	1.2	0.42	6.2	2.604	3.804	8.33	−1.2	−6.59	14.92
2-3	0.96	1	1	0.96	15	2.190	1	0.42	9.9	4.158	5.158	11.30			11.30
3-4	0.96	1	1	0.96	25	0.256	2.9	0.42	1	0.42	3.32	0.85	2.9	15.92	−15.07
4-5	0.96	2	1	1.92	25	0.475	2.9	0.74	1	0.74	3.64	1.73	2.9	15.92	−14.19
5-6	0.96	3	0.85	2.448	25	0.694	2.9	0.78	1	0.78	3.68	2.55	2.9	15.92	−13.36
6-7	0.96	4	0.75	2.88	25	1.168	2.9	0.75	1	0.75	3.65	4.26	2.9	15.92	−11.65
7-8	0.96	5	0.68	3.264	25	1.460	2.9	0.72	1	0.72	3.62	5.29	2.9	15.92	−10.63
8-9	0.96	6	0.64	3.6864	25	1.825	1.7	0.65	7.5	4.875	6.575	12.00	1.7	9.33	2.67
9-10	0.96	6	0.64	3.6864	25	1.825	1.6	0.65	2	1.3	2.9	5.29			5.29
10-11	0.96	6	0.64	3.6864	25	1.825	2	0.65	3.5	2.275	4.275	7.80	2	10.98	−3.17
实际总阻力损失 $\Delta P=-33.90$Pa															

3. 室内燃气管道平面及系统图

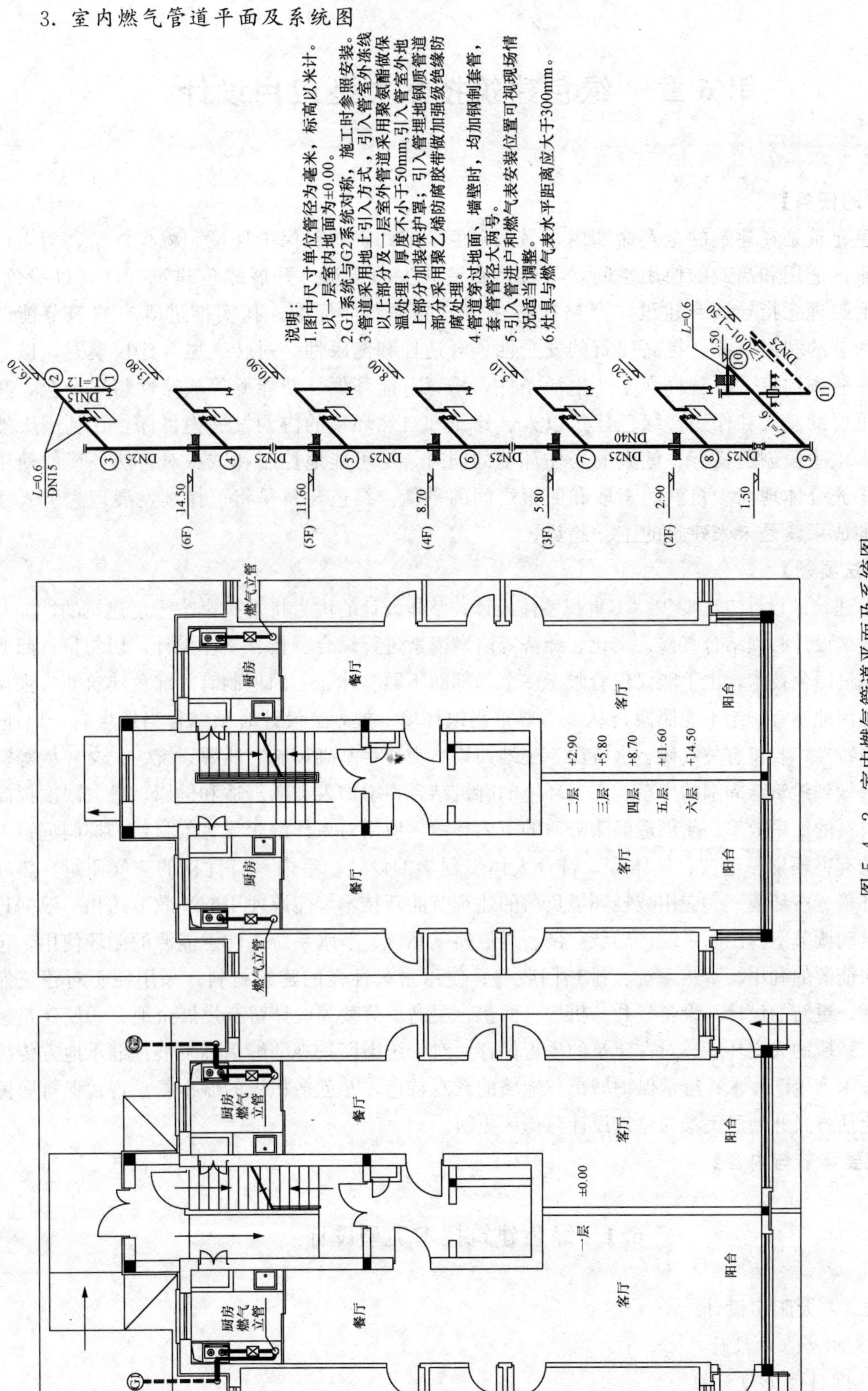

图 5.4-2　室内燃气管道平面及系统图

第6章　绿色建筑技术类型应用设计

【目的任务】

绿色建筑是在建筑的全寿命期内，最大限度地节约资源、保护环境和减少污染，为人们提供健康、适用和高效的使用空间，与自然和谐共生的建筑。开展绿色建筑行动，以绿色、循环、低碳理念指导城乡建设，严格执行建筑节能强制性标准，扎实推进既有建筑节能改造，集约节约利用资源，提高建筑的安全性、舒适性和健康性，对转变城乡建设模式，破解能源资源瓶颈约束，改善群众生产生活条件，培育节能环保、新能源等战略性新兴产业，具有十分重要的意义和作用。绿色建筑以人、建筑和自然环境的协调发展为目标，在利用天然条件和人工手段创造良好、健康的居住环境的同时，尽可能地控制和减少对自然环境的使用和破坏，充分体现向大自然的索取和回报之间的平衡。绿色建筑是将可持续发展理念引入建筑领域的成果，是未来建筑的主导趋势。

【方法要领】

绿色建筑的设计方法要领：①重视整体设计。整体设计的优劣将直接影响绿色建筑的性能及成本。建筑设计必须结合气候、文化、经济等诸多因素进行综合分析、整体设计，切勿盲目照搬所谓的先进绿色技术，也不能仅仅着眼于一个局部而不顾整体。②因地制宜。绿色建筑非常强调的一点是因地制宜，绝不能照搬盲从。③尊重当地环境。规划、设计时须结合当地生态、地理、人文环境特性，收集有关气候、水资源、土地使用、交通、基础设施、能源系统、人文环境等资料，力求做到建筑与周围的生态、人文环境的有机结合，增加人类的舒适和健康，最大限度提高能源和材料的使用效率。④创造健康舒适的室内环境。使用对人体健康无害的材料，抑制危害人体健康的有害辐射、电波、气体等，符合人体工程学的设计；室内具有优良的空气质量、热环境、光环境、声环境。⑤应用减轻环境负荷的建筑节能新技术，能源使用的高效节约化。根据日照强度自动调节室内照明系统、局域空调、局域换气系统、节水系统；注意能源的循环使用，包括对二次能源的利用、蓄热系统、排热回收等；使用耐久性强的建筑材料；采用便于对建筑保养、修缮、更新的设计；设备竖井、机房、面积、层高、荷载等设计留有发展余地。⑥使建筑融入历史与地域的人文环境。对古建筑的妥善保存，对传统街区景观的继承和发展；继承地方传统的施工技术和生产技术；继承保护城市与地域的景观特色，并创造积极的城市新景观；保持居民原有的生活方式并使居民参与建筑设计与街区更新。

【主要环节与内容】

6.1　绿色建筑技术类型设计

6.1.1　太阳房设计

1. 太阳房基础设计

（1）度日值 DD 计算

1）度日值 DD 的定义：度日值 DD（℃·d），其数值等于基础温度 T_b（℃）和该月室

外日平均温度 T_a（℃）之差。当某日的 $T_a \geqslant T_b$ 时，取 $DD=0$。

2）供暖期内某月的 DD 值计算：供暖期内某月的 DD 值可直接按下式计算：

$$DD = M(T_b - T_a) \tag{6.1-1}$$

式中　M——该月的天数，d；

T_a——该月的平均室外空气温度，℃；

T_b——室内基础温度，℃，T_b是设计预定的室温下限，我国定为 14℃。当室温低于此值时要向室内提供辅助热量。

（2）负荷系数计算

1）房间总负荷系数 TLC：TLC 表示当室内外气温每差 1℃，房间稳定传热时，计算热损失的日累计值。其数值等于房间在未计入太阳作用的情况下，维持 1℃室内外温差，每日所需的总热耗，即基本传热损失和冷风渗透热损失之和。TLC 可按下式计算：

$$TLC = 24\left(3.6\sum_{j=1}^{nb} A_j K_j + nV\bar{\rho}_a c_p\right) \tag{6.1-2}$$

式中　TLC——总负荷系数［kJ/(K·d)］；

nb——围护结构的编号总数；

j——房间各个围护结构的编号，包括各个朝向的墙、门、窗以及屋顶、地面；

A_j——围护结构 j 的面积（m^2）；

K_j——围护结构 j 的传热系数［$W/(m^2 \cdot K)$］；

n——房间的换热次数（次/h）；

V——房间的内部体积（m^3）；

$\bar{\rho}_a$——室外空气平均密度（kg/m^3），$\bar{\rho}_a = \dfrac{353}{273+T_a} \times \dfrac{p}{101.3}$，可取 $\bar{\rho}_a = 1.2kg/m^3$；

p——当地大气压力（kPa）；

c_p——空气的比定压热容，正常范围内为 1.008kJ/(kg·K)。

2）房间净负荷系数 NLC：净负荷系数等于不包括太阳能集热部件在内的房间其他外围护结构的基本传热损失和冷风渗透热损失之和的负荷系数。NLC 的计算可按下式：

$$NLC = 24\left(3.6\sum_{j=nc+1}^{nb} A_j K_j + nV\bar{\rho}_a c_p\right) \tag{6.1-3}$$

式中　nc——太阳房集热部件的总个数，即太阳房集热部件编号；

j——太阳房集热件的编号。

3）集热部件净负荷系数 NLC_s 和总负荷系数 TLC_s：集热部件是指主要用来完成房间的太阳能供暖系统集热功能的设施，如直接受益窗、集热墙以及附加阳光间等。集热部件净负荷系数 NLC_s 和总负荷系数 TLC_s 的计算公式如下。

集热部件净负荷系数 NLC_s 的计算可按下式：

$$NLC_s = 24 \times \left(3.6\sum_{i=1}^{cb} A_i K_i + n_s V_s \bar{\rho}_a c_p\right) \tag{6.1-4}$$

集热部件总负荷系数 TLC_s 的计算可按下式：

$$TLC_s = NLC_s + 24 \times 3.6\sum_{j=1}^{nc} A_{cj} K_{cj} \tag{6.1-5}$$

式中　i——集热部件中各外围护结构的编号；

cb——集热部件中各外围护结构的编号总数；

V_s——集热部件的内部净空体积（m³）；

n_s——集热部件相对于 V_s 的冷风渗透换气次数（次/h）；

A_i——集热部件中各外围护结构 i 的面积（m²）；

K_i——集热部件中各外围护结构 i 的传热系数［W/(m²·K)］；

nc——太阳房集热件的总个数；

j——太阳房集热件的编号；

A_{cj}——集热部件 j 的面积（m²）；

K_{cj}——集热部件 j 的传热系数［W/(m²·K)］。

其余符号意义同式（6.1-2）、式（6.1-3）。

在各种集热部件中，A_c 为集热部件的面积，K_c 为集热部件的传热系数；A_p 为集热部件的投影面积，为考虑透过玻璃折射损失后的面积，$A_p=X_mA_c$，X_m 为有效面积系数；K_{cp} 为相应于 A_p 的稳态传热系数。这些参数依集热部件类型不同计算方法不同。

直接受益窗 A_c 等于窗户面积，包括玻璃及其边框在安装平面上的投影面积。

直接受益窗相对于投影面积 A_p 的稳态传热系数 K_{cp} 值为：

$$K_{cp}=K_cA_c/A_p \tag{6.1-6}$$

集热墙的面积 A_c 等于集热墙的玻璃罩盖及其边框在集热墙和房间连接面上投影面积。

集热墙的稳态传热系数 K_c 等于热流从室内空气经集热墙系统至室外空气的总传热系数，集热墙相对于其投影面积 A_p 的稳态传热系数 K_{cp} 为：

$$K_{cp}=\left(\frac{A_{ct}K_{ct}NLC_s}{NLC_s+24\times3.6A_{ct}K_{ct}}\right)/A_p \tag{6.1-7}$$

式中 A_{ct}——集热墙墙体传热面积，$A_{ct}=A_c$，m²；

K_{ct}——集热墙墙体传热系数，W/(m²·K)。

阳光间的集热部件面积 A_c 等于阳光间外围护结构在其和计算房间相连接的公用墙上的投影面积。

阳光间的 K_c 值等于热流从室内空气经阳光间系统传至室外空气的总传热系数。

阳光间相对于其投影面积 A_p 的稳态传热系数 K_{cp} 等于：

$$K_{cp}=\left(\frac{A_{cw}K_{cw}NLC_s}{NLC_s+24\times3.6A_{cw}K_{cw}}\right)/A_P \tag{6.1-8}$$

式中 A_{cw}——公用墙面积，$A_{cw}=A_c$，m²；

K_{cw}——公用墙传热系数，W/(m²·K)。

（3）通过玻璃后的日射得热

通过玻璃后的日射得热量包括透过日射热量和被玻璃吸收后由玻璃内表面通过辐射和对流传入的热量两部分。

通过玻璃的日射月辐照量 S_{ot} 中，被玻璃吸收后传入的辐照量 S_{oa}（即 $M\overline{S}_{oa}$）通常比透过玻璃的辐照量 S_{or}（即 $M\overline{S}_{or}$）要小得多，故在热平衡估算时，可将 S_{oa} 忽略，并可得 S_{ot} 的简化算法，如下所述。

1）主要原始资料

A. 投射到水平面上的总日射月平均日辐照量 $\overline{H}_t$［kJ/(m²·d)］。

B. 太阳月中正午天顶角（$\Phi-\delta$），Φ 表示当地纬度，δ 表示计算月的月中赤纬值，n 表示该天在一年中的序号。

$$\delta = 23.45\sin[360\times(284+n)/365] \tag{6.1-9}$$

C. 月平均天气晴朗指数 $\overline{K}_T$

$$\overline{K}_T = \frac{\text{当地水平面总日射月平均日辐照度量}\ \overline{H}_t}{\text{大气层外水平面上总日射月平均日辐照度量}} \tag{6.1-10}$$

D. 平板玻璃的厚度 $L=3\text{mm}$；消光系数的基准值 $K=0.045\text{mm}^{-1}$，即 $KL=0.135$；玻璃折射率的基准值 $n_g=1.526$。

E. 地面反射率的准确值 $\rho_{gr}=0.3$。

2）基本计算公式

A. 通过玻璃被集热系统吸收的总日射月辐照量 S_M 为

$$S_M = M\overline{S}_{ot}\alpha_a A_g X_m \tag{6.1-11}$$

或

$$S_M = M\overline{H}_t\overline{R}_{t\theta}\overline{\tau}_{t\theta}\alpha_a A_g X_m \tag{6.1-12}$$

B. 通过单位净玻璃投影面积被集热系统吸收的总日射月辐照量 S_P 为

$$S_p = S_M/A_p = M\overline{H}_t\overline{R}_{t\theta}\tau_{t\theta}\alpha_a A_g X_m/A_p \tag{6.1-13}$$

式中 M——计算月的总天数，d；

$\overline{H}_t$——投射在每平方米水平面上的总日射月平均日辐照量，$\text{kJ/(m}^2\cdot\text{d)}$；

$\overline{R}_{t\theta}$——投射在每平方米倾角为 θ 的玻璃上的总日射月平均日辐照量 $\overline{H}_{t\theta}$ 和 $\overline{H}_t$ 的比值；

$\overline{\tau}_{t\theta}$——通过每平方米玻璃的总日射月平均日辐照量 S_{ot} 和 $\overline{H}_{t\theta}$ 的比值；

α_a——通过玻璃后被集热系统吸收的总日射月平均日辐照量 $\overline{S}_{ota}$ 和通过玻璃的总日射月平均日辐照量 $\overline{S}_{ot}$ 之比，近似等于透过玻璃后被集热系统吸收的总日射辐照量 $\alpha_a\overline{S}_{o\tau}$ 与 $\overline{S}_{ot}$ 的比值；

A_g——玻璃窗，包括玻璃和框的面积，m^2；

X_m——玻璃窗的有效透光面积系数。

3）修正系数

A. KL 值得修正系数。当玻璃的消光系数 K 与其厚度 L 的乘积 KL 不等于基准值 0.135 时，则应对按基准值算得的玻璃透光系数 $\tau_{t\theta o}$ 和透过玻璃的日射辐照量 $\overline{S}_{o\tau o}$ 加以修正。则有

$$\overline{\tau}_{t\theta} = \alpha_{KL}\overline{\tau}_{t\theta o} \tag{6.1-14}$$

$$\overline{S}_{o\tau} = \alpha_{KL}\overline{S}_{o\tau o} \tag{6.1-15}$$

式中 $\tau_{t\theta}$、$\overline{S}_{o\tau}$——修正值，$[\text{kJ/(m}^2\cdot\text{K)}]$；

α_{KL}——修正系数，当日射入射角在 40°～70°范围内时，可查表 6.1-1。

表 6.1-1　日射入角在 40°～70°范围内时的修正系数 α_{KL} 值

KL		0.09	0.12	0.135	0.15	0.18
α_{KL}	$n=1$	1.055	1.017	1.000	0.983	0.948
	$n=2$	1.114	1.033	1.000	0.965	0.898
KL		0.21	0.24	0.27	0.30	
α_{KL}	$n=1$	0.915	0.883	0.853	0.823	
	$n=2$	0.836	0.778	0.725	0.675	

注：表中 n 为玻璃层数，双层玻璃时各层玻璃品种相同。

B. 地面日射反射系数的修正系数。当地面日射反射系数 ρ_{gr} 的值不等于基准值 0.3 时，可按下式对 $\bar{\tau}_{t\theta}$ 加以修正。

$$\bar{\tau}_{t\theta} = \bar{\tau}_{t\theta0} + \frac{\bar{\tau}_d F_{cg}(\rho_{gr} - 0.3)}{R_{t\theta}} \quad (6.1-16)$$

式中 $\bar{\tau}_{t\theta0}$——相对于 $\rho_{gr}=0.3$ 时的 $\bar{\tau}_{t\theta}$ 的基准值；

$\bar{\tau}_d$——玻璃的日射透过系数；

F_{cg}——地面对被投射面的可见系数，$F_{cg}=(1-\cos\theta)/2$；

θ——被投射面对地面的倾角；

$R_{t\theta}$——投射在每平方米（倾角为 θ）玻璃上的总日射月平均日辐照量和水平面上总日射月平均日辐照量的比值。

C. KL 值和 ρ_{gr} 值的综合修正

$$\bar{\tau}_{t\theta} = \alpha_{KL}\left[\bar{\tau}_{t\theta o} + \frac{\tau_d F_{cg}(\rho_{gr} - 0.3)}{\bar{R}_{t\theta}}\right] \quad (6.1-17)$$

D. 挑檐遮阳修正系数。

被动太阳房设有南向挑檐时，对南窗的遮阳修正系数 α_{sh} 可查阅有关图表，或参考有关计算资料，尚无成熟的计算方法，一般可省略。

（4）基准太阳房的负荷系数

1）基准太阳房的含义：基准太阳房简称基准房，是指为了进行逐时热性能模拟计算而设定的一些有代表性的“标准”的被动太阳能供暖房。该“标准”是由模拟计算结果整理成的太阳房热特性编制的计算图表，以便设计时选用。当所设计的太阳房与基准房不同时，可用相应的“灵敏度”加以修正。

2）基准太阳房的选择

基准房一般采用正南向平房，集热部件设在正南向。尺寸为宽×进深×净高＝6.6m×5m×2.8m。

基本集热部件类型分为直接受益窗、集热墙和附加阳光间等。每类部件又分为不同蓄热特性、透光面的布置、层数、有无夜间保温等情况的基准设计。

基准房围护结构的热工特征。外墙体采用夹心清水砖墙，厚为（0.24＋0.12）m，内填保温材料，内抹灰为 20mm 厚，总传热系数为 0.35W/(m²·K)；南向设集热部件；屋顶为人字形屋架，三合板吊顶厚 6mm，内铺保温层，总传热系数为 0.30W/(m²·K)；地面 80mm 厚混凝土，平均传热系数为 0.23W/(m²·K)。房间换气次数取 1 次/h。

3）基准房负荷系数：基准房负荷系数包括净负荷系数 NLC 及总负荷系数 TLC。在辅助热量计算中采用净负荷系数。

净负荷系数 NLC［kJ/(K·d)］可按下式计算：

$$NLC = 24\left(3.6\sum_{j=nc+1}^{nb} A_j K_j + nV\bar{\rho}_a c_p\right) = 24(3.6 \times 33.76 + 92.86\bar{\rho}_a)$$

当 $\bar{\rho}_a$ 为 1.2kg/m³ 时，NLC＝5591kJ/(K·d)。

总负荷系数 TLC［kJ/(K·d)］可按下式计算：

$$TLC = NLC + 24 \times 3.6\sum_{j=1}^{nc} A_j K_j \quad (6.1-18)$$

（5）对比房的负荷系数

1）对比房的含义：对比房是指与设计的太阳房同类型，同样面积的当地非太阳房的一般房屋，它是计算太阳房节能率和经济性的比较对象。

2）对比房的选择：对比房的尺寸同基准房。外墙可选用 240mm、370mm、490mm 清水砖墙，内表面抹白灰砂浆 20mm 厚。

不同墙厚的房间净负荷系数 *NLC* 及相应窗户类型的对比房的总负荷系数 *TLC* 值，见表 6.1-2。

表 6.1-2　对比房负荷系数表

对比房类型	CH_1	CH_2	CH_3
砖墙厚/mm	240	370	490
窗户层数	单层木窗	单层木窗	双层木窗
NLC/kJ $(K\cdot d)^{-1}$	19 933	17 257	15 765
TLC/kJ $(K\cdot d)^{-1}$	22 648	19 972	17 015

（6）太阳房供暖设计的 SLR 法

1）太阳得热负荷比 SLR：太阳得热负荷比 SLR 等于通过太阳能集热部件玻璃，被集热系统每月所获得的太阳热量 S_pA_p 和房间的月净负荷 Q_{net} 的比值。可利用 SHF 和 SLR 的相互关系对 SHF 进行逐月计算。

SHF 为太阳能供暖率，它是计算太阳房所需辅助热量 Q_{aux} 的过渡参数。

太阳房供暖设计的 SLR 法，主要用于计算在室温低于基础温度 T_b（期间由辅助供热系统向房间提供的使室温不低于 T_b）所需的辅助热量 Q_{aux} 和太阳房的节能率 ESF。墙体总传热系数依次为 2.08W/(m^2·K)、1.56W/(m^2·K)、1.27W/(m^2·K)；南窗为双扇木窗，5.4m^2；240mm 厚、370mm 厚墙可用单层窗，490mm 厚墙可用双层窗，传热系数分别为 5.82W/(m^2·K) 及 2.68W/(m^2·K)；屋顶结构同基准房，吊顶不加保温层，传热系数为 1.16W/(m^2·K)；地面不保温，平均传热系数为 0.67W/(m^2·K)。房间冷风渗透量按房间换气为 1.5 次/h 计算。

2）对比房负荷系数

A. 对比房南窗视为太阳能集热部件，其净负荷系数可按下式计算：

$$NLC = 24\times[3.6(60.39+59.56)\times K_w + 139.29\times\bar{\rho}_a]$$

式中　NLC——净负荷系数，kJ/(K·d)；

K_w——相对墙体面积 A_w 的传热系数。

$\bar{\rho}_a$=1.2kg/m^3 时，3 种墙厚对比房的 NLC，见表 6.1-3。

表 6.1-3　对比房净负荷系数

砖墙厚/mm	240	370	490
NLC/kJ $(K\cdot d)^{-1}$	19 933	17 257	15 765

B. 对比房的总负荷系数 TLC。TLC 可按下式计算：

$$TLC = NLC + 24\times 3.6A_gK_g \tag{6.1-19}$$

或
$$TLC = NLC + 466.56K_g \quad (6.1-20)$$
式中 TLC——对比房的总负荷系数[kJ/(K·d)]；
A_g——对比房南窗面积（m^2）；
K_g——对比房南窗传热系数[W/(m^2·K)]。

3）太阳房的辅助热量 Q_{aux}：Q_{aux} 为在室温低于基础温度 T_b 期间由辅助供热系统向房间提供的使室温不低于 T_b 所需要的热量，可按下式计算：
$$Q_{aux} = (1-SHF)NLC - Q_{in} \quad (6.1-21)$$
式中 Q_{aux}——太阳房辅助热量，kJ；
SHF——太阳房供暖率；
NLC——太阳房净负荷系数，kJ/(K·d)；
Q_{in}——内热源，由室内的人、照明及非专设的供暖设备等产生的热量，不包括辅助热量在内，kJ。

4）太阳房节能率 ESF：太阳房的节能率 ESF 表示太阳房和对比房相比，所节省的供暖能量的百分比，即
$$ESF = 1-(Q_{aux}/Q_{aux,c}) \quad (6.1-22)$$
式中 Q_{aux}、$Q_{aux,c}$——分别表示太阳房和对比房所需的辅助热量。

5）太阳房的热平衡

太阳房在供暖月的日平均热平衡为
$$NLC(\overline{T}_r - \overline{T}_a) = \overline{Q}_{cg} + \overline{Q}_{cb} + \overline{Q}_{in} + \overline{Q}_{aux} \quad (6.1-23)$$
式中 NLC——房间的净负荷系数[kJ/(K·d)]；
$\overline{T}_r$——室内空气在计算月的日平均温度,℃；
$\overline{T}_a$——室外空气在计算月的日平均温度,℃；
$\overline{Q}_{cg}$——由太阳能集热部件净供给室内的总日射的月平均日辐照量，kJ/d；
$\overline{Q}_{cb}$——由太阳能集热部件以外的其余外围结构传向室内的总日射的月平均日辐照量，kJ/d；
$\overline{Q}_{in}$——由室内的人、照明及非专用供暖设备所产生的内部热量在计算月中的日平均值，kJ/d；
$\overline{Q}_{aux}$——由辅助供暖设备在计算月中供给房间的日平均辅助热，kJ/d。

6）太阳房所需的辅助热量 $Q_{aux,M}$
$$Q_{aux,M} = NLC \cdot DD_m(1-SHF) - Q_{in} \quad (6.1-24)$$
对比房所需辅助热量 $Q_{aux,cM}$ 为
$$Q_{aux,cM} = TLC \cdot DD_m(1-SHF) - Q_{in} \quad (6.1-25)$$
太阳房与对比房相比的节能量为
$$\Delta Q_{aux} = Q_{aux,c} - Q_{aux}$$
太阳房与对比房相比的节能率为
$$ESF = 1-(Q_{aux}/Q_{aux,c}) \quad (6.1-26)$$
7）SLR 法的计算步骤：太阳房 SLR 法的计算步骤如下：

A. 计算太阳房的 SLR_M 和对比房的 $SLR_{c,M}$。

B. 计算太阳房和对比房的太阳能供暖率 SHF_M 和 $SHF_{c,M}$。

C. 计算太阳房和对比房的辅助热量 Q_{aux} 和 $Q_{aux,c}$。

D. 计算太阳房的节能量 $\Delta Q_{aux,g}$ 和节能率 ESF_g。

E. 计算集热部件采用保温帘时，集热部件的效率 η 和太阳房的太阳能供暖率 SHF 的修正值。

$$\eta = \eta_0 + y(\eta_b - \eta_0) \tag{6.1-27}$$

$$\mathrm{SHF} = \mathrm{SHF}_0 + y(\mathrm{SHF}_b - \mathrm{SHF}_0) \tag{6.1-28}$$

式中 η_0、SHF_0——太阳房集热部件在没有加保温帘时的效率和太阳能供暖率；

η_b、SHF_b——保温帘的附加热绝缘系数为 M_b 时，集热部件效率和太阳能供暖率；

η、SHF——保温帘的附加热热绝缘系数为 M 时，集热部件的效率和太阳能的供暖率；

y——修正系数。

$$y = [1 + (M_0/M_b)]/[1 + (M_0/M)]$$

式中 M_0——集热部件在未加保温帘时的热绝缘系数（$m^2 \cdot K/W$）。

8）太阳房室内空气平均温度的预测：太阳房室内空气平均温度 $\overline{T}_r$ 的简易预测方法为：

A. 直接受益式太阳房为

$$\overline{T}_r = \overline{T}_a + \frac{\overline{S}_P A_P + \overline{Q}_{cb} + \overline{Q}_{in} + \overline{Q}_{aux}}{NLC + 24 \times 3.6 A_g K_g} \tag{6.1-29}$$

B. 集热蓄热墙或附加阳光间型太阳房为

$$\overline{T}_r = \overline{T}_a + \frac{A_g \overline{H}_{t\theta} \eta + \overline{Q}_{cb} + \overline{Q}_{in} + \overline{Q}_{aux}}{NLC} \tag{6.1-30}$$

（7）太阳辐射参数

1）赤纬角 δ：地球与太阳的连线与地球赤道的平面夹角称为赤纬角，记作 δ。δ 可按下式计算：

$$\delta = 23.45 \sin\left(\frac{N - 80}{370} \times 360\right) \tag{6.1-31}$$

式中 δ——一年中逐日的赤纬角度（°）；

N——所计算日在一年中的日期序号。

2）太阳高度角 γ_h：太阳高度角是指太阳与地面上观测点的连线与地平面的夹角。

3）太阳方位角 α：太阳方位角 α 是指由观测点指向太阳的向量在地平面上的投影与正南方向之间的夹角。

4）平面倾斜角 θ：平面倾斜角 θ 是指平面与地平面之间的夹角。对于垂直面，$\theta=90°$；对于水平面，$\theta=0°$。

5）阳光入射角 i：阳光入射角 i 是指阳光入射线与被投射面法线之间的夹角。

6）倾斜平面方位角 γ：倾斜平面方位角 γ 是指倾斜平面外法线在水平面上的投影线与正南方向线之间的夹角。当倾斜平面面向正南时，$\gamma=0$；面向东时，γ 为负；面向西时，γ 为正。

2. 太阳房总体热工设计

（1）太阳房设计步骤

1）太阳房设计总体方案的确定

在设计太阳房时，首先要根据建筑物的用途，当地气象、建材条件以及周围环境等因素，对太阳房的总体方案进行认真考虑。主要内容有：太阳房的朝向选择和集热面的合理布置；太阳房的层高与进深，体形及层数；太阳房和邻近建筑的日照间距及环境绿化；房间的保温、蓄热；建筑内部的平面组合及出入口布置等。

A. 在选定建筑位置和朝向时，要尽量避免烟尘对太阳房集热部件透光表面的污染。要考虑冬季防风、防遮阳，以及夏季通风、遮阳降温等问题。

B. 集热方式和集热部件的选择。对主要使用时间在晚上的房间要优先选用蓄热性能较好的集热系统，以便晚间有较高的室温；对主要使用时间在白天的房间，要优先选用能使房间在白天有较高室温，上午升温较快，并使室温波动不超过舒适范围的集热系统。另外选用便于清扫集热面以及维护管理方便的集热部件。

C. 在建筑平面组合上，对主要居室或办公室应尽量朝南布置，并尽量避开边跨；对没有严格温度要求的房间、过道，如储藏室、楼梯间等可以布置在北面或边跨；对寒冷地区的有上下水道的房间，要验算水管的防冻温度。南北房间之间的隔墙，应核算保温性能。对建筑的主要入口，一般应设置门斗。对主要居室应尽可能地设置通过辅助房间的次要入口。

D. 在建筑保温构造上，应尽量就地取材，选用性能较好的廉价保温材料，要注意设计性能优良可靠，又便于操作管理的活动保温装置。

E. 确定室温标准及允许波动室温范围。

F. 利用最优化方法确定最有利的初投资，并找出最经济的热工设计方案。

2） 太阳房热工特性的校核计算

A. 校核在设计日房间的平均温度是否达标，舒适度及温度波动是否满足要求，计算出辅助热耗量。

B. 选取 1 月份较冷的晴天进行设计日的室温计算。

C. 计算房间的热损失系数。

D. 计算房间的阳光得热量。

E. 确定房间的 1 天的平均室温。

F. 计算房间的室温变化。

3） 太阳房的热舒适性和技术经济性分析评价

A. 计算不舒适度指标，并评价该太阳房方案热舒适性的优劣。

B. 计算该太阳房在寿命期内资金节省额，以及总投资。

C. 计算回收年限。

D. 由第 B、C 项进行该太阳房的经济评价。

（2） 被动式太阳房总体热工设计

在被动式太阳房设计中，要想使太阳房达到较高的太阳能供暖率 SHF 及节能率 ESF，减少室温日波动幅度，一方面应使太阳房在冬季能接收到尽可能多的太阳辐射热，又不致引起冬季室温日波动幅度太大及夏季过热；另一方面还应减少太阳房围护结构热损失以及合理的选用太阳能收集部件。才能使太阳房达到理想的效果。为此，被动式太阳房总体热工设计应考虑以下几方面的问题。

1） 太阳房的方位及集热面的布置

A. 太阳房的方位

①方位与日射辐照量：从日射辐照量的角度来看，对于以解决供暖为主的建筑的方位在

30°以内是适用的，15°以内是较好的。

②方位与日照时间：根据地球的运行规律，冬、夏季日出至日落全天太阳方位角的变化范围是不同的。从日照时间的角度来看，太阳房的方位以朝南及略偏东或偏西是比较合适的。

③方位及室温波动：冬季，室外最低气温出现于早晨7时，最高气温出现于午后，太阳房若偏西则由于午后室外气温及日射辐照量均较大，从而导致全天热负荷不均，室温变化较大。因此，从要使室温波动小的角度来看，太阳房的方位以略偏东为宜。

综合以上分析，太阳房的方位以朝南及南偏东、南偏西15°以内比较合适；从室温波动来看以朝南及南偏东更为适宜。

B. 集热面的布置

集热面应布置在南向垂直墙面上，东、西向不宜布置集热面。因为东、西向集热面冬季辐射照量很低，夏季辐射照量却很大，这对于冬季利用太阳能供暖及防止夏季室内过热都是不利的。

2）太阳房的日照间距与环境绿化

A. 太阳房的日照间距

为保证太阳房的太阳能集热部件不被其前方建筑物遮挡，必须使太阳房与其前方建筑物之间具有一定的距离，此间距称为太阳房的日照间距。

日照间距的计算取东至日作为计算日，只要冬至日能保证太阳房在要求的日照时间内不被其前方建筑物遮挡，则冬季其他日期的日照时间均大于冬至日的日照时间。

B. 太阳房的环境绿化

为了使环境绿化在冬季不遮挡太阳房的阳光，在太阳房的前方以种植花草及灌木为宜，高大的树木宜种植在南向建筑前方120°范围以外，这些树木冬季不会遮挡阳光。考虑夏季的遮阳，可在建筑前方搭架种植季节性的藤类植物。

3）集热面的遮阳设计

为了防止太阳房集热部件夏季导致室温过热，常利用挑檐作为夏季的遮阳措施。由于一年中正午的太阳高度角 γ_h 是变化的。冬至日正午太阳高度角最小，夏至日正午太阳高度角最大，太阳房又基本上朝向正南，所以只要正确设计挑檐的伸出宽度，就可以起到隆冬季节不遮挡太阳，而盛夏季节则可遮挡住绝大部分入射的太阳光的作用。

当集热面的上缘和挑檐距离为 B 时，挑檐的伸出宽度 A 应考虑满足冬、夏季的需要。冬季2月初正午的太阳高度角约比冬至日大5°左右，因此，要使最冷的1月份集热面无遮挡，就应满足以下要求：

$$\tan(\gamma_D + 5°) = B/A \qquad (6.1-32)$$

式中　γ_D——冬至日正午太阳高度角（°）；

A——挑檐的伸出宽度，m；

B——集热面上缘至挑檐根部之距离，m。

夏至日正午太阳高度角是全年的最大值，5月中及8月初正午太阳角约比夏至日低5°，因此，当满足下式要求时，5月中到8月初正午集热面上的阳光可全部被遮挡。

$$\tan(\gamma_x - 5) = (B + H)/A \qquad (6.1-33)$$

式中　γ_x——夏至日正午太阳高度角（°）；

H——集热面的高度，m。

利用挑檐进行集热部件夏季的遮阳时，对于高纬度的寒冷地区，首先应满足冬季集热面不被遮挡的要求，对于纬度较低的温暖地区，应重视夏季遮阳的要求。

对于一定的 A、B、H 值，集热面的遮阳修正系数可按有关资料计算。

4）太阳房的层高、进深、型体与层数

A. 太阳房的层高与建筑进深

①太阳房的层高：对于采用了一定通风换气措施的住宅，层高可采用 2.8m，由于太阳房的密封性能较好，净高不低于 2.8m 为宜。对于人员较多的公共建筑，如学校、幼儿园等，层高还应适当加大。

②太阳房的建筑进深：当太阳房的层高一定时，建筑的进深过分加大则整栋建筑的节能率会降低，因此，建筑进深在满足使用的条件下不宜太大。当建筑进深不超过层高的 2.5 倍时可以获得比较满意的节能率。

B. 太阳房的型体与建筑的层数

①太阳房的型体：太阳房的型体首先应对阳光不产生自身遮挡，其次在层高和建筑面积一定的情况下，太阳房的型体以正方形或接近正方形的矩形为宜。立面应简单，避免立面上的凹凸造成建筑的自身遮挡和外围护结构面积的加大。

一般南立面上的阳台在夏季能起到很好的遮阳作用，但冬季很难完全不遮挡阳光。对于冬季寒冷而夏季气温不高的地区，南向立面尽量不设阳台，若需设阳台时，应尽量缩小阳台的伸出宽度。凹入的阳台（或称凹廊）在太阳房中应避免使用，因为，它在水平方向及垂直方向都会产生对太阳的遮挡。

②太阳房的层数：从节能的角度来看，对于独户住宅，3 开间的做成 1 层为宜，4 开间以上的做成 2 层为宜。对于单元式住宅则以连排 3 单元 5～6 层节能效果较好。

5）太阳房的平面布置、蓄热及出入口防冷风渗透措施

A. 太阳房布置及蓄热太阳房内部平面布置

主要居室宜在南面，辅助房间宜在北面，房间使用应方便，此外，尚应解决好居室的进深和蓄热问题。

①南向主要居室的进深；为了保证南向主要房间达到较高的太阳能供暖率 SHF，房间的进深不宜太大。一般不大于层高的 1.5 倍，这时可保证集热面积与房间面积之比不小于 30％。

②蓄热问题：为减少太阳房温度的波动值，至少应保证两面以上的隔断墙是蓄热性能好的重质墙，太阳房中不宜用轻质材料做隔断墙。在直接受益式太阳房中，楼板和地面都是很好的蓄热体。地面受太阳照射的时间长，照射的面积大，因此，地面上不要铺地毯。对于底层的地面，还应适当加厚其蓄热层。

B. 太阳房的出入口防冷风渗透措施

出入口开启时会有大量冷空气进入室内。因此，太阳房出入口应采取防冷风渗透措施。

①设置门斗：当门斗设在南向时，最好不要采用凸出建筑的外门斗，以免遮挡南墙面上的阳光。门斗不要直通室温要求较高的主要居室，而应通向辅助房间或过道，以防冷风直接进入主要居室。

②出入口外设阳光间：当出入口在南向并通向主要居室时，可将出入口做成阳光间。白

天在阳光照射下，阳光间的温度较高，因此，可以减小由于出入口开启时对温室的影响。

③增设供冬季使用的辅助出入口：当出入口在南向并通向主要居室时，还可采用在太阳房的东、西或北侧设置供冬季使用的辅助出入口，辅助出入口通向辅助房间或过道，设有外（或内）门斗。这样夏季、春秋季可利用南向出入口，冬季使用辅助出入口，从而避免出入口开启引起主要房间室温的波动。

6）太阳房外围护结构的保温

外围护结构保温的具体做法可参看《被动式太阳房设计图集》等相关资料，此处仅对确定维护结构保温时应考虑的问题加以介绍。

A. 保温厚度。在围护结构的传热温差一定的情况下，围护结构保温层厚度越大，其传热损失越小，但随着厚度的增加，其收效减低，当厚度超过一定程度时，传热损失随保温层厚度的增加下降得非常微小。因此，保温层的最佳厚度应通过技术经济分析来确定。

B. 保温层的位置。保温层的最好位置是敷设在外围护结构的外表面，这样整个外围护结构内的温度都会提高，对防止围护结构内部结露是有利的，还可以改善人体舒适感。其次，可做成夹芯结构。应避免将保温层置于外围护结构的内表面，因为在这种情况下，整个外围护结构内的温度都会下降，增加了围护结构内部产生凝水的可能性。

C. 注意加强保温后的热桥问题。当外围护结构加强了保温后，大量的热量将从保温薄弱或未保温的部位散失掉，我们称之为热桥。热桥不仅加大了热损失，而且形成内部结露。

6.1.2　绿色建筑的暖通空调设计

1. 绿色建筑设计理念与原则

“绿色建筑”是指在建筑的全寿命周期内，最大限度地节约资源（节能、节地、节水、节材），保护环境和减少污染，为人们提供健康，适用和高效的使用空间，与自然和谐共生的建筑。

（1）绿色建筑设计理念

从生态方面来讲，人类的建筑行为实质上就是一种破坏性行为，它不但会消耗自然资源，而且还可能会造成自然资源的改变和恶化，对生态环境造成影响。在建筑设计的过程中，为了尽可能减少建筑对生态环境造成的影响，就必须采取一系列合理的建筑设计手段来保证，保证人与自然和谐相处、协调发展。这种理念也就是通常人们所说的“可持续发展”的理念，是未来建筑设计的主导理念。

在建筑设计的过程中，引入绿色建筑设计理念，将建筑和周围的环境进行综合考虑，并将它们作为一个整体进行设计。在进行设计的过程中，除了要综合考虑建筑与环境之间的关系，还要综合考虑建筑的各组成系统之间的相互关系。据调查分析，经过绿色建筑设计理念建设出来的建筑，其能耗比普通建筑的能耗能够节约 50%～72%。这样，通过引入绿色建筑理念，既保证了人与自然的和谐共处，又使建筑物节约了能耗。

（2）绿色建筑设计的原则

1）对建筑建设的过程进行全程监控。建筑建设的过程是一个相当复杂的过程，要想使建筑符合绿色节能设计的原则，必须密切关注建筑从设计、选材、建造、使用到拆除的整个过程，对整个过程实行全程监控。不但保证所选材料符合低能耗、环保的条件外，还要保证在建筑的设计、建设、使用和拆除的各个阶段符合低能耗、环保的条件。

2）综合利用各种资源。在建筑建设的过程中，要选择合适的原材料通过适当的技术加以整合，这样可以优化资源的配置，不但可以减少资源的浪费，而且还可以提高资源的综合利用效率，有效延长建筑物的使用时间。

3）节能设计。绿色建筑的最主要的特征就是节能设计。在建筑的规划、设计、建设、使用的过程中，要严格按照规定的标准，使用各项先进的技术手段，达到节约能源的目的。在设计过程中，要积极筹划各种材料、设备，充分利用自然界中的光、热、风等自然资源，在保证建筑物功能的前提下，尽量减少使用供暖供热，空调制冷等设备。在设计过程中，要注意新技术、新材料的使用，注意使用节能材料，以达到节约能源的目的。

2. 绿色建筑的暖通空调设计要点

(1) 绿色建筑暖通空调系统能源

1）在技术可行、经济合理的前提下，暖通空调系统的能源宜优先选用可再生能源（直接或间接)，如地热能、风能、太阳能等。

2）在技术经济比较合理的情况下，宜综合利用建筑内的多种能源，如利用热泵系统在提供空调冷冻水的同时提供生活热水、回收建筑排水中的余热作为建筑的辅助热源（污废水热泵系统）等。

3）建筑空调、供暖系统应优先选用电厂的余热作为热源。

4）邻近河流、湖泊的建筑，可考虑采用水源热泵（地表水）作为建筑的集中冷源。

5）在技术经济许可的条件下，可考虑采用土壤源热泵或水源热泵作为建筑空调、供暖系统的冷、热源。

6）不得采用电锅炉和燃煤锅炉作为直接空调和供暖的热源。

7）冬季不应开启冷水机组作为冷源。

8）空调冷、热源设备数量和容量选择，应根据建筑使用功能，考虑部分负荷及低负荷情况下设备的高效运行。

9）当公共建筑内区较大，冬季内区有稳定和足够的余热量时，宜采用水环热泵空调系统。

10）通过定性计算或计算机模拟的手段，来优化冷、热源的容量、数量配制，并确定冷、热源的运行模式。

(2) 民用建筑中，暖通空调系统设计可采取的节能措施

1）当住宅建筑采用集中空调系统时，有关住宅节能设计标准未具体规定时，所选用的冷水机组或单元式空调机组的性能系数、能效比应符合《公共建筑节能设计标准》(GB 50189）的有关规定。

2）当公共建筑采用集中空调系统时，所选用的冷水机组或单元式空调机组的性能系数、能效比相对于《公共建筑节能设计标准》(GB 50189—2005）中的有关规定值高一个等级。多联式空调（热泵）机组的能效值 IPLV（C）必须达到《多联式空调（热泵）机组能效限定值及能源效率等级》(GB 21454—2008）中规定的第 2 级。

3）采用集中供热或集中空调系统的住宅，应设置室温调节和热量计量设施。

采用集中供热或集中空调机组供热（冷）时，应设置用户自主调节室温的装置。设置用户用热（冷）量的相关测量装置及制定合理的费用分摊计算方法是实现行为节能的根本措施之一。

对于集中供热系统，楼前安装热量表，房间内设置调节阀（包括三通阀)，末端设温控

器及热计量装置。对于集中空调系统，应设计住户可对空调的送风或空调给水进行分档控制的调节装置及冷量计量装置。

4）建筑设计应选用效率高的用能设备和系统。集中供热系统的锅炉额定热效率、热水循环水泵的耗电输热比，集中空调系统风机单位风量耗功率和冷热水输送能效比应符合《公共建筑节能设计标准》（GB 50189—2005）的规定。

选用分散式供暖空调设备时，房间空调器应选用《房间空气调节器能效限定值及能效等级》（GB 1202）1.3 中的节能型产品（即第 1、2 级）；空气源热泵机组冬季 COP 不小于 1.8；户式壁挂炉的额定热效率不低于 89%，部分负荷下的热效率不低于 85%。

5）采用集中供热或集中空调系统的民用建筑，如设置集中新风和排风系统，由于供暖、空调区域（或房间）排风中所含的能量十分可观，在技术经济分析合理时，应利用排风对新风进行预热（或预冷）处理，降低新风负荷。集中加以回收利用可以取得很好的节能效益和环境效益。

不设置集中新风和排风系统时，可采用带热回收功能的新风与排风的双向换气装置，这样既能满足对新风量的卫生要求，又能大量减少在新风处理上的能源消耗。

6）一般不得采用电热锅炉、电热水器作为直接供热和空气调节系统的热源。

高品位的电能直接用于转换为低品位的热能进行供暖或空调，热效率低，运行费用高。绿色建筑应严格限制"高质低用"的能源利用方式。考虑到一些采用太阳能供热的建筑，夜间利用低谷电进行蓄热补充，且蓄热式电锅炉不在日间用电高峰和平段时间启用，该做法有利于减小昼夜峰谷、平衡能源利用，因此是一种宏观节能措施，作为特例，可不在限制范围内。

7）公共建筑采用集中空调时，房间内的温度、湿度、风速、新风量等参数应符合《公共建筑节能设计标准》（GB 50189—2005）的要求。

8）公共建筑外窗可开启面积不小于外窗总面积的 30%，建筑幕墙有可开启部分或设有通风换气装置。

9）合理采用蓄冷蓄热技术。蓄冷技术就是利用某些工程材料（工作介质）的蓄冷特性，储存冷能并加以合理使用的一种实用蓄能技术。常见的蓄冷蓄热技术、设备有：冰蓄冷、水蓄冷、溶液除湿机组中的储液罐、太阳能热水系统的蓄水池等。

蓄冷蓄热技术虽然从能源转换和利用本身来讲并不节能，但其对于昼夜电力峰谷差异的调节具有积极的作用，能满足区域能源结构调整、减少发电厂的建设，带来行业节能和环境保护效果。

10）全空气空调系统采取实现全新风运行或可调新风比的措施。

空调系统设计时不仅要考虑设计工况，还应考虑全年运行模式。在过渡季，空调系统采用全新风或增大新风比运行，可有效改善空调区域内空气的品质，大量节省空气处理所消耗的能量，故应大力推广应用。但要实现全新风运行，设计时必须注意风机风量是否合适，认真考虑新风取风口和新风管所需的截面积及新风阀是否可调，妥善安排好排风的出路，并应确保室内合理的正压值。

11）建筑物处于部分冷热负荷或仅部分空间使用时，采取有效措施节约通风空调系统的能耗。

大多数公共建筑的空调系统都是按照最不利（满负荷）工况进行系统设计和设备选型的，而实际上建筑绝大部分运行时间是处于部分负荷工况，这既是气候变化的因素引起，又是同一时间内仅有部分空间处于使用状态或室内负荷变动形成的。针对部分负荷和部分建筑房间使用时，能根据实际需要供给恰当的能源，同时不降低能源的转换利用效率。要实现该目的，就须以节能为出发点，区分房间的朝向、使用状况等，细分空调区域，分别进行空调系统和自动控制系统的设计，实现冷热源、相关输配系统在部分负荷下的调控，保证高效、低耗运行。

12）新建的公共建筑中，冷热源、输配系统等各部分能耗进行独立的分项计量。对于商业用途的建筑，应建立合理的用冷（热）计量公示或收费制度。

用冷（热）计量公示或收费制度的施行，有利于用户的行为节能。但对于改建和扩建的公共建筑，有可能受到建筑原有状况和实际条件的限制，增加了分项计量实施的难度。鼓励在建筑改建和扩建时，尽量考虑能耗分项计量的实施（如对原有线路进行改造等）。

13）公共建筑采用分布式燃气冷热电三联供技术，提高能源的综合利用率。

分布式燃气冷热电三联供系统为建筑或区域提供电力、供冷、供热（包括供热水）三种需求，实现能源的梯级利用，能源利用效率可达80%；又可大大减少固体废弃物、温室气体、氮氧化物、硫氧化物和粉尘的排放，还可应对突发事件，确保安全供电，在国际上已得到广泛应用。

14）合理采用温湿度独立控制系统，既满足高品质的空气要求，又带来节能效果。

热量传递的驱动力是温差，水分传递的驱动力是水蒸气分压力差。温度越低，空气的饱和水蒸气分压力越低，表冷器冷凝除湿正是利用不同温度时饱和水蒸气分压力的不同来实现除湿的。空调系统中温度和湿度分别独立的控制系统，具有较好的控制和节能效果，表现在温、湿度的分控，可消除参数的耦合，各控制参数容易得到保证。

15）空调冷却水应采用循环供水系统，并应具有过滤、缓蚀、阻垢、杀菌、灭藻等水处理功能。冷却塔应设置在空气流通条件好的场所，冷却塔补水管应设置计量装置。

（3）工业建筑中，暖通空调系统的节能措施

1）有供暖要求的高大厂房，有条件时采用辐射供暖系统。

2）除负荷计算合理外，根据实际情况选择适宜的空调系统是空调节能的关键。①有条件时，采用温度和湿度相对独立的控制技术；②有条件时，采用蒸发冷却技术；③其他节能空调系统。

3）根据工艺生产需要及室内、外气象条件，空调制冷系统合理地利用天然冷源。利用天然冷源时，要根据工艺生产需要、允许条件和室内外气象参数等因素进行选择。有多种方式可选且情况复杂时，可经技术经济比选后确定，例如：①采用“冷却塔直接供冷”；②运用地道风；③空调系统采用全新风运行或可调新风比运行等。

4）在满足生产工艺条件下，空调系统的划分、送回风方式（气流组织）合理并证实节能有效。

5）正确选用冷冻水的供回水温度。

6）集中空调的循环水系统的水质应符合国家或本行业相关标准、规范的规定。

7）建筑的供暖和空调合理采用地源（利用土壤、江河湖水、污水、海水等）热泵。

8）在有热回收条件的空调、通风系统中合理设置热回收系统。

9）设置工艺过程和设备产生的余（废）热回收系统，有效加以利用。

10）合理利用空气的低品位热能。

(4) 洁净室净化空调系统的节能技术

洁净室的单位面积建设费用和能耗大，其能耗是普通办公楼的 10～30 倍，节能潜力巨大。洁净室的能耗主要来自制冷负荷和运行负荷，制冷负荷中占比重较大的是新风负荷、风机温升和工艺设备负荷三项。

1) 减少新风负荷。新风负荷可占到制冷负荷的 20%～70%，洁净室的新风包括人的卫生要求、正压要求、补充排风和弥补系统漏风。减少新风负荷并不意味着减少新风量，而是应控制室内和系统的污染负荷。减少排风量和排风热回收可大大减少新风负荷。

2) 减少工艺负荷。工艺负荷占到制冷负荷的 15%～55%，工艺负荷不由暖通空调专业决定，但可以通过热回收等暖通空调技术去减少。

3) 减少风机、电机温升负荷。风机温升占到制冷负荷的 8%～35%，可以通过电机外置减少风机能耗。

4) 减少运行动力负荷。以下方面可减少运行动力负荷：合理确定换气次数、采用低阻力过滤器、按发尘量变化控制风量、由风机台数分步控制风量、区分空调送风和净化送风、缩小洁净空间体积、减少漏风负荷。

5) 洁净气流综合利用。对于无尘粒性质影响问题的车间，可将洁净室按洁净度高低水平串联起来，由一个机组贯通送风。对于既有以消除余热为主、净化要求不高的房间，又有主要要求净化的房间，可以交叉利用洁净气流。

6.1.3　绿色建筑集成化设计

我国已经制定了《绿色建筑评价标准》(GB/T 50378) 用以指导绿色建筑的评价和标识。而对于建筑节能来说，仅仅提出严格的标准是远远不够的，建筑节能技术的推广和使用离不开设计这一环节，而传统的设计模式很难真正高效地利用各种节能建筑技术。因此，有必要采用以节能为目标的集成化设计模式，加强相关建筑、结构、材料、设备、电器等传统意义上的“专业”合作甚至融合的过程。建筑集成化设计方法及流程的研究和开发是绿色建筑领域的热门课题，集成化设计是绿色建筑设计的发展趋势。

1. 集成化设计特点

集成化设计是一个将建筑作为整个系统（包括技术设备和周边环境）从全生命周期来加以考虑和优化的过程。集成化设计具有以下特点：

(1) 集成化设计不是一种风格，而是一种以传统建筑目标与技术集成为中心的设计过程。

(2) 集成化设计将各种技术与地区和社会条件相应结合在一起，更能适应当地的气候、地理、社会条件。

(3) 集成化设计是基于信息的，而不是基于形式的，它并不规定一栋建筑应该是什么样子，而是通过设计保证它应该如何运转，集成化设计使用灵活的技术（或者适宜技术）来获得一种建筑与其使用者以及环境之间的动态交互关系。

(4) 集成化设计以标准化设计为目标，涉及整个设计过程的各个不同阶段。

(5) 集成化设计是自适应的，其结果并不是固定的，而是更像一个生物有机体，它不断了解自身和周边环境，适应变化的条件并改善自身的性能。

(6) 集成化设计是基于多学科和基于网络的，它涉及不同专业设计人员在不同环境下使用各种手段进行的同步的对话，在任何可能地方发生，涵盖设计的所有方面。

(7) 集成化设计的核心是多目标决策方法 MCDM (Multi-Criteria Decision Making)，它既是设计又是交流的媒介，配合以综合评价和模拟仿真技术与工具，集成化设计活动鼓励设计中的全面开放参与。

(8) 集成化设计的发展和普及，需要对现有教育和工作模式进行改革。

2. 集成化设计流程及其与传统设计流程的比较

集成化设计流程涉及建筑平面功能、空间和造型设计、能耗、室内环境、建筑结构和构造等方面，因而，整体考虑非常重要。需要构建出清晰的设计流程，以利提高对设计目的、设计行为、参与者和设计对象的整体认识，并用最佳方法对它们进行适时调节。没有清晰的流程，复杂的集成化设计就会流于形式，既定目标不可能达到。

传统的设计过程是类似于流水线的先行设计过程，这一设计结构的特点是：①阶段性强，每个设计阶段都有明确的设计目标和所要解决的问题；②每一设计阶段既是前一设计阶段的延续与发展，又为后阶段的设计提供依据与基础，这种按时序组织的传统设计流程在过程组织、任务分配及提高工作效率方面是有优势的，但是顺序的工作程序不能在单独的阶段(尤其是方案的设计阶段) 给予设计优化足够的支持，而建筑节能的实现需要各个专业的设计人员同时工作，或者说必须采用环状，而不是线性的协同工作模式。

然而相对于线性化流程，集成化设计的参与者在阶段中的工作流程却是非线性的，这种工作流程可以用“循环圈”来表示，“循环圈”提供了基于分析问题设计方案的优化过程，即综合其他专家意见，考虑城市文脉和社会问题对设计产生的限制，按照设计目标和指标评价方案以做出最佳设计。

实际上设计流程是有许多粗略界定的阶段组成的，它要求每个阶段都有独立的循环，并对贯穿整个设计流程的设计目标和准则不断进行检查。

根据各个阶段问题的难度和本阶段之间的设计过程中得到的结论，循环重复的特点是不同的，设计者应该关注循环工作流程间的重合部分，它可以是最初成果、阶段性成果和最终决策。两个设计阶段的过渡需要称职的项目管理人员组织，并需要在仔细地处理各种信息的基础上果断地进行决策。

3. 集成化设计流程的主要阶段

(1) 设计开发要点确定阶段：该阶段包括确定设计目标和准则以及可行性研究。对于可持续建筑而言，这个阶段应该包括对能源目标、环境目标、寿命周期的运行费用和集成化设计需求的界定。

(2) 设计前景阶段：该阶段对包括风、太阳、景观和城市发展规划在内的场地潜力进行分析，对业主的任务书和功能列表进行分析，确定建筑设计、能源系统、可再生能源系统、室内环境解决方案的基本原则。

(3) 概念设计阶段：该阶段将建筑、结构、能源和环境理念联系起来。结合室内环境以及功能需求进行综合考虑，同时结合设计开发要点比较各个不同解决方案的优缺点。

(4) 初步设计阶段：在此阶段中，当与既定目标相吻合时，建筑理念就会通过草图、计算、调整和优化、转变成为具体的建筑和技术解决方案，建筑、空间、功能、结构、能耗需求和室内环境方案才能得以清晰。

(5) 施工图阶段：在此阶段中，建筑承包商、材料供应商和产品制造商的协助下，完善技术性解决方案，并完成设计说明和最终施工图。

(6) 签订并实施合同阶段：对建造过程进行全程监督以确保对能源和环境问题的理解、该阶段也包括建造过程监控和部分试运行。

(7) 试运行与交付使用阶段：该阶段建筑物将试运行以确保建筑和技术能正常工作，然后将建筑物移交给业主和用户。

(8) 建筑的运行和维护阶段：通过对建筑进行充分管理与维护、持续监控以及对其性能进行改进才能促使能源和环境性能保持高效。

4. 以建筑节能为目标的集成化设计流程框架

要实现集成化设计，一方面，需要在项目初始阶段组建一个包括各专业设计人员和其他专家在内的设计团队。另一方面，需要将传统设计流程从线性化流程转变为环状流程，重点体现在方案及初步设计和施工图设计 3 个阶段流程的改进。

(1) 方案设计阶段。在方案设计阶段，建筑师与工程师的专业知识整合并相互启发，以满足建筑需求。同时，建筑设计、工作或生活环境和视觉效果的要求；功能、结构、能耗、室内环境质量的要求；其他质量指标诸如建筑性能、热舒适、户外景观等要求，均在该阶段中加以考虑。该阶段将建筑设计各专业的信息进行相互整合。设计节能建筑成绿色建筑的先决条件如下：在方案设计阶段，设计团队必须不断评测方案所采用的建筑形式、平面布局、建设计划、建筑朝向、构造方式，根据供暖、制冷、通风和采光要求以及气候对于建筑节能的影响，优化这些因素的组合，保证这些因素对建筑功能和能源环境的最优。这一过程需要两类工具为设计人员提供指导：一是教育培训工具，其目的是帮助工程设计人员建立基本概念并掌握集成化设计的基本方法；二是设计指导工具，其目的是为设计团队反复修改和比较方案提供快速和可视化的参考。方案的选择可以通过简单计算方法或软件模拟方法进行，从而通过比较寻求解决方案。通过计算结果，设计团队可以全面系统了解影响建筑能源和室内环境性能优化的主要因素。这样，设计团队能考虑这些因素，草拟各种比较好的解决方案。

(2) 初步设计阶段。通过初步设计，确定建筑的最终形式，并使其符合设计意图，设计人员在该阶段必须做到：对方案设计阶段考虑的所有因素，如总体布局、建筑形式、功能、空间设计、室内布置、相关规范、室内环境技术和能源解决方案进行整合。在初步设计过程中，应该优化方案中的各种因素，同时模拟和计算有关能源和室内环境性能的结果。这一过程需要两类工具为设计人员提供指导：一是模拟仿真工具，其目的是为了设计团队对项目进行技术集成和优化提供决策参考；二是设计指导工具，其目的是为建筑整体和部分的节能优化提供指导。此外，还应提供材料设备部件数据库以方便设计人员根据优化结果进行选择。这样，使得建筑的每部分都能“各行其职”，甚至有可能额外提高某些性能。初步设计阶段决定了建筑的造型和最终表现形式，从而产生集建筑学、空间、美学、视觉效果、功能与技术解决方案于一体，可能是最为恰当的新建筑。

(3) 施工图设计阶段。在施工图设计阶段，应改善技术解决方案，联合工程承包商、设备商和材料商，确定相关产品规格与型号并制作最终图纸。最终的施工资料和产品规格必须符合规范、测量和检验要求，同时还要包括对必要的能源与环境性能的阐述和解释，能源与环境分析的结果应与设计过程一致，还应包括能源模拟和计算以及成本与收益的对比分析等内容、这一过程主要采用综合评价工具，其目的是为材料部件和选用的技术提供决策参考，并根据评价结果最终确定材料、设备和相关部件。此外，为保证建成项目的质量尽可能提供关于对建造过程要求的详细附加说明，消除可能的误解、曲解，避免提高成本或耽误工期。

6.2 绿色建筑设计实例

6.2.1 直接受益式太阳房设计实例

1. 建筑基本条件

北京地区某直接受益式太阳房，房宽 6.6m，进深 5.0m，房高 2.8m。朝向正南。南墙上有两樘直接受益窗，每樘窗尺寸：2m×3m，均为双层玻璃木窗，未加夜间保温。房间内墙面、顶棚反射系数 $\rho_c=0.52$，地面反射系数 $\rho_f=0.27$，玻璃反射系数 $\rho_c=0.1$。设计室温 $\tau_b=14$℃。试求该太阳房的太阳能供暖率 SHF 和节能率 ESF。

太阳房和对比房围护结构传热系数见表 6.2-1。对比房南墙上有两樘尺寸为1.5m×1.8m 的单层玻璃木窗，采用标准玻璃（$KL=0.135$）。房间内表面反射系数同太阳房，室内无其他热源 $Q_{in}=0$。

表 6.2-1　太阳房和对比房外围护结构传热系数　［单位：W/(m² · K)］

房屋类型	外围护结构名称			
	外墙	屋顶	地面	外窗
太阳房	0.35	0.30	0.23	2.94
对比房	1.56	1.16	0.67	5.82

2. 设计参数确定

(1) 已知以下气象资料：北京地区纬度 39.8。供暖期：按 11～次年 3 月计算，各月的供暖月度日值 $DD_{14,M}$ 列于表 6.2-3 的第（2）项中。

(2) 计算太阳房净负荷系数 NLC 与对比房总负荷系数 TLC。有关计算参数列入表 6.2-2中。

表 6.2-2　太阳房净负荷系数 NLC 与对比房总负荷系数 TLC 计算参数

外围护结构名称	尺寸（长/m）×（宽/m）	净面积/m²	太阳房		对比房	
			K/W(m² · K)$^{-1}$	KA/(W · K^{-1})	K/W(m² · K)$^{-1}$	KA/(W · K^{-1})
东墙	2.8×5.0	14.00	0.35	4.90	1.56	21.84
西墙	2.8×5.0	14.00	0.35	4.90	1.56	21.84
北墙	6.6×2.8	18.48	0.35	6.47	1.56	28.83
屋顶	6.6×5.0	33.00	0.30	9.90	1.16	38.28
地面	6.6×5.0	33.00	0.23	7.59	0.67	22.11
南窗	2.0×3.0	12.00	2.94	—	—	—
	1.5×1.8	5.40	—	—	5.82	31.43
南墙	6.6×2.8−12	6.48	0.35	2.27	—	—
	6.6×2.8−5.4	13.08	—	—	1.56	20.40
冷风渗透系数	$nV\rho_u c_p/3.6$	—	—	30.95	—	46.40
$\sum$	—	—	—	66.96	—	231.13

注：n—换气次数，太阳房 $n=1$ 次/h，对比房 $n=1.5$ 次/h。

由此可得太阳房净负荷系数 NLC

$$NLC = 24 \times 66.96 \times 3.6\text{kJ/(kg}\cdot\text{d)} = 5785\text{kJ/(kg}\cdot\text{d)}$$

对比房总负荷系数 TLC

$$TLC = 24 \times 231.13 \times 3.6\text{kJ/(kg}\cdot\text{d)} = 19\,970\text{kJ/(kg}\cdot\text{d)}$$

(3) 计算太阳房的下列值，填入表 6.2-3。

1) 透过直接受益窗的月太阳有效得热量 S_M

$$S_M = A_p \bar{S}_{ot} \alpha_a M$$

式中 A_p——净玻璃投影面积 (m^2)；

$$A_p = X_m A_g$$

X_m——玻璃窗的有效面积系数，$X_m=0.6$；

A_g——窗面积，$A_g=12m^2$，$A_p=0.6\times12m^2=7.2$ (m^2)；

$\bar{S}_{ot}$——透过玻璃及被玻璃吸收后进入室内的总日射月平均日辐照量 ($kJ/m^2\cdot d$)；

α_a——房间内表面的有效太阳吸收系数。

$$\alpha_a = \frac{1-\rho_w}{(1-\rho_w)+\rho_w(1-\rho_c)\dfrac{A_p}{A_w}}$$

式中 ρ_c——玻璃反射系数，$\rho_c=0.1$；

A_w——房间内表面积，$A_w=118.96m^2$；

ρ_w——房间内表面平均反射系数

$$\rho_w = \frac{\sum_{i=1}^{n}\rho_i A_i}{\sum_{i=1}^{n}A_i} = \frac{\rho_e A_e + \rho_f A_f}{A_w}$$

式中 ρ_e——房间内墙面、顶棚反射系数，$\rho_e=0.52$；

A_e——房间内墙面及顶棚面积，$A_e=85.96m^2$；

ρ_f——地面反射系数，$\rho_f=0.27$；

A_f——地面面积，$A_f=33m^2$。

$$\rho_w = \frac{0.52\times85.96+0.27\times33}{118.96} = 0.45$$

$$\alpha_a = \frac{1-0.45}{(1-0.45)+0.45(1-0.1)\dfrac{7.2}{118.96}} = 0.96$$

$$S_M = 7.2\times\bar{S}_{ot}\times0.96\times M = 6.91\bar{S}_{ot}M$$

式中 M——该月天数。

2) 月太阳得热负荷比 SLR_M

$$SLR_M = \frac{S_M}{NLC\cdot DD_M}$$

3) 月太阳能供暖率 SHF_M，利用直接受益式太阳房的 SHF-SLR 曲线查得。

4) 月辅助热量 $Q_{aux,M}$

$$Q_{aux,M} = (1-SHF_M)NLC\cdot DD_M$$

(4) 计算对比房的下列值，填入表 6.2-3 中

1) 透过对比房南窗的月太阳有效得热量 $S_{c,M}$

表 6.2-3 月太阳能供暖率 SHF_M，$SHF_{M,c}$ 月辅助热量 $Q_{aux,M}$，$Q_{aux,c,M}$

序号	项目		符号	单位	11 月	12 月	1 月	2 月	3 月	计算方法
(1)	每月天数		M	d	30	31	31	28	31	—
(2)	月度日值		$DD_{14,M}$	℃·d	297	518	577	454	294	
(3)	太阳房	透过玻璃以及被玻璃吸收后进入室内的日射月平均日辐照量	$\bar{S}_{ot}$	kJ/(m²·d)	9351	9381	10 029	9737	8150	
(4)		月太阳有效得热量	S_M	kJ	1938.5×10^3	2009.5×10^3	2148.3×10^3	1883.9×10^3	1745.8×10^3	6.91×(3)×(1)
(5)		月太阳得热负荷比	SLR_M	—	1.128	0.671	0.644	0.717	1.026	(4)/［NLC×(2)］
(6)		月太阳能供暖率	SHF_M	—	0.31	0.18	0.17	0.19	0.28	查图
(7)		月辅助热量	$Q_{aux,M}$	kJ	1185.5×10^3	2457.2×10^3	2770.5×10^3	2127.4×10^3	1224.6×10^3	［1−(6)］×NLC×(2)
(8)	对比房	透过玻璃以及被玻璃吸收后进入室内的总日射月平均日辐照量	$\bar{S}_{ot}$	kJ/(m²·d)	11 056	11 047	11 847	11 711	10 168	—
(9)		月太阳有效得热量	$S_{c,M}$	kJ	1227.2×10^3	1267.1×10^3	1358.8×10^3	1213.2×10^3	1166.3×10^3	3.7×(8)×(1)
(10)		月太阳得热负荷比	$SLR_{c,M}$	—	0.207	0.122	0.118	0.134	0.199	(9)/［TLC×(2)］
(11)		月太阳能供暖率	$SHF_{c,M}$	—	0.075	0.023	0.020	0.025	0.070	查图
(12)		月辅助热量	$Q_{aux,c,M}$	kJ	5486.3×10^3	$10\,106.5\times10^3$	$11\,292.2\times10^3$	8839.7×10^3	5460.2×10^3	［1−(11)］×TLC×(2)

$$S_{c,M}=A_p\overline{S}_{ot}\alpha_a M$$

式中 A_p——玻璃净投影面积（m^2）。

$$A_p=X_m A_g$$

式中 X_m——有效透光面积系数，$X_m=0.70$；

A_g——窗面积，$A_g=5.4m^2$，$A_p=0.7\times5.4m^2=3.78m^2$；

α_a——房间内表面的有效太阳能吸收系数，计算公式同太阳房，计算参数值除 $A_w=125.56m^2$，$A_p=3.78m^2$，$A_c=92.56m^2$ 外，均与太阳房相同。

$$\rho_w=\frac{0.52\times85.96+0.27\times33}{125.56}=0.43$$

$$\alpha_a=\frac{1-0.43}{(1-0.43)+0.43\times(1-0.1)\dfrac{3.78}{125.56}}=0.98$$

$$S_{c,M}=3.78\times\overline{S}_{ot}\times0.98\times M=3.70\overline{S}_{ot}M$$

2）月太阳得热负荷比 $SLR_{c,M}$

$$SLR_{c,M}=\frac{S_{c,M}}{TLC\cdot DD_M}$$

3）月太阳能供暖率 $SHF_{c,M}$，利用对比房的 SHF-SLR 曲线查得。

4）月辅助热量 $Q_{aux,c,M}$

$$Q_{aux,c,M}=(1-\mathrm{SHF}_{c,M})TLC\cdot DD_M$$

(5) 计算供暖期（11～次年3月）的辅助热量 $Q_{aux,q}$

$$Q_{aux,q}=\sum_{M=11}^{3}Q_{aux,M}=(1185.5+2457.2+2770.5+2127.4+1224.6)\times10^3$$
$$=9765.2\times10^3(\mathrm{kJ})$$

(6) 计算节能率 ESF

1）计算供暖期（11～次年3月）对比房的辅助热 $Q_{aux,c,q}$

$$Q_{aux,c,q}=\sum_{M=11}^{3}Q_{aux,c,M}=(5486.3+10\,106.5+11\,292.2+8839.7+5460.2)\times10^3$$
$$=41\,184.9\times10^3(\mathrm{kJ})$$

2）计算太阳房供暖期的节能量 $\Delta Q_{aux,q}$ 和节能率 ESF

$$\Delta Q_{aux,q}=Q_{aux,c,q}-Q_{aux,q}=(41\,184.9-9765.2)\times10^3=31\,419.7\times10^3(\mathrm{kJ})$$

$$\mathrm{ESF}=\frac{\Delta Q_{aux,q}}{Q_{aux,c,q}}=\frac{31\,419.7\times10^3}{41\,184.9\times10^3}=0.76$$

6.2.2 清华大学超低能耗示范楼（图6.2-1）

清华大学超低能耗示范楼的用地位于清华大学校园东区，西侧紧贴建筑馆南楼，此示范楼地上四层，地下一层，立面覆盖浅灰色遮阳板和玻璃幕墙，建筑内部几乎没有装饰装修。该示范楼以每平方米8000元的造价，集成了世界上80%的节能技术、产品，仅在建筑的东南两面墙就使用了七种不同的节能系统。

1. 建筑节能技术

(1) 建筑布局

建筑南侧设计了一处小型的人工湿地，把建筑馆屋顶的雨水收集汇聚到这个人工湿地

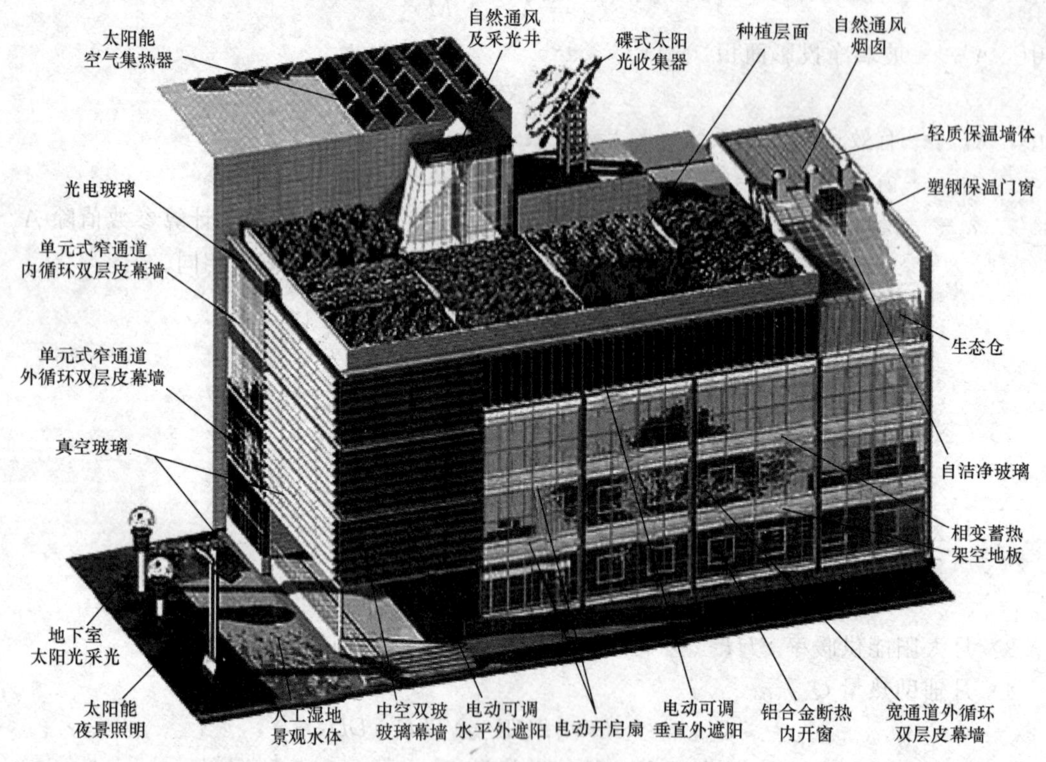

图 6.2-1 清华大学节能示范楼

里，通过专门选择和搭配的水生植物的根系对所收集到的雨水进行净化，使其水质满足景观用水的标准。

场地内的人工湿地分成两个部分，西侧为水生植物净化区，东侧为蓄水景观区。下雨时，屋面的雨水首先通过雨落管汇集到西侧的水生植物净化区，然后在进入到东侧的蓄水景观区，并用水泵使水体不断地循环，以保持水体的水质。

在超低能耗楼的场地和环境设计中，在有限的范围内采用了植被屋面和人工湿地的方式，对生态环境进行补偿，减少建筑的热岛效应，尽量避免因为建造活动对环境造成的负面影响。

由于超低能耗楼西墙的南侧与建筑馆紧邻，在这里无法开窗，采光通风都难以实现，在楼梯间顶部设计一个天窗，并与热压通风井道结合，巧妙地同时解决了自然采光和自然通风的问题。

(2) 结构形式

超低能耗楼除地下室部分为现浇钢筋混凝土结构外，其主体建筑地上部分采用了钢框架结构体系。地上部分结构体系采用钢梁、钢柱和现浇钢筋混凝土楼板、屋面板，楼板位于主梁的下翼缘，屋面板则位于主梁的上翼缘以上。钢框架梁横向最大跨度为 10.4m，纵向跨度为 6.3m，钢柱为 400mm×400mm 箱型柱，主梁及次梁为 H 形钢，主梁梁高为 1050mm。主梁腹板上所开圆孔以及桁架杆件的间隙中可以穿行新风管道、电缆桥架和水管等。

超低能耗楼的围护体系设计采用了我们所说的“智能型”的围护结构。这种“智能型”的建筑围护体系可以根据外界不同的气候条件，调节自身的不同工作状态，从而适应气候条件的变化和室内环境控制要求的变化。超低能耗楼在建筑围护体系的设计上，使用了多种具有不同针对性的技术来满足高标准的节能要求。

(3) 可调节外遮阳百叶

在超低能耗楼的立面设计中，南立面东侧采用了可调节的水平外遮阳百叶与高性能玻璃幕墙配合的方式。水平外遮阳百叶采用叶片宽度为 600mm 的大型金属百叶，玻璃幕墙所选用的玻璃为 5mm＋6A＋4mm＋V＋4mm＋6A＋5mm 双中空加真空 Low-e 玻璃，其上设计有可开启的平开窗扇。在东立面上，与外遮阳百叶配合的玻璃幕墙则采用了 4mm＋9A＋5mm＋9A＋4mm 的双中空双 Low-e 玻璃。

(4) 双层皮幕墙

超低能耗楼的东立面北侧一到三层采用的是被动式宽通道双层皮幕墙。这种双层皮幕墙内外两层幕墙之间的间隙较大，约 600mm，外层幕墙采用 6mm 厚单层钢化玻璃，内层幕墙采用 4mm＋9A＋5mm＋9A＋4mm 的双中空双 Low-e 玻璃，各楼层在外层幕墙的上下均开有 600mm 高的上悬窗作为双层皮幕墙的进风口和出风口，两层幕墙之间设有内遮阳百叶。

超低能耗楼的南立面西侧使用了两种不同形式的主动式窄通道双层皮幕墙，在一层和二层部分采用了内循环的方式，三层和四层采用了外循环的方式。内循环方式外侧采用 8mmLow-e＋12A＋10mm 中空玻璃，内侧采用 8mm 单层钢化玻璃，空腔宽度为 200mm，其中的通风系统与建筑空调排风系统相结合，房间的空调回风通过双层皮之间的空腔后进入排风道。空腔中设有电动内遮阳百叶，叶片宽度为 50mm，角度可调节。室内侧玻璃可以打开，方便清洁。

外循环方式的幕墙与内循环相反，外侧采用 8mm 的单层钢化玻璃，内侧采用了 8mmLow-e＋18A＋4/pvb/4mm 夹胶玻璃，空腔宽度为 110mm，空腔顶部装有小型风机辅助通风。外侧幕墙的顶部和底部设有出风口和进风口。结合幕墙安装的光伏电池板可以为幕墙中的小型风机提供电源。

(5) 高效保温墙体

西、北立面主要采用轻质保温复合墙体方案，外饰面为铝幕墙（带 50mm 聚氨酯保温），内部为保温棉（150mm）和石膏砌块（80mm），石膏砌块和聚氨酯保温材料均可回收再利用。外窗和外门采用多腔结构的 PVC 塑钢窗，外设保温卷帘，在冬季夜间，放下卷帘，可阻挡室外冷辐射，提高窗的保温效果。采用这些技术，可以使外墙的传热系数 $K<0.3\text{W}/(\text{m}^2\cdot\text{K})$，外窗及外门的传热系数 $K<1.1\text{W}/(\text{m}^2\cdot\text{K})$。

(6) 植被屋面

屋顶主要部分为植被屋面，根据北京的气候特征以及屋顶所具有的光照时间长、强度大、温度变化大、风力大、土层薄、湿度小、易干旱、易受冻害和日灼、生态环境比地面差等特点，选择喜光、耐干燥气候、耐寒、耐贫瘠、根系浅、水平根系发达、生长缓慢、能抗风耐寒的杂生草类。这样可以减少屋面的覆土厚度，也减少一年中对植被维护的次数。

(7) 生态舱

在建筑四层北部设置生态舱，将绿色植物引入室内，创造与自然接触的人性化空间。在生态舱的斜玻璃屋顶内外分别安装卷帘式内遮阳和外遮阳。在夏季白天，两道卷帘同时放下，可以形成一个类似双层皮幕墙的结构。期间的空腔宽度约 1000mm，底部的上悬窗开启作为进风口，顶部设有三个出风的烟囱，这样，就可以形成热压通风的状态，避免生态舱夏季温度过高。

(8) 相变蓄热地板

在超低能耗楼的设计中，为增加建筑的热惯性，采用了相变蓄热地板的方案设计，将相变温度为20～22℃的定型相变材料（用石蜡作为芯材，高分子材料作为支撑和密封材料将石蜡包在其组成的一个个微空间中，在相变材料发生相变时，材料能保持一定的形状）放置于常规地板下侧作为蓄热体，减少室内的温度差变化。冬季白天，相变蓄热地板可以蓄存直射进入室内的阳光辐射热；晚上时，材料相变向室内放出蓄存的热量，使室内房间的昼夜温度波动在6℃以内。

2. 室内环境控制

(1) 湿热独立控制的空调系统

为满足节能的要求，在建筑中采用热湿独立处理的方式，将室内热湿负荷分别处理。新风通过液体除湿设备的处理，提供干燥新风，用来消除室内的湿负荷，同时满足室内人员的新风要求。室内显热负荷用18℃的冷水消除（常规空调采用7℃的冷冻水），空调系统节能效果显著。同时，热湿独立控制的空调系统通过送干燥新风降低室内湿度，在较高温度下也可以实现同样的热舒适水平，并彻底改变了高湿度带来的空气质量问题。

对于温湿度独立控制空调系统，在温度控制中的冷热源，冬天采用22～24℃低温热水，夏天采用18～20℃高温冷水。而温度控制的末端则采用干式空调末端（毛细管式辐射板、贯流型干式风机盘管、改进型干式风机盘管）。在湿度控制中，由溶液除湿全热回收新风机组提供干燥新风。新风系统采用置换通风形式（下送风用的地板送风器、设上下两组回风口的回风柱）、工位置换通风、个性化送风末端等。

(2) 室内自然通风控制

根据建筑本身以及周围环境的特点，建筑二、三、四层北侧利用风压进行通风，建筑二、三、四层的南侧及一层全部利用热压进行自然通风。在热压通风系统的设计中，结合楼梯间和走廊设置三个通风竖井，分别负责不同楼层的热压通风，保证每个楼层的换气次数达到设计值，并在热压通风竖井顶端设计玻璃的集热顶，利用太阳能强化通风。风压通风的设计比较简单，在建筑物表面正压区和负压区的适当部位设置通风开口，使室外空气可以顺畅地贯穿流过建筑内部。

(3) 光导纤维与地下室照明

在超低能耗楼中采用三种阳光传导技术：结合楼梯间利用聚光传导设备把自然光传导到地下室；利用光导纤维把自然光传导到地下室；利用光导管把自然光传导到四层和生态舱夹层。目前在超低能耗楼中已经安装和使用了可以自动跟踪太阳方向的阳光收集装置和光导纤维技术，能够把阳光最大限度传导到地下室，使地下室也可以获得自然光照明。

3. 能源系统

(1) 楼宇式热电冷三联供

超低能耗楼采用楼宇式热电冷三联供系统，大楼所发电力除供本楼使用，还可以并入校园电网供校内其他建筑使用。在建筑中未来打算采用固体燃料电池热冷电三联供系统，容量为50kW，尖峰电负荷由电网补充，其总的热能利用效率可达到85%，其中发电效率43%，二氧化硫和氮氧化合物可以做到零排放。在燃料电池设备到位以前先使用一台125kW卡特比勒内燃机和一台20kW斯特林发动机作为替代方案。

（2）液体除湿系统

液体除湿系统由太阳能驱动，采用集中再生的方式，并使用蓄存溶液的蓄能装置。通过把溴化锂浓溶液送入各楼层中新风机的除湿器中，对新风进行除湿处理，浓溶液吸收空气中的水分以后变为低浓度的溶液，低浓度的溶液经太阳能或内燃机废热驱动再生后循环使用。太阳能再生系统的再生器布置在与超低能耗楼紧邻的建筑馆屋面上，总面积约 $250m^2$，低浓度溶液在这里再生为浓溶液。

（3）浅层地热能应用

清华大学校园东区地表浅层温度基本稳定在 15℃左右，通过在土壤里埋设地藕管进行热交换，可以获取温度为 16～18℃的冷水，通过这种方式，在夏季就可以直接获取冷水供给辐射盘管，而不需要制冷机。

清华大学超低能耗示范楼的生态设计理念、生态策略和节能技术，可以成为生态建筑设计的技术支持，但在实际应用中，必须结合实际，因地制宜。由于超低能耗楼建筑本身是作为一个实验建筑，其中使用的一些技术尚没有在实际工程中广泛采用，通过这个建筑也可以评测一下这些技术的实际使用效果。

参 考 文 献

[1] 全国勘察设计注册公用设备工程暖通空调专业考试复习教材/全国勘察设计注册工程师公用设备专业委员会秘书处. 2版. 北京：中国建筑工业出版社，2006.

[2] 全国勘察设计注册公用设备工程暖通空调专业考试复习教材/全国勘察设计注册工程师公用设备专业委员会秘书处. 3版. 北京：中国建筑工业出版社，2013.

[3] 陆耀庆. 实用供热空调设计手册. 2版. 北京：中国建筑工业出版社，2008.

[4] 尉迟斌. 实用制冷与空调工程手册. 2版. 北京：机械工业出版社，2001.

[5] 江克林. 暖通空调注册工程师技术技能知识问答与实例. 北京：中国电力出版社，2014.

[6] 许居鹤. 供暖通风与空调设计手册. 上海：同济大学出版社，2007.

[7] 全国民用建筑工程设计技术措施—暖通空调动力分册 2009，北京：中国计划出版社，2009.

[8] 全国民用建筑工程设计技术措施节能专篇—暖通空调动力 2007，北京：中国计划出版社，2007.

[9] 李元哲. 被动式太阳房热工设计手册. 北京：清华大学出版社，1993.

[10] 李百战. 绿色建筑概论. 北京：化学工业出版社，2007.

[11] 徐占发. 建筑节能技术实用手册. 北京：机械工业出版社，2004.